2016

湿地研究

主　编 卢爱刚
副主编 王志平　胡庆玲

西安交通大学出版社
XI'AN JIAOTONG UNIVERSITY PRESS

图书在版编目(CIP)数据

湿地研究.2016/卢爱刚主编.—西安:西安交通大学出版社,2016.11(2017.4重印)
ISBN 978-7-5605-9126-1

Ⅰ.①湿… Ⅱ.①卢… Ⅲ.①沼泽化地-中国-文集
Ⅳ.①P942.078-53

中国版本图书馆CIP数据核字(2016)第265779号

书　　名 湿地研究2016
主　　编 卢爱刚
副 主 编 王志平　胡庆玲
责任编辑 毛　帆　杨　璠

出版发行 西安交通大学出版社
(西安市兴庆南路10号　邮政编码710049)
网　　址 http://www.xjtupress.com
电　　话 (029)82668357　82667874(发行中心)
(029)82668315(总编办)
传　　真 (029)82668280
印　　刷 虎彩印艺股份有限公司

开　　本 787 mm×1092 mm　1/16　**印张** 16.375　**字数** 398千字
版次印次 2016年12月第1版　2017年4月第2次印刷
书　　号 ISBN 978-7-5605-9126-1
定　　价 128.00元

读者购书、书店添货、如发现印装质量问题,请与本社发行中心联系、调换。
订购热线:(029)82665248　(029)82665249
投稿热线:(029)82668818　QQ:354528639
读者信箱:lg_book@163.com

序

湿地是地球上富有生物多样性的多功能生态系统，是人类最重要的生存环境之一。湿地具有文化、景观和生态价值，为人类文明的延续和发展起着重要作用，健康完善的湿地生态系统是国家生态安全和实现经济与社会和谐发展的重要基础。近年来，随着人口、资源与环境问题的愈演愈烈，湿地萎缩、退化、破碎化以及水体污染等问题日益突出。

陕西省河流湿地生态与环境重点实验室立足人才培养、面向社会需求，以陕西省河流湿地为主要研究对象，致力于区域生态环境保护与建设。本论刊由渭南师范学院第二批特色学科建设项目“秦东湿地保护与管理研究(项目号 14TSXK05)”、渭南师范学院重大科研项目“合阳湿地盐碱滩经济林木选育实验(项目号 2015ZD001)”、渭南市科技创新扶持资金项目“秦东湿地资源开发与生态保护创新团队(2015TCTD－2)”和渭南市中小企业科技创新扶持资金项目“渭南黄河湿地盐碱滩植物资源选培与利用(2015TCNL－3)”资助，主要收录了河流湿地的形成与演变、湿地生物多样性、退化湿地修复、湿地规划与管理等方面的研究成果。

目　录

第一篇　湿地资源保护与开发

第二篇　湿地污染与修复

第三篇　湿地生态与环境

第四篇　湿地研究方法

第一篇

湿地资源保护与开发

西安浐灞国家湿地公园的保护与合理利用

王迁[1,2]

1.陕西省河流湿地生态与环境重点实验室　陕西 渭南　714099；

2.渭南师范学院　化学与环境学院　陕西 渭南　714099

摘　要：西安浐灞国家湿地公园位于灞河与渭河交汇口区域，毗邻泾渭湿地省级自然保护区。地处浐灞生态区规划布局结构“一心三翼”的北翼，整个区域分布在灞河的东西两岸，具备典型的河口湿地特征，是浐灞生态区湿地系统的重要组成部分[1]。浐灞国家湿地公园具有动植物多样性特点，处于较好的保护状态。但是，随着经济社会的发展和人口的增加，该湿地公园受到了越来越多的干扰和破坏。本文首先从地理位置、气候条件、动植物资源状况简要介绍了湿地公园的现状；其次，对其目前存在的问题进行了分析；最后，提出了保护与合理利用的措施和建议。

关键词：湿地；生物多样性；保护；合理利用

基金项目：渭南市科技创新团队建设项目(2015TCTD－2)和能力提升项目(2015TCNL－3)，渭南师范学院重大项目(2015ZD001)。

湿地公园即以湿地为对象的园林形式，是利用现代园林建设和生态学原理，对湿地生态系统的保护、重建和恢复，艺术地再现自然湿地景观，并为社会民众提供亲近、感受、体验自然的场所。我国的湿地公园主要有国家湿地公园、城市湿地公园、自然保护区以及国家级自然保护区等类型。湿地是人类最重要的环境资本之一，也是自然界最富生物多样性和生产力的生态系统，它不仅具有丰富的物种资源，还有巨大的环境调节功能和生态效益，在提供水资源、调节气候、涵养水源、净化洪水、促淤造陆、降解污染物、保护生物多样性和为人类提供生产、生活资源等方面发挥。

1　西安浐灞国家湿地公园资源现状

1.1　地理概况

西安浐灞国家湿地公园地处渭河生态景观带和灞河生态景观带的黄金接合部，地处浐灞

作者简介：王迁，1985年生，女，汉族，渭南人，渭南师范学院化学与环境学院，讲师，硕士，纳米材料及分析应用。

生态区的北侧，沿灞河两岸东西分布，上接大秦岭生态板块，下接泾渭生态湿地，是西安重要的生态聚合点和生态屏障。整个区域沿灞河大堤两侧分布，总规划面积约 7.98 平方公里。地理坐标位于东经 108°58′16.96″～109°01′35.19″，北纬 34°24′42.97″～34°26′05.26″之间[2]。由于浐灞湿地公园特殊的地理位置，具备典型的河口湿地特征。包括三大水域：灞河自然河口滩涂湿地、灞河人工蓄水河道、灞河东西河岸人工恢复湿地。

1.2 气候条件

西安属于半湿润季风气候，还具备半干旱大陆性气候特征。西安历年的降水量 400～800 mm，并且分布不均匀，降水量最多的月份是 7、8、9、10 四个月，属于我国半干旱地区中的缺水城市。西安的四季冷暖分明，气候冬夏温差大[3]。春季升温快、常出现大风；夏季高温炎热多雷雨；秋季气候温和，时常有雨；冬季寒冷、雨雪少。多年年平均降水量为 589.4 mm，多年平均蒸发量为 1528.8 mm，丰水期和枯水期降水量差别很大，最大差值可达 590 mm。

1.3 动植物资源状况

由于西安浐灞国家湿地公园受到人为经济活动的干扰，现状植被以次生类型为主，且多为植物园栽培物种。浐灞国家湿地公园及其周边湿地植被具有种类多、生物多样性丰富的特点。湿地公园区域内及其周边已探明有植物种类 180 种，隶属于 48 科，其中蕨类植物有 1 科 2 种，被子植物有 48 科 178 种；且包括多种人工栽培的国家重点保护植物。根据实地调查和资料整理，在西安浐灞国家湿地公园区域共发现野生动物 150 种，隶属于 50 科，27 目[4]。其中国家一、二级保护动物 13 种，具有较高的生物多样性保护价值。在这些动物中，目、科、种均以鸟类为最多，其中鸟种数 72 种，占浐灞湿地已知陆生脊椎动物物种数的 65.0%。湿地公园沿灞河两岸东西带状分布，集河道防洪、生态保护、休闲游览等功能于一体，是灞生态区的鱼类的组成比较地复杂，但是种群数量比较低；珍稀濒危物种比较丰富。

2 西安浐灞国家湿地公园存在的主要问题

该湿地公园是一个价值较高的生态系统，同时也是一个脆弱的生态系统。盲目围垦、过度开发、水土流失、泥沙淤积、保护投入不足、保护管理体制不完善等多种因素，威胁着湿地公园保护工作的健康发展。

2.1 宣传、教育工作相对落后

湿地与人类的生产、生活息息相关，而湿地保护作为社会的一项公益事业，越来越多地受到国际社会家的重视，各个国家都在大力宣传，保护本国的湿地资源，推行生态人文建设。该湿地公园作为灞河生态景观带乃至西安市生态湿地系统的重要组成部分，受到许多部门的重视，，由于资金缺乏等原因，制约了宣传教育工作的开展，使该项工作处于滞后状态。因此，宣传普及关于湿地及湿地公园保护的知识，提高全民湿地保护意识，是西安市湿地保护管理的主要任务之一。

2.2　缺乏湿地管理协调机制

湿地保护与管理牵涉面广、涉及的管理部门多，最基本的有水资源、国土资源、海洋资源、野生动植物资源、污染控制、农业开发等管理部门。而且我国的湿地保护管理工作起步较晚，尚缺乏湿地保护与合理利用的专门法律法规，同时政策体系也不尽完善。尤其在湿地开发利用方面存在各行其是，各取所需，部门利益、地方利益交织，保护受制，如在水利建设和水资源的开发利用中，缺乏生态观念，只重视治理水患，解决生产、生活用水，严重忽视生态用水。因此，需要各区域、各行业之间加强联系、合力协调、综合治理。

2.3　水资源破坏严重

从自然环境条件来看，西安地区多年平均降水量仅有 600 mm 左右，多年平均地表水资源 21.77 亿立方米，地下水资源量 18.76 亿立方米，除去二者转化的重复量，水资源总量约 26.66 亿立方米，多年人均资源量不到 350 立方米，不到全国平均水平的 1/2，更低于国际标准的绝对缺水线[5]。且在近 50 年来，西安地区降水量总趋势在逐渐减小，同时盲目开采地下水，肆意排放大量的工业废水和生活污水，极大地破坏了自然状态下的水循环，扰乱了降雨和径流之间的补给关系。地下水潜水位降低，导致大气降水首先渗透补充地下水，而河流得不到足够的降水补给，导致地表径流量逐年减少，地下水和河流的补给关系由相互补给变为单方面补充，从而进一步破坏了当地自然水循环条件，最终打破了生态系统的平衡。

3　保护与合理利用的对策

园区内水域辽阔、湿地资源丰富、自然景观优美，以河流湿地为主体，以灞桥、灞柳、灞水为主题文化，具有较高的生物多样性保护价值和观赏游憩价值。

因此，西安浐灞国家湿地公园的保护和合理利用，关系到提高浐灞湿地的生态功能和生态系统完整性，保护和恢复区域生物多样性，从质与量上提高湿地公园的生态系统服务价值，调解气候，提高城市环境质量、美化环境、保障城市生态安全，为促进西安社会经济和谐发展等提供持续良好的生态服务。保护与合理利用的建议如下：

3.1　成立保护机构，注重技术革新和人才引进

湿地保护工作涉及部门众多，在管理上各部门各行业又各有侧重，为避免职责交叉、多头管理，必须建立一个强有力的管理机构，行使湿地保护、管理、监督等职能，确保国家有关保护管理的法律、法规和政策得到切实落实，实现湿地的统一管理和协调。

对于园区生态环境的优化重在先进技术的革新和专业人才的引进，这样才能最大限度地实现园区规划的目标。面对生态环境建设的更高标准，浐灞生态园区可以开放园区规划合作平台，引进国内外有经验的机构参与园区建设，同时考量现有技术下园区设施状态，及时更新相关设备以满足发展需求。园区应与国际各大技术公司进行合作，在园区废物资源化、生态资源功能化、生态能源开发与循环利用等方面学习先进技术，对园区设备进行更新。在人才发展

上可以充分利用高校科研力量，定向培养相关人才以满足园区发展需要。

3.2 建立健全保护管理制度

根据国家、省、市有关湿地保护管理的法律、法规，制定适合本湿地公园管理的地方性法规；建立完善的巡护、防火制度：树立以预防为主，积极扑灭的指导思想，建立健全严格的用火防火制度；建立档案制度：档案是一切管理、经营、决策、科研、交流等活动的重要凭证与依据，湿地公园应着重对建设规划、湿地保护、防火、有害生物防治、珍稀动植物种群活动情况、科研工作及成果进行建档管理，逐年检查复核；建立社区共建联防保护制度：在广泛宣传发动的基础上，湿地公园与周边村基层组织、旅游社团及学校建立联防保护组织，广泛发动群众，群策群力，严守严防，动员社区职工及周边民众自觉加人到保护工作中来，形成全社区共同保护自然环境的良好社会风尚。

3.3 加强宣传教育

建立宣传教育制度：通过设置宣传、广告牌，印制、分发宣传小册，举办保护讲座和法律培训，开展科普教育，每年定期开展电视、广播、演讲等宣传活动，增强广大群众爱护自然、保护自然的意识。广泛开展宣教工作，宣传教育工作是提高保护工作效率的重要手段，在宣传教育过程中提高专业管理人员的素质，提高周边社区公众的保护意识。

3.4 加强管理

首先，组建一批强有力的保护队伍，加强保护执法队伍建设。形成完整的保护管理体系和机构。通过强化培训和人才引进，逐步推进保护工作规范化进程。其次，建立保护管理人员责任承包制。对区域内的巡护管理实行责任承包制和岗位负责制。最后，充分发挥湿地公园管理计划的作用。在对湿地公园历史和现实、资源、社会经济等状况进行全面、系统调查的基础上，提出科学、合理和规范的且有很强的目的性和操作性的管理方案，有步骤地实行保护管理计划对保护工作大有裨益。

3.5 引导当地居民参与湿地公园的管理与建设

积极与周边社区合作，建立健全联防共管体系。以乡规民约、保护公约的形式组建群防共管网络，形成共同保护、相互监督、齐抓共管的局面。完善湿地公园管理局、湿地保护管理站与周边社区之间的协调网络。

参考文献

[1] 柳嵩，张永战. 西安地区水资源短缺的原因与对策符展明[J]. 水资源保护，2015，31(1)：114－118.

[2] 刘荣成，刘继龙. 惠安县湿地生态系统保护与合理开发利用[J]. 湿地科学与管理，2006，2(1)：45－46.

[3] 魏雯,孙吉雄,苟万德.黄河湿地资源的保护与合理利用研究[J].草业科学,2010,27(3):44-49.
[4] 董素梅.内蒙古大兴安岭林区湿地植物的保护利用现状及合理利用建议[J].内蒙古林业调查设计,2014,37(1):6-8.
[5] 刘新伟.唐岛湾湿地的保护与合理利用[J].农业资源与环境,2014(9):219-220.

渭南市湿地资源利用现状与可持续发展对策探讨

郝转[1,2]

1. 陕西省河流湿地生态与环境重点实验室　陕西 渭南　714099；

2. 渭南师范学院　化学与环境学院　陕西 渭南　714099

摘　要：结合渭南市湿地资源利用及保护管理现状，分析了渭南市湿地及其生物多样性面临的主要威胁，并与之相关对策的前瞻及论述。

关键词：渭南湿地；威胁；对策

基金项目：渭南市科技创新团队建设项目(2015TCTD－2)和能力提升项目(2015TCNL－3)，渭南师范学院重大项目(2015ZD001)。

前　言

湿地被人们称为地球的肾脏，它不仅具有丰富的资源，还有巨大的环境调节功能和生态效益。湿地有提供水资源、调节气候、涵养水源、促淤造陆、降解污染物等一系列重要的功能，在人们生活生产中起着缓冲及调节作用。同时湿地覆盖地球表面仅 6%，却为地球上 20%的已知物种提供了生存环境，也正是因为这样的原因，湿地也给人类和陆地上的其他动物提供了源源不断的物质能源；联合国环境署 2002 年的权威研究数据显示，1 公顷湿地生态系统每年创造的价值高达 1.4 万美元，是热带雨林的 7 倍，是农田生态系统的 160 倍。

湿地分为天然湿地和人工湿地两大类，渭南市的湿地总面积 81151 公顷，其中天然湿地面积 75406 公顷(包括永久性河流、季节性河流、洪泛平原、草本沼泽和内陆盐沼 5 个类别)，占湿地总面积的 92.9%；人工湿地面积 5745 公顷(包括池塘、灌溉渠系、水产养殖 3 个类别)，占湿地总面积的 7.1%。陕西黄河湿地是黄河中游地区面积最大的湿地之一，也是陕西省面积最大的河流湿地，以黄、渭、洛三河的交汇处等河床为主，由河流水面、河心洲、滩涂、洪泛平原及少量阶地组成，总面积 57348 公顷。区内丰富多彩的森林草地资源、野生动植物资源、珍稀鸟类资源、湿地资源、景观资源、水体资源构成的生态系统成为黄河生态圈的重要组成部分。

作者简介：郝转，1987，女，汉族，陕西渭南，陕西省河流湿地生态与环境重点实验室，讲师，博士研究生，植物生态学。

1　现　状

滑南市湿地利用主要有以下方面：一是农业生产开发利用。湿地周边群众利用湿地发展养殖业、种植业等。二是水资源利用。陕西黄河湿地自然保护区是渭北重要的水源地，东雷抽黄一级站和4个二级站建在保护区内及其周边；在保护区的北部，有下峪口煤矿、龙门钢铁集团公司、大唐韩城第二发电厂、陕西煤化工厂、洗煤厂等工矿企业，在生产过程中均直接利用湿地水资源；南部的秦岭电厂每年同样消耗大量的水资源。三是大集团承包开发湿地。黄河湿地保护区范围内国有土地87%，土地权属单位有黄委、水利、军垦农场、村镇等，其中有部分国有土地或集体土地被承包给一些大集团开发利用。

2　威　胁

渭南市湿地资源十分丰富，但随着经济的发展和城市化进程的加快，一方面，掠夺性开发和不合理利用以及淤积、污染、过度排水等导致湿地面积和资源日益减少，湿地的功能和效益下降，生物多样性丧失，水土流失加剧，水旱灾害频繁，造成巨大的经济损失，甚至威胁到人们的健康和生命。另一方面，湿地的污染与退化，已经严重影响整个城市生态环境的健康、有序发展，威胁了城市水源安全[1]。

2.1　盲目开发和利用湿地资源，严重破坏生态系统平衡，造成湿地面积迅速减少，动植物种类、数量下降

中国自然大湖泊从1950年的2800个减少到1980年的2350个，湖泊总面积减少了11.05%[2]。据不完全统计，近10年来“挖塘养鱼、抬地造田”使黄河湿地原生湿地面积减少30%～40%。合阳县洽川镇以处女泉为核心，共分布天然芦苇荡约6500公顷，至今大部分被开垦为鱼塘和莲藕地。另一方面，工农业生产废水、生活污水的排放，以及化肥、农药、除草剂等化学产品的大量使用，使得湿地水污染加剧，湿地生态功能严重受损。韩城市区内建有热力发电厂和30多个焦化厂，二氧化硫、氮氧化物、一氧化碳和总悬浮物浓度均超过国家标准，严重污染了鸟类的栖息环境，导致鸟类数量锐减。

2.2　泥沙淤积严重，水污染严重，造成湿地质量下降

随着当地农民在种植农作物时大量使用的化肥、农药、除草剂等化学产品，加之河流上游污染物的排放，使黄河、渭河、洛河三条河流中除含大量泥沙外，水质均受到不同程度的污染，尤其渭河污染最为严重。在渭河的13个检测点中，有11处水质超过Ⅴ级水质标准。有的区域甚至已成为工农业废水、生活污水的承泄区。湿地污染对湿地的生物多样性造成严重危害。

3 保护对策

3.1 深入开展湿地的基础与应用研究工作，制定区域湿地景观统一保护规划

目前，我们的湿地研究工作无论在基础上还是在应用上，研究深度均远远不够。诸如湿地的分类，湿地的综合功能与价值，湿地生物多样性，湿地动态变化与监测技术，湿地接受降解污染物的能力，湿地水资源合理利用，湿地开发前后效益的综合评估以及湿地景观生态规划与建设，湿地恢复与重建等方面的研究工作，只有把这些问题弄清，才能做到有的放矢地保护湿地，在政府部门的支持下，逐渐缓解和制止人类活动对湿地生态系统的破坏，才能防止宝贵的自然资源销声匿迹。

3.2 广泛开展湿地水资源的可持续利用与保护工作

水不仅是湿地最重要的资源，也是湿地最基本的特征。没有水，湿地将不复存在，其价值和功能也自然消失。所以，保护湿地水资源是湿地保护的重点。目前，河流湖泊湿地污染严重，淡水沼泽湿地由于供水不足而退化的现象越来越严重，许多湿地保护区也面临这种问题，使保护区的保护工作难以开展。许多水禽因为供水不足或水污染严重而失去了栖息环境。所以，湿地水资源的保护必须从整个流域入手，从地下水的来源、流动方向、格局对湿地的影响和相互关系等方面开展研究和保护工作。

3.3 开展退化湿地生态系统整治与恢复工作

以三江平原湿地为例。目前，该区湿地正受到为了发展农业而建立的排水工程的直接和间接的威胁。经过多年的开发，该区湿地植物和大多数森林已被破坏了。先前的湿地动植物资源、土壤、空气和生态之间的平衡已经不复存在。因此，保护湿地及其丰富的动植物资源工作刻不容缓。其中一项重要的工作就是恢复湿地“岛状森林”，并且有计划地恢复江、河、湖的岸边区域湿地，使它们成为完整的湿地生态系统。

3.4 合理增设和布局湿地基本保护区，加强湿地保护工作

增设保护区是目前最好的湿地保护方法。保护区不但要有足够的面积，还要有合理的空间布局，保护区最好由分布全流域内的有代表性的自然景观和生态系统组成，并由天然或接近天然的通道连接起来。这样有利于动物的迁移和进行基因交流。如果保护区面积不够大，又相互独立，则许多原有的物种不可避免地会消失。目前，虽然已建立许多自然保护区，但某些保护区的布局不合理，应建立保护通道把保护区连在一起，以有利于保护工作。分散地带则让它们自然地恢复固有的生态系统。在已有保护区的基础上，增设保护区，并建立基本湿地保护区。

3.5 加强立法、执法和宣传教育工作，强化湿地保护意识

现在，人们已认识到了破坏生态环境、危及生态平衡的危害。湿地保护是一项社会公益性

事业，它与人民群众的生存、生活关系密切。为强化人们的湿地保护意识，全社会应自觉行动起来与破坏湿地环境的行为做斗争，要大力开展湿地保护宣传，讲明保护湿地、保护环境的重要性，调动全社会参与生态环境的保护建设。

参考文献

[1] 王海霞，孙广友，于少鹏，等. 湿地对城市形成、演进及可持续发展制约机制的探讨[J]. 湿地科学，2005，3(2)：104－109.

[2] 陈宜瑜，常剑波. 长江中下游泛滥平原的环境结构改变与湿地丧失[A]. //陈宜瑜. 中国湿地研究[M]. 长春：吉林科学技术出版社，1995：153－160.

我国湿地面临的主要问题和保护建议

朱蕾[1,2]
1. 陕西省河流湿地生态与环境重点实验室 陕西 渭南 714099；
2. 渭南师范学院 数理学院 陕西 渭南 714099

摘 要：我国湿地正面临着来自人类的巨大威胁，如人类对湿地的盲目围垦和改造、湿地环境污染、生物资源的过度利用等，导致自然湿地数量持续减少、湿地生态功能退化乃至丧失，已难以保证所在地域生态平衡的需求。根据我国湿地面临的威胁和问题，近期应加强湿地保护立法和管理机构建设，并尽快实施《全国湿地保护工程实施规划》。

关键词：湿地资源；威胁；保护建议

基金项目：渭南市科技创新团队建设项目(2015TCTD－2)和能力提升项目(2015TCNL－3)，渭南师范学院重大项目(2015ZD001)。

地是水陆相互作用形成的独特的生态系统，在保持生物多样性和珍稀物种资源、蓄洪防旱、降解污染、调节气候和控制土壤侵蚀等方面具有重要的功能。近年来由于人类活动的破坏，湿地面积急剧减少，功能退化，带来了一系列的生态恶果，从而使得湿地研究成为国际社会普遍关注的热点。

1 湿地面临的主要问题

根据对重点湿地受威胁状况的调查，我国湿地存在以下主要威胁和问题。

1.1 对湿地的盲目开垦和改造

目前湿地开垦、改变自然湿地用途和城市开发占用自然湿地是造成中国自然湿地面积削减、功能下降的主要原因[1]。自 20 世纪 50 年代起到 1997 年，长江河口湿地已被围垦的滩涂达 7.85×104 公顷，相当于辖区陆域面积的 12.39%。全国围垦湖泊面积达 130×104 公顷以上，因围垦而消失的天然湖泊近 1000 个。以湖北省为例，20 世纪 50 年代时有湖泊 1332 个，

作者简介：朱蕾，1988 年生，女，汉族，陕西渭南人，渭南师范学院，讲师，硕士，环境工程专业。

总面积达 85.28×104 公顷，到 80 年代，湖泊个数已减少到 843 个，湖泊面积亦相应减少为 29.83×104 公顷，到 2000 年，湖北省面积在 100 公顷以上的湖泊仅为 260 个。我国的沼泽湿地由于泥炭开发和作为农用地开垦，面积也急剧减少。三江平原是我国最大的平原沼泽集中分布区，据统计 1975 年三江平原沼泽面积为 217×104 公顷，占平原面积的 32.5%；1983 年沼泽面积下降到 183×104 公顷，占平原面积的 27%；到 1995 年沼泽面积仅有 104×104 公顷，占平原面积的 16%[2]。而且随着湿地面积的减小，湿地生态功能明显下降，生物多样性降低，出现生态环境恶化的现象。

1.2　湿地污染加剧

湿地环境污染是我国湿地生态系统面临的最严重的威胁之一，不仅对生物多样性造成严重危害，也使水质变坏。污染湿地的因子包括大量工业废水、生活污水的排放，油气开发等引起的漏油、溢油事故，以及农药、化肥引起的面源污染等，而且环境污染对湿地的威胁正随着工业化进程的发展而迅速加剧。

1.3　生物资源过度利用

在所有重点调查的湿地中，共有 91 块湿地正面临着生物资源过度利用的威胁，占所有重点调查湿地的 24.2%。在面临该威胁的湿地中，湖泊湿地占 40.7%；滨海湿地占 26.4%；沼泽湿地占 19.8%。从地域上，生物资源过度利用主要存在于沿海地区、长江中下游湖区、东北沼泽湿地区。在我国重要的经济海区和湖泊，酷渔滥捕现象十分严重，不仅使重要的天然经济鱼类资源受到很大的破坏，而且严重影响着这些湿地的生态平衡，威胁着其它水生生物的安全。生物资源的过度利用导致资源下降，致使湿地生物群落结构的改变以及多样性的降低，一些物种甚至趋于濒危边缘。

1.4　水土流失和泥沙淤积日益严重

目前我国许多湿地特别是湖泊湿地和库塘湿地正面临着泥沙淤积的威胁，占所有重点调查湿地的 8.0%。该威胁主要存在于湖泊湿地和库塘湿地中，分别占 43.3%和 36.7%。由于大江、大河上游的森林砍伐影响了流域生态平衡，使来水量减少，河流泥沙含量增大，造成河床、湖底等的淤积，并使湿地面积不断减小，功能衰退，洪涝灾害加剧。水库是重要的人工湿地，目前其泥沙淤积问题也令人担忧。自 1949 年以来，我国已建成 8.4×10^4 座大中小型水库，库容 4600×10^8 立方米以上，现淤死 1000×10^8 立方米以上，直接经济损失 200 亿～300 亿元[3]，如果把发电、灌溉、养殖、航运等损失计算在内，损失更加惊人。

1.5　水资源的不合理利用

在所有重点调查湿地中，共有 25 块湿地正面临着水资源不合理利用的威胁，占所有重点调查湿地的 6.6%。水资源的不合理利用主要存在于湖泊湿地和沼泽湿地中，分别占 60.0%和 28.0%。水资源的不合理利用主要表现为：湿地上游建设水利工程，截留水源，以及注重工农业生产和生活用水，而不关注生态环境用水。水资源的不合理利用已严重威胁着湿地的存在，随着水资源市场化的不断进展，并有不断加重的趋势。

1.6 湿地保护管理体制不完善，经费投入不够

湿地保护与管理涉及部门多，不同地区和部门在湿地开发利用方面存在各行其是、各取所需的现象，矛盾非常突出。采油、旅游、捕鱼、造纸、采盐、开

荒、养殖、狩猎等都在向湿地要产品、要效益，而出现问题难以协调和解决，严重影响了对湿地的保护和合理利用[4]。

全国湿地保护经费投入严重不足，致使保护管理工作举步维艰。另外，湿地保护区的经费投入和设备的严重不足也制约了湿地的保护管理工作的开展。

总之，我国湿地资源面临的威胁和问题很多，其中最主要的是对湿地的盲目开垦、环境污染及生物资源的过度利用等，这些威胁因素造成了湿地面积的减少和湿地功能的下降。

2 保护建议

全国湿地资源调查结果表明，从总体上我国自然湿地不断丧失、湿地功能不断下降、污染加剧等问题相当突出，湿地保护管理的任务依然十分艰巨。因此，根据我国湿地存在的主要威胁和问题，建议采取以下措施进一步强化湿地资源的保护和管理。

2.1 加强湿地立法，完善湿地保护的政策和法律法规体系

目前，我国缺少专门的湿地保护法律法规，湿地的保护管理、恢复改造、开发利用、执法监督等仍然存在多头管理、责任不清、管理不到位等现象，直接影响到湿地保护的力度和成效[5]，因此当前的关键是推进湿地立法工作，完善湿地保护的政策和法规体系，通过立法来规范湿地的保护与管理。建立行之有效的湿地保护管理的政策法规体系，对保护湿地和促进湿地资源的合理利用具有极为重要意义。

2.2 加强各级湿地保护管理机构建设，建立湿地保护管理的协调机制

要加强湿地保护，就必须加强各级湿地保护管理机构的建设，尤其是县、乡一级基层保护管理体系建设，使湿地保护管理工作能够深入到基层，确保国家有关保护管理的法律、法规和政策得到落实。湿地资源保护与合理利用管理涉及多个政府部门和行业，关系多方利益，不同地区、不同部门，因对湿地保护、利用和管理的目标不同、利益不同，很容易对湿地保护管理工作产生影响。因此，迫切需要建立有效的湿地保护管理协调机制，加强政府部门之间的协调与配合，形成合力。

2.3 加大投入，尽快组织实施《全国湿地保护工程实施规划》

资金严重不足是湿地保护与管理工作面临的主要问题之一。在湿地调查、保护区及示范

区建设、污水治理、湿地监测、湿地研究、人员培训、执法能力与

队伍建设等方面都缺乏专门的资金支持。由于资金短缺，使许多湿地保护项目和行动难以实施，已建立的湿地自然保护区不能发挥其正常的保护功能，必要的湿地基础研究难以进行[6]。虽然目前"全国野生动植物保护和自然保护区建设工程"投入了一定资金开展湿地保护和恢复工作，但还远远不能满足全国湿地保护和管理的实际需要，仍要大力增加对湿地保护的资金投入，确保按计划实施《全国湿地保护工程实施规划》。

2.4　强化湿地保护的科技支撑

目前湿地保护的基础研究和科技支撑还非常薄弱，特别是对湿地的调查、监测、恢复、演替规律等方面缺乏系统、深入的研究，不能很好地为湿地保护和管理决策服务，这制约了湿地保护与管理工作的开展[7]。要重视对湿地保护管理的科技支撑工作，建立湿地定期调查和动态监测体系，掌握湿地资源与环境动态，为湿地保护、合理利用与管理提供科学依据。加强湿地保护、生态恢复等方面的研究工作，为实施《全国湿地保护工程实施规划》提供技术支撑。

2.5　加强国际重要湿地和湿地自然保护区建设与管理

截止 2005 年 2 月，我国已有 30 块湿地被列入《湿地公约》的国际重要湿地名录，面积达 357.70×10^4 公顷[1]，重点保护好这些国际重要湿地是生态建设的需要，也是履行《湿地公约》的要求。要把国际重要湿地作为国家投入和国际合作的优先地区，使其具备完善的保护和管理设施。同时，继续积极指定具备条件的重要湿地加入国际重要湿地名录，有效保护我国的湿地生物多样性。

实践证明，建立保护区是保护湿地最积极、最直接、最有效的措施，今后还要继续加强湿地保护区建设，把重要湿地以建立保护区的方式纳入保护管理范畴。对因条件所限难以建立保护区的，也要因地制宜建立保护小区或设立保护站点，加以保护。

2.6　要高度重视和切实做好宣传教育工作

湿地保护是一项新兴事业，目前我国社会大众对湿地的价值和重要性缺乏认识，湿地保护意识不强。

基于以上原因，要把提高全民湿地保护意识作为湿地保护管理的基础性工作来抓。要采取多种形式的宣教活动，向广大干部群众宣传湿地的重要功能和效益，宣传保护湿地的重大意义。

参考文献

[1] 国家林业局《湿地公约》履约办公室.湿地公约履约指南[Z].北京：中国林业出版社，2001.
[2] 赵魁义.中国沼泽志[M].北京：科学出版社，1999.

[3] 赵魁义.青藏高原沼泽合理利用与生态环境保育[J].湿地科学,2003,1(2):82－97.
[4] 俞穆清,田卫,刘景双,等.向海国家级自然保护区湿地资源保护与可持续利用探析[J].地理科学,2000,20(2):193－196.
[5] 郎惠卿.中国湿地植被[M].北京:科学出版社,1999.
[6] 国家林业局,外交部,国家发展和改革委员会,等.中国湿地保护行动计划[Z].北京:林业出版社,2000.
[7] 印红.对我国湿地保护问题的思考[J].湿地科学,2003,1(1):68－72.

我国湿地保护面临的问题探讨

刘史力[1,2]

1.陕西省河流湿地生态与环境重点实验室 陕西 渭南 714099;

2.渭南师范学院 化学与环境学院 陕西 渭南 714099

摘 要:本文主要探讨了目前湿地保护面临的诸多问题,湿地面积减小、湿地环境恶化、湿地自然保护区的建立存在多种难以解决的问题、湿地归属不明确、人类缺乏对湿地保护的意识、我国法律对湿地的保护不够完善等几方面的问题。

关键词:湿地;保护;问题

基金项目:渭南市科技创新团队建设项目(2015TCTD-2)和能力提升项目(2015TCNL-3),渭南师范学院重大项目(2015ZD001)。

湿地是一种过渡性地区,它主要分布在水生、陆生生态系统两者之间,它生存环境比较特殊,它的土壤是在水中浸泡的,很多水生植物都具有湿地所拥有的多种特征。湿地广泛分布在世界上的各个地区,具有很多种类型的野生动植物资源。很多种动物都不能离开湿地而单独生活,比如说许多珍稀的水禽,它的迁徙和繁殖都需要湿地,所以湿地有"鸟类的乐园"之称。湿地对人类来说是十分重要的生态系统,由于湿地的净化功能相当强大,所以又被称为"地球之肾"[1]。

1 湿地的概念

湿地有天然的也有人工的,它是一种具有永久性和暂时性的沼泽地、泥炭地和水域。湿地包含有多种状态,可以是流动的也可以是静止的,其水体类型有淡水和咸水两类,而且还包含在低潮的情况下水深小于6米的海水区域。

湿地对于人类来说具有重要的意义,它带给人类无穷的财富,湿地对于生态系统而言也具有极其重要的作用,它保护了生态系统的多样性。所以我们要深入了解湿地、保护湿地环境不受侵害,保证湿地可以健康发展、合理利用,从而使湿地资源达到可持续发展,实现人与自然和谐共存。

作者简介:刘史力,1986年生,男,汉族,陕西渭南,渭南师范学院化学与环境学院,硕士,生态学。

2 湿地的类型

2.1 沼泽湿地和河流湿地

沼泽湿地在平原(三江平原)、山岭(兴安岭、长白山)、盆地(四川若尔盖)以及高原(青藏)等地带都有广泛的分布。目前对于河流来说,我国已经有很多条河流的面积都有非常可观的数字,据统计 5 万条已超过了 100 平方公顷。

2.2 湖泊湿地和人工湿地

我国的天然湖泊数目众多,而且大于 100 公顷的有将近 3000 个,总面积 835.15 万公顷。然而我国还有超过 3000 万公顷的水稻田,是我们国家最大的人工湿地[2]。

2.3 滩涂湿地(滨海湿地)

淤泥、石性海滩等都属于滩涂湿地。环渤海湾滨海湿地、江苏滨海湿地都属于淤泥湿地;石性海滩广泛分布在沿海地区主要是以山东等地为主的湿地面积相对较大。

2.4 海洋和海岸湿地

海洋和海岸湿地都存在于临海地区,例如浅海地区就有分布、像海边的海床、珊瑚礁等都有海岸湿地,而河口、滩涂还有红树林也存在海洋湿地,黄河三角洲是海洋湿地在三角洲分布的最具典型的案例。

2.5 内陆湿地和人工湿地

在内陆也有湿地的分布称其为内陆湿地,内陆的湿地面积较小,例如河流、小溪等,也有一些淡水湖泊和咸水湖泊也属于内陆湿地,内陆湿地主要是以高山、灌木或树木为主[3]。人工湿地主要就是人类参与建造的湿地,它包括鱼池、虾塘等。由于人为因素所产生的湿地还有很多,像人为修筑的水库、建造的水稻田以及运河之类的等等[4]。

3 湿地的分布

我国很多地方都有湿地的存在,由于它对人类具有非常重要的意义,因此,湿地已成为我们生存的必要条件,它的分布与生物的生存方式息息相关。所以说哪里有生物哪里就会存在湿地。不论是寒温带还是热带、海外还是内陆、山地还是高原都有生物在这里生活,因此说湿地在这些地方都有分布。而且还存在"一个地区有多种类型"和"一种类型存在于多个地区"的特点,地球上这种奇妙的安排使湿地组合变得多样化。前面对湿地已经有所了解,因此,我们不能片面地说只有沼泽、泥炭、滩涂等是湿地,而应该对湿地有了全新的理解。

4　湿地面临的问题

随着社会的发展，人口数量的不断增多，湿地也不得不开始面临一些生存的问题，人们为了自己的利益，对湿地进行了疯狂的掠夺，因而使湿地面积迅速减小。当然，湿地面临的问题不止这些。目前，湿地仍存在以下问题。

4.1　湿地面积减小

随着工业革命的到来，在这么长的时间里，湿地与人类的生活还有工农业的生产已经到了密不可分的地步，湿地的开发利用使我们国家的经济以惊人的速度向前发展。但由于人口的增加，人类逐渐开始开垦荒地，他们将森林、湿地等等这些资源都过度开发，从而导致了资源受到了过度开发利用和干扰，因而，使湿地面积急剧下降，使湿地遭受了前所未有的破坏。在最近的几十年里，我们国家的湿地数目发生了非常明显的变化，尤其是自然湖泊数目持续下降并且得不到遏制。在我国各种水体水系几乎都受到不同比例的破坏，比如我国在黄河三角洲上兴建了很多农业而并不顾忌湿地是否能够承受，并肆虐地开采油田，使油田的开发力度达到了前所未有的境界。人类在农业生产上只顾自身利益从而使湿地遭受到了不同程度的破坏，引起湿地环境恶化，以及其他各种原因，进一步降低了生物的多样性。另外，农业上的不合理规划，造成了水资源的浪费，例如过度种植水生植物、围滩造田也极其严重地降低了湿地的面积；不仅如此，也破坏了水生动物和大多数底栖动物的生存环境，使以湿地动植物为食的生物难以继续生存，从而迫使这些生物不得不迁徙到其他地方，寻找适合自己的栖息地，这样注定降低了生态系统的多样性。

另外，大肆地开采石油也破坏了很多我国一级、二级国家保护动物（珍稀动物）的生存环境。随着石油的开采，农业的生产致使其周边修建交通要道，在一定程度上也减小了湿地的面积。

4.2　湿地污染严重

自从我们走向工业化时代，各种工厂频繁出现，对于人们来说工业化加快了经济的发展，可是孰知环境资源却面临巨大的威胁与挑战。不仅是生活废水向湿地胡乱排放，而且很多企业在工业生产中产生的工业废水、废渣也大肆向湿地排放，加快了湿地的水体污染，因而使水的质量直线下降。因此，这些现象严重地破坏了生物的生活环境，同时也影响了人类的身心健康，致使绝大部分人类一直处于亚健康的状态。此外，人们不停地对湿地进行索取，导致取水量超过了湿地的可承载范围，并且不断将污染物排放到流域内，导致一边取水量增加，另一边排污的量也增加。这就使得河道的空间被迅速占领，从而导致河道淤积过重问题演化成河道面积迅速减小的问题；其次，人们无意识地随意倾倒垃圾，造成垃圾堵塞河道，因此不仅降低了河道的排涝能力，而且也使我们所生存的环境发生了质的变化，环境恶化现象频频发生并不受控制，不仅严重影响了城市的经济发展还导致城市形象严重受损。再者，加之人们对鱼类的无节制捕捞，对树木乱砍滥伐，从而使得环境更加恶劣。

由于环境污染问题频发因此使很多环境问题不断暴露出来。例如：桂林漓江的洪涝灾害；

近年来由于环境污染导致的全球气候异常以及降雨特性的改变出现热岛效应从而引起强对流暴雨，出现短历时极端雨强的点暴雨。加之暴雨区下移，导致上游大型水库青狮潭水库无水可蓄，漓江下游降雨下渗变少，地下水位下降，洪水暴涨暴落[11]。漓江洪涝灾害的主要生态过程干扰根源在于气候变化异常形成的降水强度增大[12]。漓江上游处在桂北暴雨区，属亚热带季风气候，雨量充沛，暴雨中心常出现在兴安县和灵川县一带[5]。在洪涝的胁迫下，湿地生物生存难度加大。但是，究其根源则在于人类对环境的破坏。

4.3 建立湿地自然保护区的力度不强

为了更好地保护湿地，国家建立湿地自然保护区，但其划分界限不是很明确，因此出现了有些地区无人管制，从而导致个别地区环境遭到破坏。另外，在自然保护区建立前和自然保护区建立后之前所拥有的耕地和一些森林或其他区域的所有权和使用权将不再发生改变。并且保护区管理机构力量薄弱，因此，便出现了一个明显的问题，即保护管理机构对保护区进行监督管理的同时，与当地部门和居民对保护区的所有权和使用权产生矛盾，所以说划分区域不得当也是湿地所面临的一个问题。

保护区分为三层：保护的核心区域、保护的缓冲区域和保护的实验区域。近年来，自然保护区中的缓冲区和实验区不断有人为破坏，在这两个区域由于人类频繁出没，当地居民的盲目利用，使湿地的破坏力度相当严重。并且还存在的一个重要问题就是人类的过度开采，已蔓延到我们的保护区境内，人类无节制的开荒造田，在农业生产中化肥的使用早已严重影响了湿地的环境，不仅仅影响了湿地的恢复，还使更多珍惜禽类动物误食化肥，导致其死亡。据统计，在向海国家级自然保护区内丹顶鹤、东方白鹤、白鹤、白枕鹤等多种珍惜水禽水鸟每年都有因误食农业生产使用的化肥而造成死亡。人们在农业耕地上的再度扩大，过度放牧，对珍惜动物的乱捕滥杀也将对湿地造成不可磨灭的影响。

保护区内水利工程和工农业的生产也将对其产生负面影响。有些湿地所建立的自然保护区也受到一定的影响，就像一些已经建立在自然保护区内的水利工程，或者打算把某些水利工程建立在自然保护区的地方，将会威胁到保护区的用水安全。保护区内水资源极度紧缺，并且由于工业废水或其他形式的排放使湿地的水资源富营养化，富营养化导致水体溶解氧含量减小，因此一些软体动物死亡将导致氧含量下降，最终将会迫使国家级保护动物向北进行大幅度迁移。

4.4 缺乏湿地保护意识，法律制度保护不够完善

通过近几年湿地的变化我们可以看出，湿地的环境并不是很好，甚至可以说很差。再返回来看一下人类近年来的活动，我们得到了一个不言而喻的结论，那就是人类的活动跟湿地环境有着密不可分的联系。人类的思维方式及重要想法将会改变湿地的命运，湿地质量的好坏将取决于人类对湿地的保护意识。现如今，有很多厂家只顾个人利益，只顾眼前利益，目光短浅，只看到自己在经济方面的发展，却忘记了我们要走的可持续发展道路。在工农业发展的情况下，加大了对污水的排放，人们对污水中含重金属是否超标没有严格的认识，并且投机取巧。这些看似无关紧要的问题不仅存在于工农业方面，还存在于我们的日常生活当中，环境污染问题随处可见，垃圾的随意丢弃，废水的任意排放，在露天环境下肆意焚烧废物，还有一个很严重的现象在农村普遍发生，就是为了灌溉田地人们随意挖渠将水库的水引入自家麦田，导致水库

水位大幅度下降。湿地周围环境一般比较空旷，人们会将生活垃圾倾倒在湿地周边，从而使湿地出现堵塞现象。

由于环境不断恶化，人类的注意力逐渐开始向环境污染问题聚集，慢慢地我们开始认识到了环境对于人类的意义，所以很多国家都开始颁布各种法律、规定，来限制人类的活动，并且明确规定各国国民有义务去保护环境、在保护环境的基础下保护湿地不受侵害、从而保护生物的多样性不致使生物多样性下降。但是，由于法律力度不强并不能很好地控制人们的行为。法律不仅没有把各个保护区进行详细划分，而且也没有强化对湿地自然保护区的宣传教育力度，《中华人民共和国自然保护区条例》以及一些地方性法规及条例都有这样的规定——如果人民政府确定批准建立自然保护区并明确指出它的边界范围和界线以后，则坚决不能不经任何批准就加以改动。其次，自然保护区的范围和界限应当严格并明确其细则，可以对保护区实行功能区域的划分并且每个功能区的保护的级别应当与严格的环保要求和规定相一致[6]。但是不免有些自然保护区的建设仍然存在着执法不严的现象，在管理当中也会有人徇私舞弊，有法不依的现象时有发生，有的法规条例并没有什么实际效用就如同虚设。这些也足以说明了我们在对待湿地保护的问题上，法制依然存在着不足的地方。因此，在人类对自然保护区的保护意识不强和法制不完善的情况下，也对湿地造成了很大的环境压力。

参考文献

[1] 贾萍，宫辉力，赵文击，等. 我国湿地研究的现状与发展趋势[J]. 首都师范大学学报，2003，24(3)：84－88.

[2] 雷昆. 中国的湿地资源及其保护建议[J]. 湿地科学，2005(2)：81－85.

[3] 张晓云，等. 若尔盖湿地面临的威胁、保护现状及对策分析[J]. 湿地科学，2005(4)：292－297.

[4] 张虹. 浅议滇池湿地的作用[J]. 环境科学导刊，2014(33)：19－23.

[5] 孙湘艳，王勇. 浅析漓江流域上游的水生态保护[J]. 安徽农业科学，2014，42(20)：6650－6652.

[6] 翟金良，何岩. 松嫩-三江平原湿地自然保护区面临的问题及管理对策[J]. 水土保持通报，2003，23(1)：1－6.

农业湿地可持续发展初探

谢恒星[1,2]
1.陕西省河流湿地生态与环境重点实验室 陕西 渭南 714099;
2.渭南师范学院 化学与环境学院 陕西 渭南 714099

摘 要:概括了我国湿地农业的现状,分析了其可持续发展存在的问题,探讨了湿地农业可持续发展应采取的对策。

关键词:湿地农业;可持续发展;现状;问题;对策

基金项目:渭南市科技创新团队建设项目(2015TCTD-2)和能力提升项目(2015TCNL-3),渭南师范学院重大项目(2015ZD001)。

湿地农业指在天然湿地基础上改造成以稻田、苇塘、鱼塘、小型水库为主体的农、林、牧、副、渔综合发展的人工农业复合生态系统。全国60%以上的粮食、经济作物产品和畜产品以及80%以上的淡水鱼和蚕茧是由湿地农业生态系统生产的。湿地农业生态系统的综合开发利用和湿地农业生态系统的建设,在我国当前和未来的农业和国民经济发展中具有极为重要的地位[1]。

1 我国湿地农业概况

湿地农业资源是我国主要粮食作物水稻、许多农产品尤其是水产品的重要生产基地,为农业生产提供保持水源、净化水质、蓄洪防旱、调节气候和维护生物多样性等多项生态服务功能。由于我国绝大部分湿地具有发展农业生产的优越自然条件,几千年来,湿地一直是我国农业开发的重点地区。直至近几十年来,湿地仍是我国农业开发的主要对象。农业生产与湿地资源保护存在着一定的矛盾关系。湿地保护是为了保持生物多样性,维持生态系统的平衡,促进生态环境的改善。而农业生产基本出发点则是满足人们的食物需求。历史上,日益膨胀的人口曾经促使许多重要的湿地保护区被开发为农田。我国的湿地农业区域包括长江中游的两湖平原、长江下游的太湖平原、珠江三角洲地区等,多为我国农业商品生产基地,农业相对发达[2]。从全国总体情况来看,由于经济的快速发展以及人类生产生活对湿地资源依赖程度的提高,湿

作者简介:谢恒星(1981—),男,汉族,山东兖州人,渭南师范学院副教授,博士,研究方向为区域水乳高校利用。

地农业生态系统因围垦、污染、泥沙淤积及过度开发利用受到严重的破坏[3]。

2　湿地农业可持续发展对策

2.1　积极推进农业湿地管理的标准化

坚持把政策法规和标准化建设作为湿地保护管理工作的长效措施，实现保护管理的法制化、规范化和科学化。按照党的十七大提出的“完善有利于节约能源资源和保护生态环境法律和政策”和“建立健全资源有偿使用制度和生态环境补偿机制”的总体要求，争取有利于农业湿地保护管理的各项政策。要加强调查研究，探索建立湿地生态效益补偿制度和湿地生态补水制度的合理途径。要建立一整套湿地保护与恢复、湿地调查监测、湿地保护体系建设、湿地履约的有关标准、规程和制度，加强湿地标准和规范的研发工作，吸收国际先进经验，推进我国农业湿地管理标准化建设。

2.2　积极做好农业湿地保护规划

根据《中国湿地保护行动计划》和《全国湿地保护工程规划》，指导各地进一步收集整理好有关我国农业湿地保护的资料和数据，组织开展有关的调查研究，抓紧做好“十二・五”国家、各部门和地方农业湿地保护规划的编制工作。各地区要把农业湿地保护纳入地方国民经济与社会发展总体规划，做好有关规划的衔接工作。有关规划在征求意见时，要进行认真的研究，积极主动地做好汇报沟通工作，力争做到专项湿地保护规划与行业规划、其他相关专项规划、上级湿地保护专项规划与下级湿地保护专项规划相协调。农业部门作为国家履行《湿地公约》的副主任委员单位，应及时开展“十二・五”农业部门履行《湿地公约》优先行动计划与技术方案研究，收集集成国内外湿地保护管理的先进经验、科学成果；提出农业部门“十二・五”湿地履约对策、优先行动计划建议和技术方案，为农业湿地管理、推动农业湿地保护和可持续利用提供技术服务和技术支撑。

2.3　积极开展农业湿地生物多样性调查

农业湿地保护应首先从保护其生态生物多样性入手。农业湿地中分布有种类丰富的农作物和家养动物的野生亲缘种，它们是农业育种工作中的宝贵遗传资源。农业的持续高产依赖于有效地利用多种多样的物种和基因资源以及多样性的生态系统。因此，保护农业湿地生物多样性同时也是农业持续发展的前提。农业部门应做好湿地资源与生态环境保护工作，尽力保护农业生态系统内现有野生物种和人工管理物种多样性、生态系统多样性和作物遗传资源多样性，维护系统内现有野生物种，开展生物多样性分布的综合考察和若干专题调查。调查考察农业湿地生物物种种类、数量、分布状况、经济价值和受威胁程度，制定珍稀、濒危、地方独有名贵动植物分布区域图。在调查考察基础上，编制农业湿地生物多样性中心名录。划定必要的自然保护区，以保护重点农业生态系统类型、珍稀濒危物种和野生遗传资源。加强对农业湿地保护区域种子、苗木、畜禽新品种等引入和应用的监管，建立早期预警、风险评估和突发事件应急反应机制。对已入侵的生物，加强跟踪监控，采取有效措施进行综合治理。

2.4 保护与用养结合，促进区域生态持续优化与协调

湿地生态系统是一个整体，在对农业湿地资源开发和利用的同时，应注意生态环境的保护，实现可持续发展。因此既要从长远考虑，保护生态环境，保护生物多样性，又要根据国情与经济发展的需要，循序渐进，搞好综合平衡，应避免那些可行性较小的机械式的湿地环境保护方式，代之于开发与保护并行的方式。加大资金投入，全面整治湿地生态环境，特别是基础设施工程建设与水环境的治理；加强环境资源监测和保护；加强执法力量和执法力度；指导群众发展生态经济，减少对环境的危害；建立立体生物群落与完善配套的组装技术，增强对自然灾害的防御能力。

2.5 依靠科技，促进农业湿地可持续发展

对生境破坏严重的地区建设湿地生态恢复工程；适度且因地制宜的、有计划的发展一些湿地高效生态农业工程。确保湿地生态环境进入良性循环，探索有中国特色的湿地开发与保护的新途径，使湿地资源得到永续利用，实现湿地保护与高效利用的统一。应做好以下几个方面：(1)加强农业湿地可持续发展与资源保护研究的力度，注重生态平衡，减少环境污染，使农业湿地系统长期处于良性循环之中；(2)积极探索农业湿地保护、修复和可持续利用的示范模式，加强科技支撑工作，把湿地保护工程建设成为湿地保护、修复和可持续利用的示范基地，打造成开展湿地科学技术研究开发的合作平台；(3)开展农业湿地及其生物多样性保护理论的宣传、教育和培训，举办各种学术讲座和学术会议，出版有关著作和刊物，传播与普及湿地农业知识，使全民参与保护湿地，生产者科学地利用湿地；(4)积极与国内外有关科研机构开展广泛交流与合作，充分借鉴、吸收国内外湿地保护、合理利用以及退化湿地生态修复的先进理念和先进技术；(5)加强对湿地保护管理人员的培训，指导他们学习并掌握有关湿地保护管理方面的知识和生态农业方面的知识，以提高他们在湿地保护管理中生态农业推广和应用的能力，建立生态农业的推广体系；(6)应用高新技术，建立不同类型湿地现代高效生态农业的示范基地，构建湿地生态环境网络监测系统、湿地生态环境预警系统等。

2.6 积极推进《湿地公约》履约工作

坚持把《湿地公约》履约、国际合作与国内湿地保护管理结合起来。树立世界眼光，加强战略思维，善于从履行湿地公约与开展合作交流的过程中把握机遇，学习借鉴世界上湿地保护管理的先进经验、科学成果，不断引进农业湿地保护的国际项目，要借鉴国际上建立湿地保护网络的经验，全面推动国内农业湿地保护工作不断向更高的水平迈进。要把履约与国际合作作为对外宣传的重要窗口，在国际上广泛宣传我国农业湿地保护的成就与经验，树立我国良好的国际形象。

参考文献

[1] 金卫斌，田小海，刘章勇，等. 湿地农业的概念、特征与主要研究任务[J]. 湖北农学院学报，2004，24(4)：214－244.

[2] 王世岩,杨永兴,杨波.我国湿地农业可持续发展模式探析[J].中国生态农业学报,2005,13(2):176-178.

[3] 刘红梅,赵建宁,李刚,等.我国湿地农业可持续发展存在的问题及对策[J].资源与环境科学,2010(13):342-343.

基于 K－T 和 K－L 方案提取洽川湿地的水体信息

韩晨[1,2]
1.陕西省河流湿地生态与环境重点实验室 陕西 渭南 714099；
2.渭南师范学院 化学与环境学院 陕西 渭南 714099

摘　要：水体是湿地生态系统中的关键性因子，通过遥感影像可以快速、准确地提取湿地水体信息，遥感技术已经成为湿地调查、研究与保护的重要手段之一。本研究使用 Landsat 5 TM 遥感影像，运用 K－T 和 K－L 方法对遥感数据进行变换处理，然后对变换后的图像进行非监督分类，最后提取洽川湿地的水体信息。通过研究表明：本期洽川湿地水体面积为 63 km^2；在本区域当期数据下，本方案可以有效排除河漫滩无水区、植物、荒地、建筑物等信息对水体的干扰，效果较好。

关键词：洽川湿地；水体提取；缨帽变换；主成分变换

基金项目：陕西省多河流湿地生态环境重点实验室开放基金项目（SXSD1401）；渭南师范学院科研计划育苗项目（14YKP005）；渭南师范学院特色学科建设项目（14TSXK05）；渭南市科技创新团队建设项目（2015TCTD－2）和能力提升项目（2015TCNL－3），渭南师范学院重大项目（2015ZD001）。

1　引　言

湿地是重要的生存环境和自然界最富生物多样性的生态景观之一。它在抵御洪水、调节径流，改善气候、控制污染，美化环境和维护区域生态平衡等方面有其它系统所不能替代的作用[1]。

水体是维系湿地生态系统稳定和健康的关键性因子之一，它在湿地形成、发育与演化的核心问题中，在湿地生态系统的生态过程研究中都是不可或缺的因子。所以科学、准确、快速地对湿地水体进行监测与评价，适时掌握湿地水体的变化信息，进而采取相应的对策，已成为对湿地研究中的关键问题[2]。

正是由于遥感技术具有观测范围大、信息量大、实时性好、动态性强等特点，且对被观测对象不产生破坏，在水体提取的研究中得到越来越多的应用[2-3]。本研究使用 Landsat 5 TM 遥

作者简介：韩晨（1981—），男，山西汾阳人，硕士，讲师，主要从事遥感与地理信息系统方面的研究，E-mail：hanchen1065@sina.com。

感影像，针对洽川湿地的水体信息进行了提取实验，研究了适合于本区域提取湿地水体信息的有效方法。

2　数据资料与研究方法

2.1　数据预处理

根据本区特点选取夏季丰水期的遥感影像进行水体提取。具体参数为 Landsat 5 TM 数据，成像时间为 2011 年 7 月 15 日，数据分辨率为 30 m。数据来源于地理空间数据云(http://www.gscloud.cn/)。下载获得的数据为压缩包，需要进行必要的解压和筛选操作。由于数据自带地理坐标信息，因此本文不再进行几何校正等操作。在进行必要的裁剪工作后，直接处理数据。

2.2　缨帽变换

缨帽变换(Tasseled Cap Transformation，又叫 K－T 变换)，不仅去除了原始遥感影像中各个波段之间的冗余，而且变换之后的结果有重要物理意义，且包含了影像的绝大部分信息[4]。输出的三个分量转变为:亮度、绿度、湿度。数据中包含了地物反射率信息、植被信息和水体信息。

2.3　主成分变换

主成分变换(Principal Component Transforma，又叫 K－L 变换)，使主要信息和噪声分离，减小了数据的冗余度、去除了波段之间的相关性。本文在主成分变换中，只保留特征值最大的第一分量[4]。

2.4　波段组合

为了使软件能够顺利处理数据，需要使用 Layerstack 命令，将上述两个变换结果组合成一个文件。也就是将亮度数据、绿度数据、湿度数据、第一主成分数据组合成一个文件，便于软件操作。遥感影像数据结果见图 1。

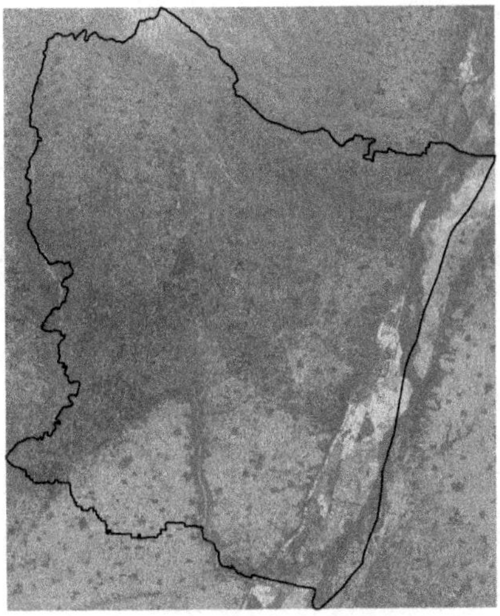

图 1　遥感影像数据

2.5　非监督分类

将两种变换结果同时应用到遥感图像分类中，可以提高分类精度。对波段组合数据使用非监督分类法进行分类，以便提取湿地的水体信息。具体参数是使用迭代自组织数据分析技术(Iterative Self-Organizing Data Analysis Technique，ISODATA)，它根据数据本身的特征进行分类[5]，最后从分类数据中提取湿地水体信息。

3 实例研究

3.1 研究区概况

洽川湿地位于陕西关中平原东部的合阳县境内，面积 128 km^2，地处黄河中游秦、晋交汇处，洽川湿地南北长 10 km，东西宽 2～4 km。研究区遥感图见图 1。

3.2 结果分析

使用上述方案，使用 ENVI 软件进行操作，提取出当期本区域的湿地水体数据，见图 2。

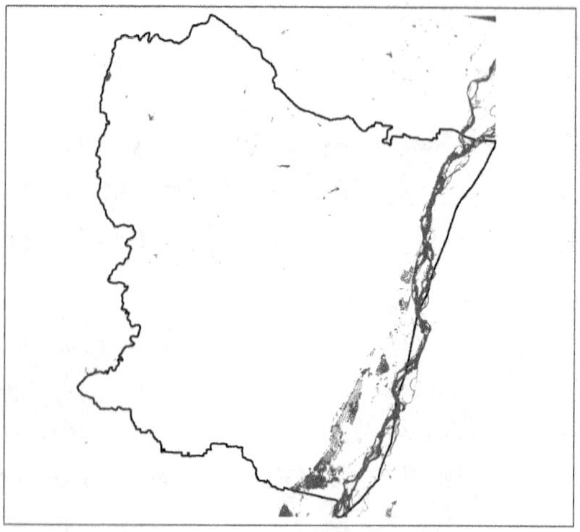

图 2 水体提取图

通过对图 2 的分析，可以看出：洽川湿地水体信息包含黄河水体、河漫滩的潜水区域，总计像元个数为 70079 个，面积为 63 km^2。本方案的优点在于，针对本研究区域的遥感数据，可以将黄河水体、湿地浅水和内陆湖泊提取出来。同时能够排除河漫滩无水区、植物、荒地、建筑物等信息对水体的干扰，水体提取效果较好。

4 结 语

本文研究了结合缨帽变换和主成分变换数据的非监督分类方案，并将此方案应用于洽川湿地水体信息的提取之中。由于地物信息的复杂性，每种方案都有各自的适用范围，其参数有所不同。研究表明：针对本区域的本期数据，此方案可以比较好地提取湿地水体信息，同时克服河漫滩无水区、植物、荒地、建筑物等信息对水体的干扰，水体提取效果较好。遥感技术提取湿地水体信息，是一种行之有效的方法，必将广泛地应用于湿地研究。

参考文献

[1] 杨永兴.国际湿地科学研究的主要特点、进展与展望[J].地理科学进展,2002,21(2):111-120.

[2] 于欢,张树清,李晓峰,等.基于TM影像的典型内陆淡水湿地水体提取研究[J].遥感技术与应用,2008,23(3):62-67.

[3] 张倩,李国庆,于文洋.基于MODIS数据的水体提取算法研究与实现[J].南水北调与水利科技,2009,7(3):51-54.

[4] 林川,宫兆宁,赵文吉.基于中分辨率TM数据的湿地水生植被提取[J].生态学报,2010,30(23):6460-6469.

[5] 赵英时,遥感应用分析原理与方法[M].北京:科学出版社,2013:60-69.

汉中汉水源国家湿地公园旅游开发研究

严春艳[1,2]
1.陕西省河流湿地生态与环境重点实验室 陕西 渭南 714099;
2.渭南师范学院 化学与环境学院 陕西 渭南 714099

摘 要:汉水源湿地位于汉江流域,湿地资源丰富,具有极大的生态旅游开发价值。文章以汉中市宁强县的汉水源国家湿地公园为例,在对汉水源湿地的发展现状进行调查研究的基础上提出了湿地生态环境脆弱易遭受破坏;居民参与度不够;开发方式单一等问题。针对这些问题提出了完善法律法规,引导合理经营;加大宣传力度,提高民众参与度;科学规划开发等对策。

关键词:汉水源湿地;发展现状;存在问题;解决对策

基金项目:陕西省教育厅项目(15JK1259),渭南师范学院特色学科建设项目(14TSXK05);渭南市科技创新团队建设项目(2015TCTD-2)和能力提升项目(2015TCNL-3);渭南师范学院重大项目(2015ZD001)。

1 汉水源国家湿地公园基本概况

汉水源国家湿地公园位于汉中市宁强县,是汉中市首个获批的国家级湿地公园。湿地公园交通便利,其距离宁强县城17公里,距离汉中市110公里、距离四川省广元市67公里,京昆高速紧挨湿地公园,108国道与公园大门紧密相接。

汉水源湿地公园位于地处秦岭南坡与巴山北坡的交汇地带,属于北亚热带气候区,湿地内蕴藏着丰富的资源,是科学价值极高的“基因库”和“生物资源库”,它的生物多样性和区位特殊性具有很大的生态价值。目前已知汉水源湿地拥有包括95科408种野生植物以及27目62科221种脊椎动物。丰富多样的生物资源,舒适宜人的气候环境,使得汉水源湿地公园成为川陕交界之地森林避暑和度假旅游的胜地,旅游发展前景广阔。

作者简介:严春艳(1979—),女,陕西眉县人,副教授,硕士,主要从事区域旅游资源开发利用等研究工作,E-mail:ycy020@yahoo.com.cn。

2 汉水源国家湿地公园旅游发展现状

目前,汉水源湿地的生态旅游发开发已经取得了初步的发展成果,围绕游憩类活动,康体类活动,科考类活动等主要活动方式形成了包括自然景观游览,健身疗养,科学考察等多样化的旅游项目。

2.1 自然景观游览

汉水源湿地生物种类丰富,自然景观奇特。公园内湿地生态系统,农田生态系统和森林生态系统,保持了良好的原生态自然风貌。湿地公园与青木川古镇,金刚峡风景旅游区,宽川泛珠泉等景点相串联,形成了一条特色的风光游线路,基本上满足了各种层次游客前来游玩的多方面需求。

2.2 健身疗养

汉水源湿地地处秦岭南坡与巴山北坡的交汇地带,依山傍水,这使得其具有发展生物多样性的先天区位优势。得天独厚的优越环境,舒适宜人的亚热带气候,使得景区内树木生长繁茂,景色秀丽,其空气质量和饮用水质量都远高于城市地区。因此,汉水源湿地成为众多城市居民健身疗养释放压力的理想之地。

2.3 科学考察

汉水源湿地公园内生物种类丰富,湿地生态系统较为原始自然,具有重要的科学价值,吸引了众多高校、科研单位的科考人员和相关方面的专家学者前来参观考察。同时,汉水源湿地也是中小学生亲近大自然,进行环保观念宣传教育的理想场所。通过参观考察令他们懂得保护湿地保护大自然的重要性,成为保护环境的自觉参与者和主动宣传者。

3 汉水源湿地公园旅游发展中出现的问题

3.1 湿地生态环境遭受破坏

由于湿地是以水体和动植物为依托,所以生态结构稳定性差,是一种比较脆弱的生态环境[1]。一旦湿地资源过度开发,就会影响到湿地生态系统的保护与已受损的湿地生态系统的修复,导致湿地生态环境污染和湿地资源退化。汉水源湿地在开发过程中设立了众多的娱乐休闲型旅游项目如:划船,钓鱼,修建大型游乐设施。这些游乐项目加剧了对生态系统的干扰,不仅影响了湿地生物的生存环境,而且不利于生态系统结构稳定发展,长此以往容易积累更多生态问题,将可能造成湿地生态退化。

3.2 当地居民参与度低，获利少

随着汉水源湿地生态旅游的开发，湿地周边大量农田甚至居民的居住用地被圈占开发成各类旅游用地，农民失去田地就失去了经济收益，与此同时汉水源湿地的旅游发展还处于刚刚起步的阶段。知名度不高导致人流量低。游客数量少，景区周边的居民就无法从旅游开发中获得切实利益，这就会导致当地居民对旅游开发不满甚至产生敌对情绪，甚至阻挠旅游开发的进行以维护自身利益。

3.3 开发利用方式单一

虽然汉水源湿地周边自然资源丰富，有金刚峡、宽川泛珠泉等自然景色秀丽的景点；也有青木川古镇、羌族文化博物馆等文化特色浓郁的人文景点。但在旅游开发的过程中由于资金和技术尚且不足，造成汉水源湿地生态资源及旅游价值并没有得到充分开发。景点数量偏少且相对孤立，开发缺乏特色，没有因地制宜突出主题，体验活动不丰富，对游客吸引力不佳。与此同时，浓郁的商业色彩和当地居民对湿地价值不够了解，也影响了汉水源湿地公园的发展。

4 汉水源国家湿地公园的开发与保护措施

4.1 加强湿地生态环境的监管，促进湿地开发利用可持续进行

湿地生态环境较为特殊，容易受到破坏，所以必须在在保护的前提下进行开发。要想做好湿地生态保护，推进湿地旅游可持续发展，就必须要建立健全有关湿地保护的法律法规，利用法律手段保护湿地生态环境[2]。同时，还要加强对湿地开发过程的动态监控管理，形成湿地生态系统动态监测网络，对湿地资源和湿地内多样化的动植物资源进行实时管理并对生态环境的影响进行定时评估，及时发现问题，利用监控网络做出预报，随时调整湿地旅游开发的力度，确保湿地开发利用可持续进行。

4.2 提高民众参与度，实现人与自然的“双赢”

旅游发展与当地居民的配合度密切相关，因此，维护景区周边原住民的利益是发展地方旅游业的首要前提。只有将当地居民吸收到旅游开发建设当中，提高居民的参与性，平衡好开发商、政府和居民之间的利益关系，使当地居民主动参与到湿地资源的保护和开发当中，并且从旅游开发中获得实际利益，这样才能推动湿地旅游持续发展。

4.3 科学规划，合理开发

湿地生态旅游的开发和保护是一项系统工程，如果没有科学的统筹规划，不仅会对湿地的经营与管理产生不良影响，而且也不利于湿地生态保护和旅游资源的可持续发展[3]。因此，汉水源湿地开发应遵循保护性开发的原则，做好科学合理地规划。一方面，严格按照湿地保护和管理要求，做好旅游景观功能区划分和配套基础设施建设，积极探索具有地域特色的旅游发展模式；另一方面，在开发湿地旅游资源，建设湿地公园的过程中，始终秉持追求经济、社会和生

态效益相协调的理念，将湿地生态系统保护的责任落实到旅游发展的各个环节让每个人都参与到生态系统的保护当中。

参考文献

[1] 宋春玲，全晓虎. 湿地旅游环境承载力研究——以宁夏银川市阅海湿地公园为例[J]. 湿地科学与管理，2008，4(6)：20-23.
[2] 贾丽艳：辽宁省滨海湿地生态保护与科学治理[J]. 辽宁工业大学学报(社会科学版)，2009，11(4)：8-10.
[3] 周健. 汉江湿地旅游资源开发研究——以汉江中段为例[J]. 辽宁农业科学，2015(5)：9-12.

基于生态规划的卤阳湖湿地景观设计研究

周健[1,2]

1. 陕西省河流湿地生态与环境重点实验室　陕西 渭南　714099；
2. 渭南师范学院　化学与环境学院　陕西 渭南　714099

摘　要:湿地在全球范围内的作用突出,其研究也逐渐增多。湿地的生态规划和景观设计受到了国内外的关注。陕西秦东地区的湿地作为陕西整个湿地的重要组成部分,其湿地景观类型多样,湿地的生态系统复杂。位于蒲城卤阳湖的湿地中动物和植物的种类繁多,湿地景观众多。研究湿地景观,重视湿地生态系统的保护和恢复,秦东地区湿地演化过程中的诸多问题,综合考虑,采取措施解决湿地景观在演化过程中的问题,以达到对湿地的研究与保护。研究湿地景观,对秦东地区的湿地进行研究剖析,遵循生态系统规律,合理进行生态规划,建设优美湿地景观。秦东地区湿地的发展现状和未来趋势进行预测评估,解决湿地演化过程存在的问题。

关键词:湿地;生态规划;景观设计;秦东地区;卤阳湖湿地

基金项目:渭南市科技创新团队建设项目(2015TCTD－2)和能力提升项目(2015TCNL－3),渭南师范学院重大项目(2015ZD001)。

1　前　言

我国的湿地类型丰富多样,数目众多,区域性差异明显,生物多样性和生态系统都很复杂。它的的研究内容比较广泛,分类方法多样,在自然环境中起着重要作用。

2　研究区概况

卤阳湖湿地在湿地景观的生态规划中有重要意义,它是我国的国家湿地公园[1]之一。它处于北纬 34 度 47 分到北纬 34 度 50 分,东经 109 度 23 分到东经 109 度 35 分之间,在蒲城县

作者简介:周健,1980 年出生,男,满族,吉林四平人,渭南师范学院教师,副教授职称,硕士研究生,研究方向为城市与区域发展。

西南方向的5公里左右，距离渭南市50.3公里左右，关中平原和渭北黄土高原接壤处，是一个人工与自然共同形成的古卤阳湖浅滩的一部分，兼并内陆湖泊湿地、沼泽、森林和草甸等于一起的原生态湿地。湿地面积现在与之前相比，仍然在减少，总的湿地面积只达到340平方公里。2016年3月土壤取样调查显示，土壤以轻、中、重盐化潮土和盐土为主要类型，土壤质地偏粘，透气透水能力差，养分低，不利于植物的生长。有机质的含量是0.9%，全氮是0.05%，碱解氮是30 PPM，有效磷是13 PPM。湿地植被为主的树种有梨树、柳树、杨树等耐碱树种，主要的芦苇、苍耳、水飞蓟等草类水生植物和半水生植物。有丹顶鹤、白天鹅、白鹭等这几种主要的鸟类，停留在湖泊湿地中，以水中的鱼类为食物。候鸟栖息地是卤阳湖的一个特色，每年大量候鸟会在此湿地停歇。所以候鸟栖息成为蒲城地区的一大旅游特色。

3　蒲城卤阳湖湿地生态规划依据的原则

3.1　综合性原则

使用综合性的原则对卤阳湖湿地进行有效规划[2]。湿地地区的动植物资源丰富。湿地中常见的动物当属各种鸟类了，它们需要充足的食物与繁衍后代的场所，植物中蕨类在湖泊湿地中占比高，水资源和温度、光照是植物体生存的必要条件。成千上万种动物和植物在卤阳湖湿地公园中栖息生活。生态规划要综合考虑湿地所在地区的环境和动植物繁殖潜力，捕食与竞争关系，规划合理的湿地景观，为秦东地区的湿地发展创造条件。

3.2　多样性原则

不论是湿地的景观规划还是面积规划，物种数量规划等方面，不能单一，要多种规划方案并举，形成复杂的生态系统，牢固食物链，维持秦东地区湿地的水资源、土地资源、生物资源等[3]。

3.3　操作性原则

规划的湿地景观，在实施规划方案的过程中，要使得规划的方案合理，具有操作性，便于实施，复合规划湿地的客观要求，避免盲目追求理论性的、空想的规划[4]。

4　湿地景观设计应对措施

第一，成立湿地自然保护区，引进能够适应湿地环境的新物种，构成新的复杂生态食物链条，净化湿地环境，达到生态系统平衡性[5]。

第二，在卤阳湖湿地景观基础上，发展旅游业。建立人工湿地公园，供人们旅游观光，娱乐与湿地文化于一体，既能宣传湿地保护重要性，又能得到经济效益。

第三，湿地恢复过程中，以自然生态系统调节为主，人工干预为辅，需要较长时间。

第四，湿地水产养殖发展，依据适合的气候和土壤，种植荷花，饲养鱼类等。

第五，加大财政投入力度，实施有偿湿地保护制度，呼吁人们保护湿地环境。建设人工湿地，合理利用湿地。一些权威部门要拟定符合当地的湿地保护条例，加强规范湿地的保护利用观念。确立湿地保护行动计划，呼吁人们保护脆弱的湿地资源。

第六，对已经污染和破坏的湿地进行恢复、重建与保护工作。已经污染的湿地景观，最好能够重新规划设计，人为的采取新技术和自然恢复相结合，制止继续的湿地污染方式，采取必要的惩罚手段，严厉实施保护湿地的规章制度。

参考文献

[1] 伍光和，王乃昂. 自然地理学[M]. 4 版. 北京：高等教育出版社，2009.

[2] 李玉凤，刘红玉. 湿地分类和湿地景观分类研究进展[J]. 湿地科学，2014，12(1)：103-106.

[3] 何璇，毛惠萍. 生态规划极其相关概念演变和关系辨析[J]. 应用生态学报，2013，24(8)：2361-2362.

[4] 张曼胤，崔丽娟，等. 湿地公园建设中的景观设计研究[J]. 中国农学通报，2011，27(11)：293-294.

[5] 孔范龙，郗敏. 卤阳湖湿地的保护规划及效益分析[J]. 青岛大报，2012，27(4)：71-73.

渭南城市湿地资源的现状与保护对策

李静[1,2]

1.陕西省河流湿地生态与环境重点实验室 陕西 渭南 714099；

2.渭南师范学院 数理学院 陕西 渭南 714099

摘 要:湿地是人类生态系统的重要组成部分，而城市湿地[1,2]更是生态系统保护中不可或缺的重要环节。其具有调节城市小气候、美化城市环境、补充地下水、蓄水防洪、科研教育等诸多功能，同时也是城市居民休闲娱乐的好去处。随着城市进程的加快，渭南城市湿地面临着被吞噬的危险，如何恢复和保护城市湿地资源，充分发挥湿地生态、社会和经济效益成为了当前湿地研究的重要课题。

关键词:渭南市；城市湿地；保护

基金项目:渭南市科技创新团队建设项目(2015TCTD-2)和能力提升项目(2015TCNL-3)，渭南师范学院重大项目(2015ZD001)。

1 渭南城市湿地现状

由于无序用、非法侵占等原因，导致部分天然湿地丧失，湿地逐渐萎缩，湿地面积大幅下降，湿地环境破碎化、片段化，从而根本上改变了湿地生态系统的物理及空间结构，破坏了实地的完整性。

湿地底泥污染严重，底泥是湿地赖以形成、生存、延续的基本条件，常备称作水体三大要素之一，与水质、水生物等有着密切的联系。由于城市污、废水及来自农田的含有大量农药、化肥的地表径流污水，已经严重污染了湿地底泥[3]。

环境污染严重，水体质量下降，对湿地的生物多样性造成危害。工业废水及城市生活污水的排入使湿地水质严重富营养化，由于生物和其生存环境有着不可分割的密切关系，水体富营养化使水生物的种类、数量及整个群落的结构都发生变化[4]。

作者简介：李静，1987年生，女，汉，陕西渭南，渭南师范学院，硕士研究生，研究方向为湿地。

2 渭南城市湿地资源保护对策

湿地是国家生态安全体系的重要组成部分和经济社会可持续发展的重要基础。保护湿地对于维护生态平衡，改善生态环境，实现人与自然和谐，促进经济社会可持续发展具有十分重要的意义。加强渭南城市湿地保护必须维护湿地生态系统平衡、保持湿地功能和湿地生物多样性。结合国外城市湿地保护的成功案例[5]，渭南市湿地资源的保护可采用以下几种办法。

2.1 加强湿地保护宣传和教育，动员广大公众参与湿地保护与修复

保护城市湿地生态，提高城市环境是市民共同的事业，维护城市湿地健康的生态环境必须靠市民的共同努力。所以，要加大宣传力度，普及环保教育，提高市民素质，不仅是渭南市城市湿地保护的必要条件，也是渭南市可持续发展的重要组成部分。为此，要充分利用报刊、广播、电视、网络等传统媒体和新媒体，利用展览馆、博物馆进行图片、标本、实物陈列展览，对市民进行宣传教育，从而增强民众保护湿地生态的自觉性。同时，需要有关部门团结合作共同参与到保护湿地生态的事业中来。

2.2 推进渭南城市湿地人工恢复项目和综合治理项目建设

城市湿地生态服务功能的发挥在一定程度上依赖于湿地的生态环境质量。从生态环境保护的观点出发，城市湿地不应是工业废水、生活污水的纳污之地，城市湿地如果成了城市排污场所，城市湿地的生态服务功能就会消失，这将严重影响到城市的生态建设，因此实施科学的方法杜绝和减少污染源是进行城市湿地保护的必要前提。对此，一方面，要迁出城市湿地附近的污染工业禁止向湿地堆放、倾倒生活垃圾，从根本上消除污染源；另一方面，要进行污水截流实施雨水污水分流的城市排水体系，严禁不经处理和未达到排放标准的污水直接排入城市湿地[6]。

2.3 进一步加强渭南市湿地保护协调机制

城市湿地生态系统是城市重要的生态基础设施，具有多种生态服务功能和社会历史文化价值[7]。我们应加大湿地研究的力度，建立系统的湿地研究信息库，建立健全湿地保护法律体系，同时要以法律法规的形式确定湿地开发利用的方针、原则和行为规范，明确各级、各行业的机构权限及管理分工，规定管理秩序、对违法行为的处理方法和程序等，从而达到保护城市湿地的目的。

参考文献

[1] 孙广友，王海霞，于少鹏. 城市湿地研究进展[J]. 地理科学进展，2004，23(5)：94－100.

[2] 曹娓，马珂，王渊. 城市湿地的功能及城市发展对其影响研究[J]. 安徽农业科学，2012，40(12)：7224－7225.

[3] 刘晓平，李磊. 基于 DEA 的水资源承载力的计算评价[J]. 科技与管理，2008，1(1)：13-15.
[4] 张耀武，刘伟刚，郭建荣，等. 城市湿地生态系统保护的现状与思考[J]. 环境科学与管理，2012，37(6)：162-175.
[5] 王振健，李如雪. 城市生态用地的分类、功能及其保护利用研究[J]. 水土保持研究，2006，13(6)：43-51.
[6] 陆健健. 中国湿地[M]. 上海：华东师范大学出版社，1990.
[7] 曹新向，翟秋敏，郭志永. 城市湿地生态系统服务功能及其保护[J]. 2005，12(1)：145-148.

渭河下游地区花生各生长期温度适应状况分析

杨强[1]，吴海真[1,2]
1.渭南师范学院 化学与环境学院 陕西 渭南 714099；
2.陕西省河流湿地生态与环境重点实验室 陕西 渭南 714099

摘　要：为研究渭河下游地区过去气温变化对花生生长的影响，本文对陕西省渭河下游地区1953—2013年每10年的气温实测数据进行处理分析，对4月下旬春播花生在5个生长阶段（发芽出苗期、幼苗期、开花下针期、结荚期、饱果成熟期）的气温条件进行评价。研究发现渭河下游地区花生在发芽出苗期气温偏低；自1993年后花生在幼苗期和开花下针期气温偏高；1953—2013年气温呈波动增暖趋势，影响花生的生产。渭河下游地区春播花生在发芽出苗期易受低温影响可适当延后播种期，开花下针期温度偏高，可采用滴灌、喷灌等农业灌溉措施，以及增加土壤含水量，降低土表温度，以保证花生产量。

关键词：生理需温；高温胁迫；全球变暖；适应性对策

基金项目：渭南市科技创新团队建设项目（2015TCTD－2）和能力提升项目（2015TCNL－3），渭南师范学院重大项目（2015ZD001）。

自第二次工业革命以来，近代工业的迅速发展使大量温室气体进入大气层中，“温室效应”加剧使近地层空气增温。据美国科学院估计，如果大气中CO_2浓度增加一倍，增强的温室效应将导致全球平均气温上升1.5～4.5℃[1]。过去两个世纪里，大气CO_2浓度增加了25%，即其体积分数从1850年的280×10^{-6}增加到1989年的353×10^{-6}，目前仍以每年0.5%的速率增加[2]。许多气候模型研究结果指出，到2100年大气CO_2浓度将会加倍，据辐射-对流气候模型估计，CO_2浓度倍增将造成全球平均增温3℃左右，而三维气候模型式估计的结果是增加2.0～3.9℃[3]。1990年，政府间气候变化专门委员会（IPCC）指出21世纪全球平均温度将以每年0.2～0.4℃的增长率升高，2007年政府间气候变化专门委员会第四次评估报告综合多模式多排放情景的预估结果表明，到21世纪末，全球地表平均增温1.1～6.4℃[4]。在未来20年中，气温大约以0.02℃/年的速度升高[5]。气温变化对人类各方面都有影响，在农业方面，大气中CO_2浓度的增加，全球气温的持续升高变暖可增加区域的积温和活动积温，延长生长期，提高区域的气候生产潜力，促进作物的新陈代谢，加速作物的生化作用，提高作物产量[6]。另一方面，极端温度的出现频率增加，对局部地区作物的生长发育起到抑制的作用。本研究通过对西安过去60年的气温分析，探讨花生种植各个阶段的温度变化情况，目的在于为当地花生生长

通讯作者简介：吴海真，1980年生，汉族，陕西省人，化学与环境学院，讲师，博士，能源化工。

提供参考，以提高关中花生的生产产量。

1 资料来源与研究方法

1.1 数据来源

数据来源于各省、市、自治区气候资料处理部门逐月上报的《地面气象记录月报表》信息化资料，在中国气象共享网下载[7]。

1.2 研究方法

据实际调查，渭河下游地区花生种植属于春播花生，春播花生大约种植于4月下旬，收获于9月上旬，为了对比方便，本文取各年4月20日作为种植时间。根据花生各生长期时间，对1953—2013年每10年的日气温数据进行分析，花生各生长期对气温的需求见表1。

表1 花生生长期对气温的需求

生长期	下限温度/℃	上限温度/℃	最适温度/℃	拟用温度/℃			生长周期/d
				下限	上限	最适	
发芽出苗期	12	48	25～30	12	48	27	0～15
幼苗期	19	25	20～22	19	25	20	15～45
开花下针期	21	30	23～28	20	30	25	45～60
结荚期	18	35	25～33	18	35	26	60～90
饱果成熟期	20	40	25～30	20	40	30	90～140

注：花生生长的生理需温数据来源于中国农作物种植网站[8]。

以中国气象共享网下载的西安市1953—2013年的地面气温数据为源数据，本文根据文献查询以4月20号为花生播种时间，从此日起算，分别计算出各年份花生各生长阶段的日平均气温，见表2。

表2 各年份花生生长阶段的日平均气温

年份 花生生长阶段	发芽出苗期/℃	幼苗期/℃	开花下针期/℃	结荚期/℃	饱果成熟期/℃
1953	14.05	18.42	22.77	25.27	25.45
1963	13.13	18.99	24.88	26.06	25.79
1973	18.31	19.70	24.61	26.52	26.15
1983	15.21	19.80	22.53	24.24	23.45
1993	19.61	17.69	25.44	25.59	24.13
2003	18.83	21.75	26.44	25.38	24.72
2013	18.11	22.09	26.62	28.06	27.32

2 研究结果

2.1 各年份花生生长阶段的平均气温

根据各年份花生生长阶段的日平均气温分析得知(表 2),花生的发芽出苗期在 1963 年气温最低,险些低于花生生长温度的下限,不利于花生的发芽出苗。花生的幼苗期在 1953、1963、1993 年低于花生幼苗生长的下限,对花生生长具有低温胁迫作用。在开花下针期的温度刚好适合花生开花下针的年份为 1963、1973、1993 年。在花生的结荚期和饱果成熟期的温度都是适合花生生长最佳温度。

2.2 花生各生长期气温状况

从过去 60 年的日均温情况看(图 1～5),渭河下游地区 4 月 20 日播种的花生在结荚期、饱果成熟期基本在温度要求范围内,未出现明显温度制约;发芽出苗期温度较低于花生发芽出苗最适温度,但随着气温逐年增高,发芽出苗期温度越来越接近花生发芽出苗的最适温度;自 2003 年起幼苗期花生生长的温度表现出偏高的特点,超出了花生幼苗期生长的最适温度范围;开花下针期花生温度偏高,1993—2013 年,都高于花生的最适温度,对花生生长具有胁迫作用。

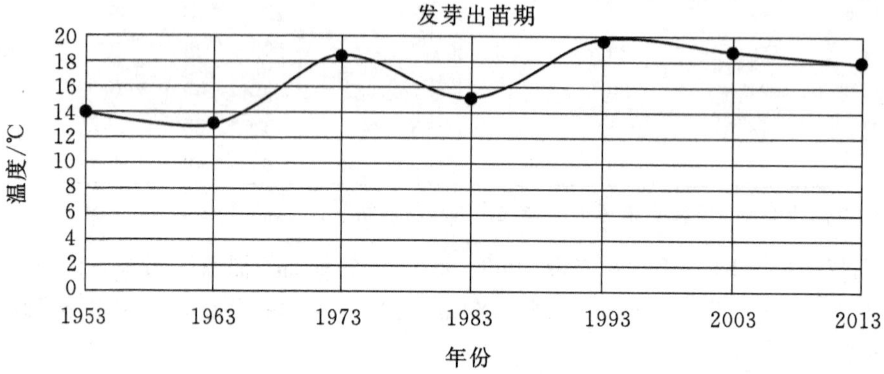

图 1 发芽出苗期气温状况

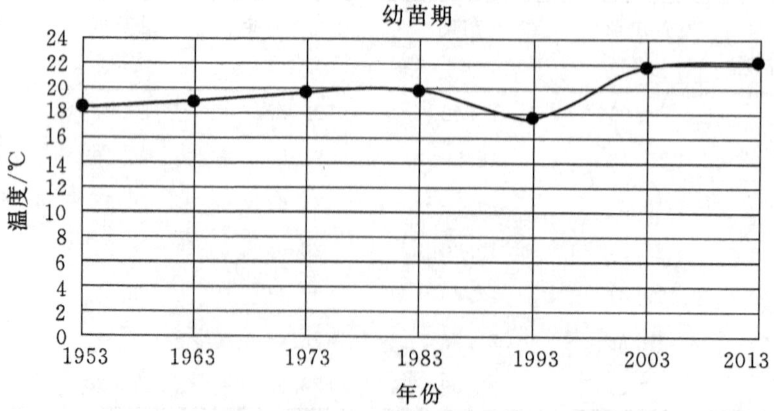

图 2 幼苗期气温状况

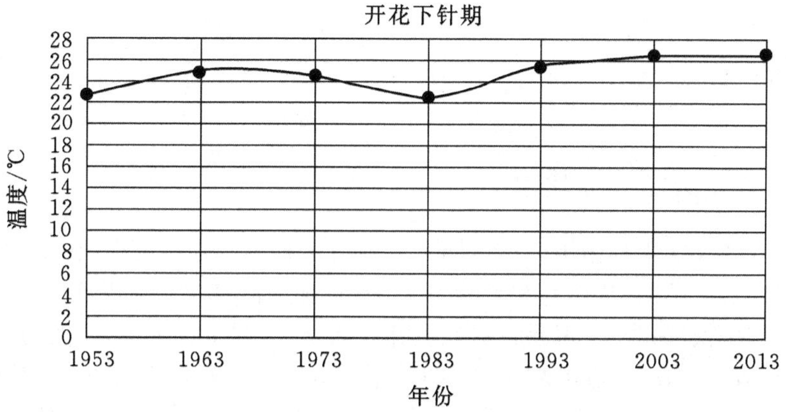

图 3　开花下针期气温状况

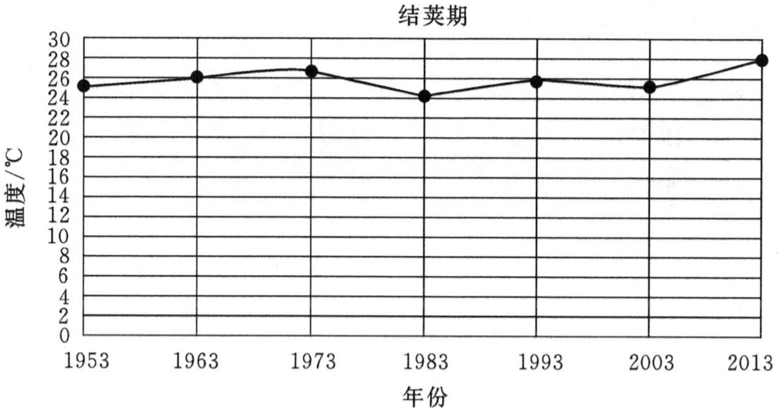

图 4　结荚期气温状况

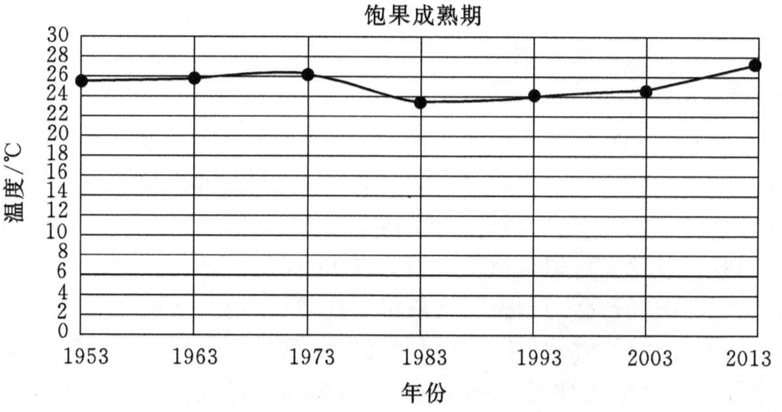

图 5　饱果成熟期气温状况

3 讨 论

3.1 花生各生长阶段气温状况

气温对花生生长的影响已被广泛认同。花生的生长率与温度密切相关，花生在不同的生长期对气温的要求并不同，从研究结果看，4 月 20 日种植的花生在发芽出苗期气温偏低，可能造成花生出苗率偏低，另外，低温易造成花生芽胚冻损，不利于花生生长；在幼苗期气温温度偏高，对花生生长有抑制作用，在开花下针期出现高温胁迫，影响花生的下针，不利于花生生，花生有两个明显的水分敏感期，即开花下针期和结荚后期，如果此期间水分不足，将造成花生严重减产[9]。高温已造成水分蒸发量增大，易导致土壤含水量下降，不利于花生的下针，进而影响花生的后期生长。

3.2 气温变化对花生种植的影响

随着全球气候变暖趋势，关中春播花生温度胁迫现象也会发生变化，从研究结果看，在发芽出苗期(4 月 20 日)播种花生，尽管在 1993 年以前低于或接近于温度下限，但随着 2003 年及 2013 年温度升高，逐渐符合气温要求；从温度异常率看，春播花生在开花下针期高温趋势不容乐观。

4 结 论

渭河下游地区春播花生应注意发芽出苗期气温偏低、开花下针期气温偏高的影响，应采取防范措施。春播花生气温异常率主要在发育早期，日极端低温低于下限的天数较多；自 1993 年起在幼苗期和开花下针期则表现为高温胁迫。

参考文献

[1] National Academy of Sciences. Carbon dioxide and climate: A Scientific[J]. Assessment Washington, D C: National Academy press, 1979: 96 - 99.
[2] 亚当·马卡姆. 气候变暖证据确凿[J]. 人民日报, 1998 - 11 - 06(7).
[3] 叶笃正，等. 当代气候研究[J]. 北京：气象出版社，1993，58 - 62.
[4] 秦大河，等. 气候变化科学的最新认知[J]. 气候变化研究进展，2007，3(2)：63 - 73.
[5] 海英，高志强. 中国百年气候变化及时空特征分析[J]. 科技通报，2010，26(1)：58 - 62.
[6] 郝楠，王延波，李月明. 温度对玉米种子萌发特性的影响[J]. 玉米科学，2013(04)：59 - 63.
[7] 中国气象科学数据共享服务网(China Meteorological Data Sharing Service System)[EB/OL]. http://cdc.cmg.gov.cn/home.do.

[8] 中国农作物种植网站[EB/OL]. http://www.seedchina.com.cn/.
[9] 葛道阔，金之庆. 气候变化对我国花生生产的影响[J]. 江苏农业报，1997，13(1)：55，59.
[10] 赵志强. 未来全球气候变暖对我国花生生产的影响[J]. 花生科技，1999(增刊)：93－96.
[11] 尤飞，汤松，李文娟. 气候变化影响下东北花生发展潜力与对策分析[J]. 中国农业资源与区划，2011，32(6)：79－83.

湿地芦苇的热值及灰分含量动态分析

高锦红[1,2]
1.陕西省河流湿地生态与环境重点实验室　陕西 渭南　714099；
2.渭南师范学院　化学与环境学院　陕西 渭南　714099

摘　要：本文以湿地芦苇作为研究对象，分析测定了植物芦苇在一生长期的热值和灰分含量动态变化。研究结果表明：植物芦苇平均干质量热值在 14.19～18.94 kJ/g 之间，平均灰分含量在 3.25%～9.59%之间。芦苇各器官的热值和灰分含量均没有规律性。本研究为湿地植物的热值和灰分含量分析方面提供一定的实验数据参数。

关键词：湿地；芦苇；热值；灰分含量

基金项目：陕西省教育厅项目（15JK1239）；渭南师范学院一般项目（16YKS002）；渭南市科技创新团队建设项目（2015TCTD－2）和能力提升项目（2015TCNL－3），渭南师范学院重大项目（2015ZD001）。

芦苇属于禾本科芦苇属（Phragmites australis），是生长在湿润地区的一种高大禾草。夏秋两季开花，花序表现为圆锥形，生长在顶部，整株花序较稀疏，长 10～40 cm，小穗里面最少含有 4 朵花，最多含有 7 朵花，芦苇属于雌性植物也属于雄性植物，一般在 8～12 月份为其花期[1]。芦苇的适应性普遍较强，在一般的湿地环境中均有分布[2]。

热值指的是 1 千克（每立方米）某种固体（气体）燃料完全燃烧放出的热量。植物热值的大小能反映出植物所含能量的高低也能反映出组织中光合作用等各种生理活动的变化和生长状况之间的不同，常用热值的大小来判断植物的生长状况。湿地植物的热值能反映出植物所生长的环境和自身之间物质能量的相互转化关系，也是衡量湿地生态系统中能量转化的一个重要指标。目前国内有关湿地植物热值的研究较少[3-6]。本文以陕西境内渭南合阳和富平两个区域的芦苇植物样本为研究对象，对植物芦苇各器官热值和灰分含量进行测定分析，为湿地植物的研究和保护利用方面提供一定的实验数据。

1　实验部分

1.1　仪器与试剂

仪器：SHR－15B 燃烧热实验装置（南京桑力）；101－2 型电热鼓风干燥箱（上海市实验仪

作者简介：高锦红，1974 年生，女，藏族，青海人，渭南师范学院化学与环境学院，副教授，硕士，化学计量学。

器总厂)；电子天平(上海精细科学有限公司)。

试剂：点火丝(康铜丝)；苯甲酸(A. R)；药用胶囊(西安金花制药，批号 150928)，植物芦苇样本(采自陕西渭南合阳和渭南富平)。

1.2　样品采集

本实验所分析植物芦苇采样区为四个区域。采样地点为陕西渭南合阳和渭南富平。所有芦苇样本分别于 2015 年 6 月、7 月、8 月、9 月、10 月的 18 日至 25 日采集。本研究采样点都为陕西境内湿地，所选地点都适合芦苇植物生长，在研究区内选取长势和高度大体一致的芦苇植物，每个采样地区的芦苇在一定的范围内都具有代表性。

1.3　热值的测定

实验所用芦苇都按要求取其根、茎、叶、穗、皮带回实验室。所有的样品需要经 80℃烘箱烘至恒重备用，用氧弹热量计测定其热值含量[7]。本研究测定的热值均为干重热值。

2　结果与讨论

2.1　结果与讨论

芦苇各器官的去灰分热值(AFCV)，将芦苇的干质量热值(GCV)、去灰分热值(AFCV)、及灰分含量(ASH)的测定结果(只列出 9 月和 10 月)列于表 1。

表 1　芦苇的部分热值及灰分含量结果

湿地	时间	植物器官	GCV /(kJ·g^{-1})	AFCV /(kJ·g^{-1})	ASH /(%)	ASH 均值 /(%)	GCV 均值 /(kJ·g^{-1})	AFCV 均值 /(kJ·g^{-1})
合阳芦苇	9 月	根	18.36	19.09	3.8	5.82	17.19	18.29
		茎	14.95	15.52	3.66			
		叶	18.44	20.24	8.88			
		穗	16.97	17.46	2.79			
		皮	17.24	19.14	9.95			
	10 月	根	13.04	13.71	4.91	8.27	15.83	17.34
		茎	16.86	17.7	4.77			
		叶	16.51	20.11	17.91			
		穗	16.82	17.38	3.22			
		皮	15.9	17.78	10.56			

续表

湿地	时间	植物器官	GCV /(kJ·g⁻¹)	AFCV /(kJ·g⁻¹)	ASH /(%)	ASH 均值 /(%)	GCV 均值 /(kJ·g⁻¹)	AFCV 均值 /(kJ·g⁻¹)
富平芦苇	9月	根	17.93	18.46	2.89	8.25	17.30	18.75
		茎	18.18	19.15	5.07			
		叶	18.25	20.18	12.30			
		穗	15.86	17.08	7.17			
		皮	16.27	18.88	13.84			
	10月	根	17.56	19.36	9.30	9.53	16.73	18.47
		茎	19.03	20.33	6.41			
		叶	15.7	17.84	12.00			
		穗	15.96	17.21	7.26			
		皮	15.39	17.63	12.70			

从表1测定结果可知，在芦苇的各个器官中，干质量热值在10.69～21.79 kJ/g之间，去灰分热值在11.62～22.74 kJ/g之间，芦苇各器官干质量平均热值和去灰分平均热值大小的排序不完全一致，但两个地域干质量平均热值和去灰分平均热值最高和最低值的植物器官相同。芦苇各器官的灰分含量在2.79%～13.84%之间。可见湿地环境因素对芦苇的热值和灰分含量有一定影响。

2.2 不同器官热值比较

根据图1，对芦苇各器官热值进行比较。从图1可知，芦苇各器官中，合阳表现为6月的

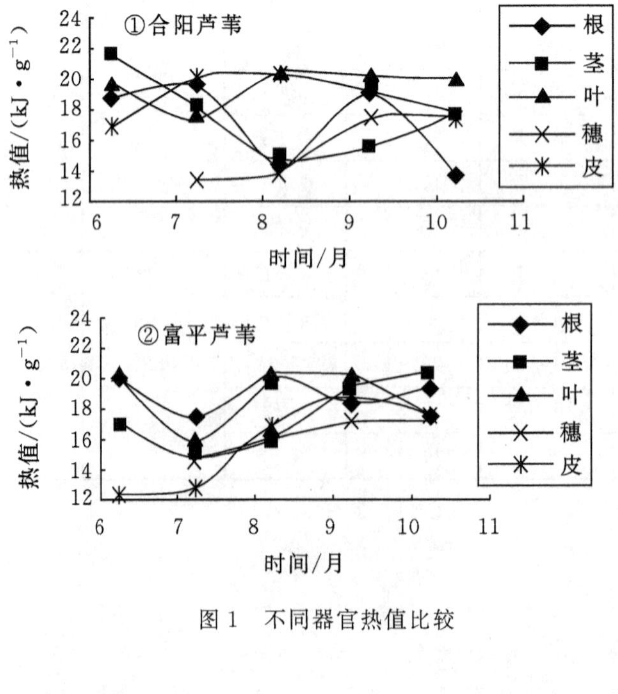

图1 不同器官热值比较

茎热值最高，10月的根热值最低；富平表现为7月的根热值最高，6月的皮热值最低。说明芦苇各器官中因地域不同穗、叶、根、茎均可能在生长和形成过程中富含高能物质，表现出热值较高。湿地芦苇样本的根、茎、叶、穗和皮的热值之间没有显著的大小排序规律，这说明植物芦苇不同部位热值的差异与生理特点及环境因素有关。

2.3　芦苇的灰分含量动态变化

植物体各种矿物元素氧化物的总和被称为灰分，其高低代表植物对矿质元素选择吸收与积累的能力[8]。图2为不同区域芦苇各器官的灰分含量随季节变化的趋势。结合表1和图2可见，合阳芦苇各器官的灰分含量从高到低的顺序依次为叶>皮>穗>根>茎；富平芦苇各器官的灰分含量从高到低依次为皮>叶>穗>茎>根。测定结果显示，不同地域湿地芦苇各器官灰分含量的高低不同。这些相对的差异与各湿地的位置和气候等有关。

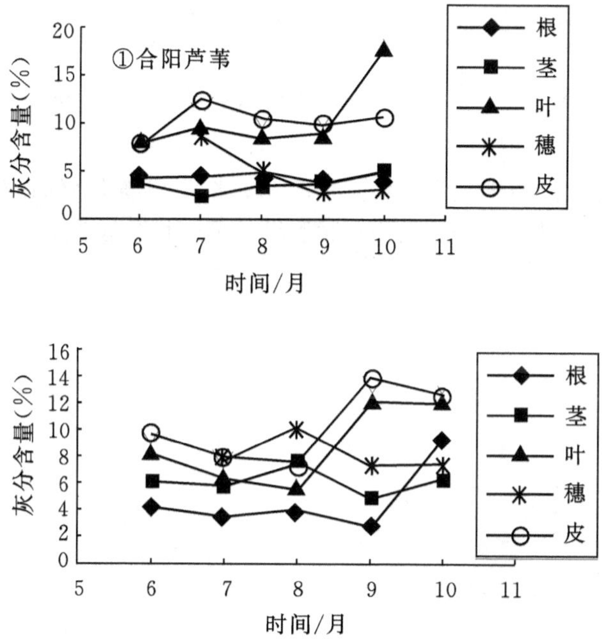

图2　芦苇灰分含量比较

3　结　论

不同湿地芦苇样本的根、穗、叶、茎、皮器官之间的热值大小无显著规律，热值高低随芦苇所在地理位置不同有所差异，说明芦苇的热值与湿地环境、地理位置、气候等因素有关。测定结果表明不同湿地芦苇各器官之间的热值没有明显的规律，各器官的热值差异较大，这可能与不同植物自身组成、结构和功能有关外，还与光照强度、日照长短、土壤类型及营养条件、生长季节等各方面环境因素有关。

参考文献

[1] 闫明,潘根兴,李恋卿,等.中国芦苇湿地生态系统固碳潜力探[J].中国农学通报,2010,26(18):320-323.

[2] 王萌,王玉彬,陈章和.芦苇的种质资源及在人工湿地中的应用[J].应用与环境生物学报,2010,16(4):590-595.

[3] 王文卿,林鹏.九龙江口红树植物叶片热值的季节变化及物候学的研究[J].海洋学报,2003(S2):218-224.

[4] 谭忠奇,林益明,丁印龙,等.五种丛生状棕榈植物叶热值的月变化研究[J].应用生态学报,2004,15(7):1135-1138.

[5] 郭继勋,王若丹,包国章.东北羊草草原主要植物热值[J].植物生态学报,2001,25(6):746-750.

[6] 谭忠奇,林益明,向平,等.5种榕属植物不同发育阶段叶片的热值与灰分含量动态[J].林学院学报,2003,20(3):264-267.

[7] 复旦大学,庄继华,等.物理化学实验[M].3版.北京:高等教育出版社,2004:34-39.

[8] 郝朝运,刘鹏.浙江北山七子花群落主要植物叶热值[J].生态学报,2006,6(6):709-717.

渭南湿地植物芦苇的热值分析

李雅丽[1,2]

1. 陕西省河流湿地生态与环境重点实验室　陕西 渭南　714099;

2. 渭南师范学院　化学与环境学院　陕西 渭南　714099

摘　要:植物热值可以反映绿色植物对太阳辐射能的利用状况,也是评价植物营养成分的标志之一。本实验采用氧弹热量法测定渭南湿地植物芦苇其热值,并与常见农作物如玉米秸杆的热值进行比较,其实验结果可为湿地能量分析和价值评估提供依据。

关键词:芦苇;氧弹热量法;热值

基金项目:渭南师范学院自然科学基金项目(14YKS001);陕西省教育厅重点科学研究计划项目(16JS031);渭南市科技创新团队建设项目(2015TCTD-2)和能力提升项目(2015TCNL-3);渭南师范学院重大项目(2015ZD001)。

植物热值和能量分配特征的研究是能量生态学研究的主要内容,其热值涉及到植物能量的转化、利用及其在生态系统中的能量流动等方面信息。植物热值是指单位重量干物质在完全燃烧后所释放出来的热量值,可反映绿色植物对太阳辐射能的利用状况,也是评价植物营养成分的标志之一。本实验采用氧弹热量计测定渭南湿地植物芦苇的热值,并进行热重分析,与常见农作物如玉米秸杆进行比较,其实验结果可为湿地能量分析和价值评估提供依据。

1　实验部分

1.1　试剂与仪器

试剂:Al_2O_3、苯甲酸均 AR;芦苇(采集于陕西省渭南市渭河湿地)。

仪器:SHR-15B 型燃烧热实验装置(南京桑力电子设备厂),ZRY-2P 型高温综合热分析仪(上海精密科学仪器厂),MJ-02 型多功能粉碎机(上海市浦恒信息科技有限公司),标注

作者简介:李雅丽(1965—)女,汉,陕西渭南人,渭南师范学院化学与环境学院,教授,学士,研究方向为高分子复合材料。

检验筛(上虞市道墟张兴纱筛厂)。

1.2 实验原理

氧弹热量计可测得恒容燃烧热。其原理是能量守恒定律,即样品完全燃烧后所释放的能量使得弹本身及其周围的介质和热量计有关附件的温度升高,则测量介质如水在燃烧前后体系温度变化值可求算样品的恒容燃烧热[1],如式(1)。

$$-m_{样}Q_V - l \cdot Q_l = (m_{水}C_{水} + C_{计}) \quad (1)$$

式(1)中 $m_{样}$ 为样品质量(g),Q_V 为样品恒容燃烧热(J/g),l 和 Q_l 是引燃丝的长度(m)和单位长度燃烧热(J/m),$m_{水}$ 和 $C_{水}$ 分别是作为测定介质水的质量和比热容,$C_{计}$ 为热量计的水当量,ΔT 为样品燃烧前后水温的变化值。实验以苯甲酸作为标准物测定量热计的水当量,样品植物秆粉用胶囊作载体,先测定空胶囊的热值,再测定植物秆粉胶囊总热值,按式(2)可求算植物秆粉的热值[2]。

$$-(m_{胶囊}Q_{胶囊} + m_{秸秆}Q_{秸秆}) - l \cdot Q_l = (m_{水}C_{水} + C_{计})\Delta T \quad (2)$$

1.3 实验部分

1.3.1 植物秸秆的预处理

将芦苇秆、玉米秸秆洗涤、晾晒,剪成 1 cm 左右小段,在 95℃下烘干 10 h。粉碎,筛选出 40 目的样品,置于干燥处。

1.3.2 植物秸秆粉热重的测定

取烘干至恒重的植物秆粉,采用高温综合热分析仪,设置升温速度为 10℃/min,升温范围为 50~700℃,对玉米秸秆、芦苇秆粉分别进行热重分析。

1.3.3 植物秸秆粉热值的测定

精确称取苯甲酸标准试样压片,在燃烧热实验装置中进行标定,求算热量计的水当量。再取碱处理过的植物秸秆粉烘干至恒重,装于胶囊中,采用燃烧热实验装置分别对空胶囊、芦苇秆粉、玉米秸秆粉进行燃烧热的测定与分析。

2 结果与讨论

2.1 芦苇秆粉及玉米秸秆粉的热重分析

称取预处理烘干至恒重的玉米秸秆粉 0.0064 g、芦苇秆粉 0.0088 g,采用高温综合热分析仪,设置升温速度为 10℃/min,升温范围为 50~700℃,两种不同植物秆的热重曲线见图 1。

分析图 1 中热重曲线可见玉米秸秆粉、芦苇秆粉在焙烧后质量不变温度分别为 490℃、500℃。由此可确定测定植物灰分含量时两种植物秆粉的焙烧温度。

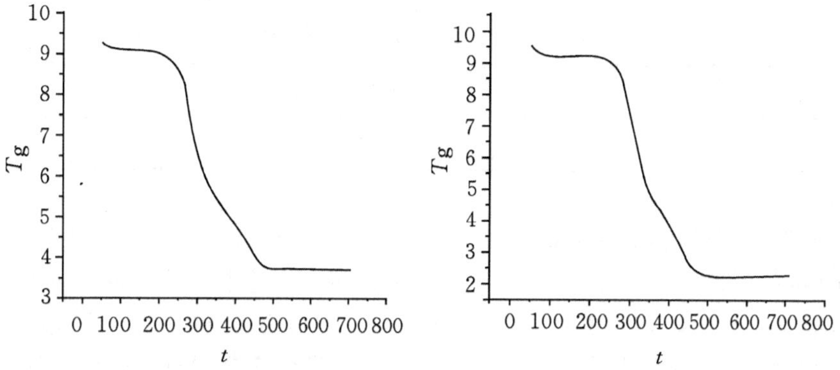

(A)玉米秸秆粉　　(B)芦苇秆粉

图 1　玉米秸秆物和芦苇秆粉的热重曲线

2.2　芦苇秆粉及玉米秸秆粉的热值分析

在热值实验装置中通过苯甲酸标准试样进行标定，将事先处理好烘干至恒重精确称量的玉米秸秆粉和芦苇秆粉进行热值的测定，两种不同植物秆的热值曲线图如图 2 所示。实验测

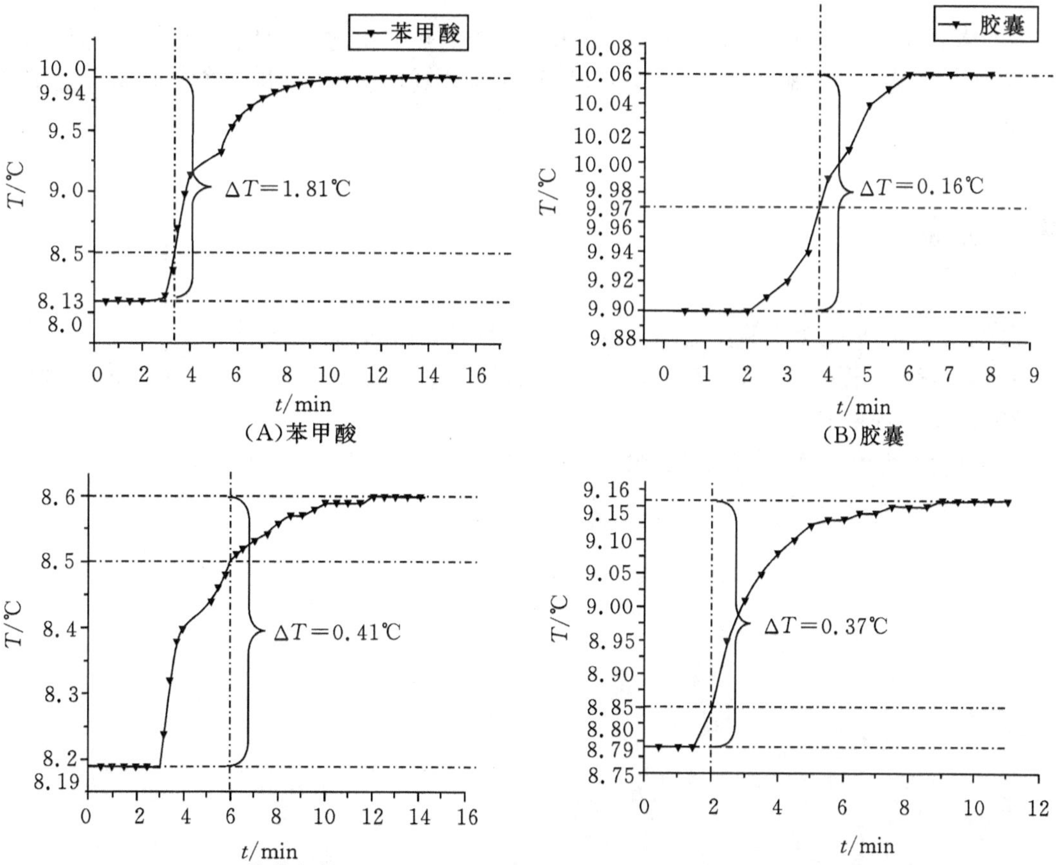

(A)苯甲酸　　(B)胶囊

(C)芦苇秆粉　　(D)玉米秸秆粉

图 2　苯甲酸(A)、胶囊(B)、芦苇秆粉(C)、玉米秸秆粉(D)的雷诺温度校正图

定出两种不同植物秆粉的热值及文献参考值列于表1。

表1 不同植物秆粉热值的实验值

样品	玉米秸秆粉	芦苇秆粉
实验测定热值/(kJ/g)	16.71	18.94

查阅资料得知，植物热值是指单位重量干物质在完全燃烧后所释放出来的热量值，通过实验测得其热值：芦苇秆粉＞玉米秸秆粉，同时与文献参考值基本一致。植物热值和能量分配特征的研究是能量生态学研究的主要内容，其热值涉及到植物能量的转化、利用及其在生态系统中的能量流动等信息，是能量与生物量之间转换的重要参数，是能流分析必不可少的基础资料[3]。

3 结 论

(1)通过热重分析实验，确定出玉米秸秆粉的焙烧温度为490℃、芦苇秆粉的焙烧温度为500℃。

(2)实验测得芦苇秆粉的热值较高，玉米秸秆粉的热值次之，同时这两种植物热值高低与文献一致。植物热值反映了绿色植物对太阳辐射能的利用状况，也是评价植物营养成分的一个标志。

参考文献

[1] 复旦大学. 物理化学实验[M]. 北京：高等教育出版社，2004：34－38.
[2] 岳建芝，张杰，徐桂转，等. 玉米秸秆主要成分及热值的测定与分析[J]. 河南农业科学，2006，35(9)：30－32.
[3] 官丽莉，周小勇，罗艳. 我国植物热值研究综述[J]. 生态学杂志，2005，24(4)：452－457.

湿地植物香蒲的热值测定分析

刘艳[1,2]

1.陕西省河流湿地生态与环境重点实验室　陕西 渭南　714099;

2.渭南师范学院　化学与环境学院　陕西 渭南　714099

摘　要:利用氧弹式量热计对不同湿地香蒲的热值进行了测定。结果表明:香蒲的热值含量高低不同,香蒲全株干质量热值在 18.55～24.96 kJ/g 之间。植物香蒲的茎、叶和花等器官间的热值大小规律性较显著,表现为:花＞叶＞茎。本实验测定方法原理简单,易操作,方法可靠,这为湿地植物的热值分析方面提供一定参考数据。

关键词:氧弹式量热法;香蒲;热值

基金项目:国家自然科学基金项目(21503150)、渭南师范学院科研计划(15ZRRC07);秦东化工、材料技术调查(14TSXK04);渭南市科技创新团队建设项目(2015TCTD－2)和能力提升项目(2015TCNL－3);渭南师范学院重大项目(2015ZD001)。

香蒲(Typha orientalis Presl)属香蒲科的一个种,多年生水生或沼生草本植物,根状茎乳白色,地上茎粗壮,向上渐细,叶片条形,叶鞘抱茎,雌雄花序紧密连接,果皮具长形褐色斑点,种子褐色,微弯。香蒲生于湖泊、池塘、沟渠、沼泽及河流缓流带。香蒲喜高温多湿气候,生长适温为 15～30℃。对土壤要求不严,在粘土和砂壤土上均能生长,但以有机质达 2%以上、淤泥层深厚肥沃的壤土为宜[1,2]。热值作为植物生长情况的有效指标,热值的大小能反映植物生长环境对植物生长的影响程度,同时热值的大小也能体现植物生理功能的强弱程度。热值含量的测定也是研究能量生态学必不可少的基础辅助要素之一,并且土壤选择、栽培条件、育种选取等方面的研究有者极其重要的意义[3,4]。本文以陕西境内灞河、渭河等四个区域的香蒲植物样本为研究对象,利用氧弹式量热计对植物香蒲各器官热值进行测定分析,为湿地植物的热值分析方面提供一定参考数据,这对湿地植物的研究和保护利用具有一定的参考价值。

1　实验部分

1.1　仪器与试剂

仪器:SHR－15B 燃烧热实验装置(南京桑力);电热鼓风干燥箱 101－2 型;电子天平;

作者简介:刘艳,1978 年生,女,汉族,渭南人,渭南师范学院化学与环境学院,副教授,博士,理论化学与计算。

SRJX－49型高温电炉箱。

试剂：点火丝（镍锆丝）；苯甲酸（A. R）；药用胶囊（购自于当地药店），香蒲（采自陕西沈河、灞河、渭河渭南城市段和渭南大荔）。

1.2 样品采集

本实验所分析植物香蒲采样区为四个区域。采集地点为陕西灞河、渭河渭南城区段、渭南沈河和渭南大荔。所有香蒲样本于2015年10月采样，采样时间为当月25日至30日。本研究采样点都为陕西境内湿地，所选地点都适合香蒲植物生长，在研究区内选取长势和高度大体一致的香蒲植物，每个采样点在一定的范围内都具有代表性。

1.3 香蒲热值测定

实验所用全部样本都在野外实测鲜重，并按要求取测含水率的样品，带回实验室测定各样品干重后进行实验测定。将所有植物香蒲分析样本置于干燥箱中恒温80℃烘干至恒重，磨粉处理后过筛贮存备用。用热量计测定其热值含量[5]，仪器采用南京桑力电子设备厂生产的SHR－15B型电脑氧弹式热量计。植物样品的热值以干质量热值（每克干物质在完全燃烧条件下所释放的总热量，即GCV）来表示。

2 结果与讨论

2.1 香蒲 ΔT 的确定

植物香蒲在实验前均已烘干，分别测定出香蒲样本燃烧时的 $\triangle T$。测定数据采用Excel软件进行绘图，结果如图1所示。

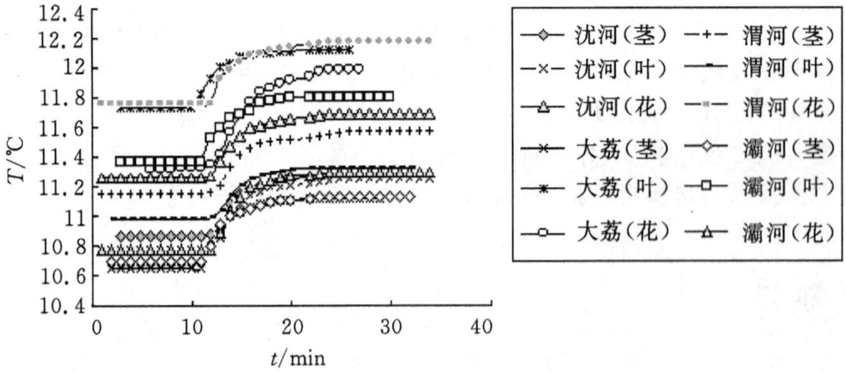

图1 香蒲 ΔT 曲线图

2.2 植物香蒲的热值

香蒲样本的干质量热值结果见表1。

表 1 香蒲的热值测定结果

区域	样品	Q_V/(kJ/g)	Q_V 均值/(kJ/g)
沈河	花	22.50	18.88
	叶	19.04	
	茎	15.11	
灞河	花	20.56	18.55
	叶	20.28	
	茎	14.80	
渭河	花	27.33	24.96
	叶	26.49	
	茎	21.07	
大荔	花	25.29	22.95
	叶	23.31	
	茎	20.25	

从表 1 测定结果可知，植物香蒲的平均热值进行比较：渭河香蒲＞大荔香蒲＞沈河香蒲＞灞河香蒲。沈河和灞河植物香蒲热值较接近，大荔和渭河香蒲热值相近，说明大荔和渭河两个湿地环境因素较接近，而沈河和灞河这两个湿地环境因素较接近。

2.3 香蒲的热值对比分析

根据测定数据进行条形统计图绘制（如图 2)，通过条形统计图对香蒲各器官干质量热值进行对比分析。

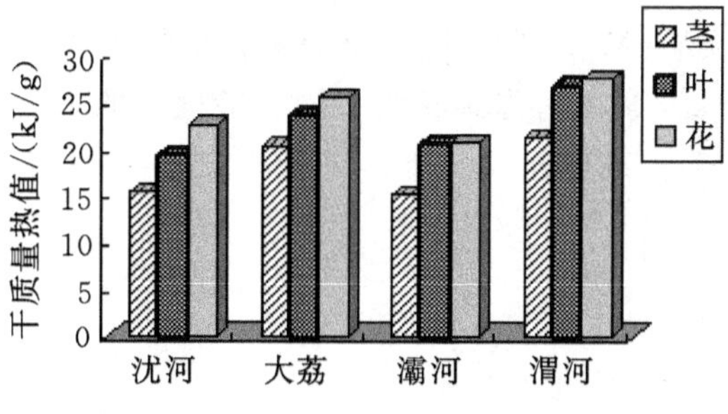

图 2 不同器官热值比较

从图 2 可知，香蒲各器官中花的热值最高，而茎热值最低，叶的热值居中。这说明香蒲器官中花在生长和形成过程中富含高能物质，则热值较高；叶是植物体生理活动最活跃的器官，集聚的热值越高，另外叶还能自身合成蛋白质、脂肪等高能有机物。因此，叶的热值一般情况下较高；茎为植物的支持器官，富含较多的纤维素成分，故表现出低热值，本研究结果与文献结论相近[6]。

湿地香蒲样本的茎、叶和花的热值之间有显著的大小排序规律，热值大小顺序为：花＞叶＞茎，这说明植物香蒲不同部位热值差异是由植物本身性质决定的，也与香蒲的生理特点及环境因素有关。

3 结 论

植物不同的生长环境和气候因素，在其生长过程中所具有的热值也有所差异，测定结果显示：沈河湿地香蒲的平均热值为 18.87 kJ/g，灞河湿地香蒲的平均热值为 18.55 kJ/g，渭河湿地香蒲的平均热值为 24.96 kJ/g，大荔湿地香蒲的平均热值为 22.95 kJ/g。各区域植物香蒲热值不同，热值表现出的差异与立地条件、光照、区域生态环境有关。测定结果表明不同湿地香蒲各器官之间的热值没有明显的规律，各器官的热值差异较大，这可能与不同植物自身组成、结构和功能有关外，还与光照强度、日照长短、土壤类型及营养条件等各方面环境因素有关。

参考文献

[1] 温志良，徐海宇，毛友发. 香蒲植物在环境保护中的开发利用[J]. 环境保护，1999，(10)：39－40.

[2] 张熙灵，王立新，刘华民，等. 芦苇、香蒲和藨草 3 种挺水植物的养分吸收动力学[J]. 生态学报，2014，34(9)：2238－2245.

[3] 郭继勋，王若丹，包国章. 东北羊草草原主要植物热值[J]. 植物生态学报，2001，25(6)：746－750.

[4] 官丽莉，周小勇，罗艳. 我国植物热值研究综述[J]. 生态学杂志，2005，24(4)：452－457.

[5] 复旦大学. 物理化学实验[M]. 3 版. 北京：高等教育出版社，2004：34－39.

[6] 刘长娥，宋祥甫，付子轼，等. 8 种湿地植物不同苗龄植株的表型特征及相关性分析[J]. 植物资源与环境学报，2014，23(1)：93－98.

湿地植物火棘的生物学特征及栽培繁殖技术

张晶[1,2]

1.陕西省河流湿地生态与环境重点实验室　陕西 渭南　714099；

2.渭南师范学院　化学与环境学院　陕西 渭南　714099

摘　要：火棘[Pyracantha fortuneana(Maxim.)H. L. Li]是一种常见的野生常绿灌木或小乔木植物，属于蔷薇目蔷薇科苹果亚科火棘属。本文主要介绍火棘的生物学特征、应用、栽培技术、繁殖方法、管理和病虫防治。生物学特征从枝、叶、花、果实描述它的形态特征。简单介绍火棘的分布范围、生长习性、我国火棘属种类叶的形态特征、价值，其中主要价值包括药用、食用、美容、经济。火棘常常应用于制作篱笆、景区庭院的点缀、作盆景和插花材料、水土保持。栽培技术介绍造林、盆景的栽植。繁殖方法侧重于种子繁殖，简单介绍扦插繁殖和压条繁殖。火棘的生长离不开管理和病虫防治。

关键词：生物学特征；应用；繁殖；栽培

基金项目：渭南市科技创新团队建设项目(2015TCTD－2)和能力提升项目(2015TCNL－3)；渭南师范学院重大项目(2015ZD001)。

火棘是植物界被子植物门双子叶植物纲蔷薇目蔷薇科苹果亚科火棘属的常见野生常绿灌木或小乔木，高可达到3～4 m。火棘的别称为救军粮、水杈子、红子刺、吉祥果。火棘的树形优美，四季常绿，春可观花，秋冬可观果。火棘的果实、花、叶、根均可入药，果实含有很多营养成分，既能改善人们的身体素质也能治疗疾病。

1　火棘的生物学特征

1.1　形态特征

枝：枝拱形下垂，侧枝短，先端成刺状。小枝暗褐色，幼时被诱色短柔毛，老时无毛[1-2]。

叶：单叶互生，叶片蜡质，在短枝上簇生。叶片倒卵形或倒卵状长圆形，长1.5～6 cm，宽0.5～2 cm，先端圆钝或微凹，有时具短尖头，基部楔形，下延连于叶柄，边缘有钝锯齿，齿尖向

作者简介：张晶，女，1983年生，汉族，陕西武功人，渭南师范学院化学与环境学院教师，硕士，湿地研究。

内弯，近基部全缘，两面皆无毛[2-4]。叶柄短，无毛或嫩时有柔毛。

花：花以复伞房花序构成，直径 3～4 cm，花叶柄 1 cm 左右，萼筒形状为钟形，花序梗和小花梗几乎无毛[5]。两性花，雌蕊数为 1，雄蕊数为 20。萼片 5 片，三角形，先端钝。花瓣 5 片，白色，椭圆近圆形。花柱 5 枚，花药黄色，离生子房上部密生白色柔毛。春季开白花，花期一般 3～4 月，清明节前后，花开最密，少数开放至 5 月初。

果：果实呈扁球形，直径 8～10 mm，一端有小小的五角形。花谢之后，后青挂果，青果渐渐变成橘红色，果期 9～12 月。火棘果一般是成串存在，成穗状，每穗有果 10～20 个，成串成串、密密匝匝地贴近枝条。在深秋季节果实颜色变为火红色。每颗果实内含 5 粒种子，种子千粒重 2 g。有 5 个分离心皮，子房半下位，托附杯发育成肉质果壁[6]。火棘的果梗坚硬，果实生长顽强。果实与母体紧密相连，不轻易脱落，即使狂风暴雨，也难见火棘落果。

1.2 分布范围

火棘分布于中国黄河以南及广大西南地区。全属 10 种，中国产 7 种。国外已培育出许多优良栽培品种。国内主要产于陕西、江苏、浙江、福建、湖北、湖南、广西、四川、云南、贵州等省区[7]。

1.3 生长习性

火棘喜光，喜阳，耐干旱，只要不出现大热天，不浇水也可以生长，土壤略酸性。

1.4 火棘属的种类

火棘属的种类共有 10 种，我国产以下 7 种。

(1)火棘。学名 Pyracantha fortuneana (Maxim.) H. L. Li。

叶的特征：叶边有圆钝锯齿，中部以上最宽，下面绿色。

(2)全缘火棘。学名 Pyracantha atalantioides (Hance) Stapf。

叶的特征：叶片多椭圆形或长圆形，先端通常微尖或圆钝，下面带白霜。

(3)台湾火棘。学名 Pyracantha koidzumii (Hayata) Rehder。

叶的特征：叶片多长椭圆形至窄倒卵形，先端微凹或截形，下面有短柔毛。

(4)细圆齿火棘。学名 Pyracantha crenulata (D. Don) M. Roem。

叶的特征：叶片长圆形至倒披针形，稀卵状披针形，先端常急尖或有尖刺，边缘有锯齿[8]。

(5)窄叶火棘。学名 Pyracantha angustifolia (Franch.) C. K. Schneid。

叶的特征：叶片下面与花萼外面密被绒毛，叶边全缘或近全缘。

(6)澜沧火棘。学名 Pyracantha inermis J. E. Vidal。

叶的特征：叶片长圆形至长圆倒卵形，先端急尖，叶柄长 4～6 mm。

(7)密花火棘。学名 Pyracantha densiflora T. T. Yu。

叶的特征：叶片倒卵形至倒卵状椭圆形，先端圆钝或截形，叶柄长不足 2 mm[8]。

1.5 主要价值

火棘全身都是宝，根、叶、果和花有药用价值，火棘果更有极高的食用价值和美容效果，深受广大女性消费者的喜爱。火棘果的各种成分的研究也日益增长，从中提取出的物质也有很高的经济价值。

1.5.1 药用价值

果：解渴、帮助消化。

根：药味苦，活血化瘀，帮助消化。

叶：肝经，药性凉，药味苦，清热解毒，止血。

花：行气活血，清热解毒。

1.5.2 食用价值

火棘果既能磨成粉代粮食，填饱肚子，可用水冲服，也能在成熟后采摘后直接品尝，但水分不足，味道干涩略带点酸。火棘果中含有许多营养成分，有利于人类身体健康生长。晒干加工后的火棘树叶可泡水喝。

1.5.3 美容

据研究发现，火棘果实中有美白的成分，对色素酶有很强的抑制作用，可以减少皮肤表面色素的合成。从其内部提取的液体制成的化妆品，可以有效地护理肌肤，能达肌肤底层，由内而外深层美白，保湿，有效改善暗沉干燥现象，使皮肤变白嫩。

1.5.4 经济价值

火棘盆景造型美，样式多。火棘大多制做成盆景出售，销量好，成本低。火棘的根坚硬，可被制成根雕，作为艺术品。火棘果既能做果酱[9]，也能酿酒[10]、做果汁。研究发现，火棘果中物质可制牙膏，从火棘果皮加工提取的红色素可获极高效益[11]。

2 火棘的应用

2.1 制作篱笆

在公园、公路的两旁，火棘经常作为篱笆，形成绿化带，也将别的花草树木相隔开，错落有致，设计新颖，有创意，形成一道亮丽的风景线。

2.2 在景区、庭院点缀

火棘在一些风景区内种植，与别的植物交相辉映，颜色搭配，体现了大自然趣味。在院子里种植，易管理，易观赏，家里时常保持生机盎然。

2.3 作盆景和插花材料

插花大多选择火棘果实，颜色鲜红，意欲生活美满红火。火棘盆景主要供艺术欣赏和美化环境，多用于一些办公地点和家庭布置。

2.4 水土保持

火棘是一种常绿植物，根从土壤中吸收水分和养分，生长迅速且易于成活，可大量栽种于山坡、道路两旁、岸堤，避免水土流失，使土地沙漠化、泥石流等现象减少。

3 火棘栽培技术

火棘的栽培主要用于造林和盆景的制作。

3.1 造林

3.1.1 选地整地

火棘种植应选择不宜太高且向阳的地方。为了火棘更好的生长，种植前先翻土，再施肥。火棘生长需要肥沃疏松的土壤。

3.1.2 栽植

首先在整理好的畦面上，按行距 2.1 m，株距 1.9 m，挖穴深 50～70 cm 将下层硬土挖松，施适量的基肥，再盖上 5～10 cm 的碎土。

然后，将火棘苗放入穴中，将根系向四周理开平放，使其舒展，在这个过程中，一定轻拿轻放，避免伤到火棘苗的根系。

最后，向穴中灌水，水量为穴深的 75%。待水完全渗透，开始埋土。埋土时，边埋边用脚踏实。为后期浇水方便，埋土深度低于穴深 5 cm。

3.1.3 管理

苗期管理十分重要，影响成活率。幼苗生长发育慢，营养吸收能力弱。杂草生长顽强，易吸收土壤中养分。及时做到不伤幼苗又无草，保持土壤松弛。

幼苗渐渐长高，需水量增加，要做好浇水工作，让幼苗得到营养。花期浇水要减少，有利于火棘的生长发育。

火棘生长定型后，修剪主要针对一些细、弱、密枝，有利于光合作用和新枝的生长。在花谢之后和叶落之后对火棘基部进行培土。培土厚度 4～7 cm，使火棘生长更牢固。

3.2 盆景制作

火棘盆景属于树桩盆景，耐修剪，成型快，繁花如雪，红果满枝，有很高的观赏价值，修剪成各种各样的火棘盆景深受人们的喜爱。盆景栽培因气候、地域差别，方法不一。南方普遍采用采桩的方式，去野外挖取 2～3 年生的老桩，老桩枝条发芽快，长出的枝条也较健壮，不宜折断；北方一般为扦插。这里主要介绍北方盆景的栽培。

3.2.1 选盆

因为火棘盆景观赏价值高，所以大多选陶盆。陶盆色彩、图案种类繁多，与火棘搭配更有美感。盆的大小一般是大一点深一点。

3.2.2 盆土

盆土可选择碎土和沙子混合，其中加入少许人的粪便。

3.2.3 扦插

春季气候适宜，万物复苏，符合火棘的生长习性。选择生长繁茂的枝条，截取长 12 cm，保留 1～2 对叶片。将插穗插进盆中，一个月左右便会生根。盆可放置在向阳的地方，保持空气流通。

3.2.4　修剪

第二年春季，对成活的火棘植株进行换盆，选择相应尺寸。当枝条长成后，可以依据自己想要的造型修剪，对枝条也可以选择东西固定，使其长势符合设计。

4　火棘的繁殖方法

火棘的繁殖依据既经济又简单的原则，播种繁殖、扦插、压条繁殖这三种方法被人们普遍使用。

4.1　播种繁殖

12月下旬，火棘果实已完全成熟，可以准备采摘。采摘过程中，由于火棘果实较小且成串生长，可连枝采摘。采摘的果实一颗一颗从枝条上剥下，摊开在室内，打开门或窗，保持通风换气，每天用手轻轻翻一翻，连续进行半个月。

每颗火棘含有5粒种子，将火棘果放在较大的容器内，加热水，水要淹没果实。浸泡一段时间后，发现果皮皱软，剥掉果皮和果肉，黑色的种子便被分离出来，种子一般沉到水底，倒掉漂浮在上层的果皮和果肉，接连不断地加入干净的水漂洗，将杂质和不饱满的种子去除。将种子与细沙按1∶3比例进行混合，细沙要经过200目的筛子筛过，湿度为手握成团，松手即散为宜[12]。贮藏设为室内时，应在室内墙角下层铺3 cm厚细沙置入种子，上层覆一层5 cm厚的细沙[12]。种子的存放至关重要，要保持种子的活性，避免种子受到损伤。

3月初，就可以准备播种。播种时应选择阳光照射充足、土质疏松的地方。将存放的种子拿出来，对其进行严格的筛选，如检验种子是否饱满等。将选好的种子和细沙用手均匀撒出，再用锄头埋上细土，不要让种子漏出。再覆盖一层塑料薄膜，使其全部覆盖，有利于温度和湿度的保持，促进种子的发芽。每天观察，半个月左右，就可以看见塑料薄膜下有浅绿色的小芽，2～3天之后，拿掉塑料薄膜。种子发芽之后，2～3月成苗，做好因温度变化的各种措施和病虫防治。

4.2　扦插繁殖

4.2.1　春季扦插

每年春季2～3月，选择粗度为0.6～1 cm且水分充足的枝条并剪成长14 cm的插穗，扦插不宜太深，挖9 cm深穴为宜。插穗斜放穴中，开始填碎土，插穗上端漏出4 cm，可在第2年春天移栽。

4.2.2　夏季扦插

扦插一般选择带叶的嫩枝，否则因气候炎热，导致水分流失快，成活率低，成苗的速度相对较慢。因而扦插之后每天要对温度和湿度查看，以保持插穗水分充足。扦插地也可以采取相应措施。

4.3　压条繁殖

压条繁殖也是常用的人工营养繁殖措施之一。其操作方法比较简单。

先把火棘离地面近的枝条用刀或剪子剪取，在挑选其中形态完整，无损伤的枝条，把选好的枝条要进行压条的那部分的皮用刀剥掉，然后把枝条深埋入挖好的沟内，枝梢露出地面。形成新的幼苗后，再埋土处把每段的节间切断分离。

5 小 结

火棘为亚热带植物，分布范围广，喜热喜光，耐干旱。树形优美，花开繁盛，洁白如雪，果实小而多，挂满枝头。火棘全身是宝，花、叶、果、根都可入药，果更可以直接食用。火棘的栽培一般用于植树造林和盆景的制作。造林既防治水土流失又能净化空气。火棘盆景造型多，深受人们喜爱。火棘的管理和病虫防治方法多，实施简单。

众所周知，近些年城市建设发展很快，随处可见的高楼大厦和活动设施代替了绿色植物，很多时候，人们感受不到大自然的魅力。而火棘生命力顽强，生长发育快，形态优美，观赏性高可广泛的应用于城市园林的建设，减少空气污染，给人们良好的生存环境。火棘的功效多，开发出的产品多种多样，既改善身体素质，也推动经济发展。火棘的繁殖与栽培技术不断改进，改善因气候和地域生产不平衡的情况，使火棘资源不会减少，生存更久。火棘苗种的培育方法简单，经济又有效，可使更多的人发家致富。

每种植物都有它独特的形态特征，生长习性和功能，人们要善于发现，善于研究，发掘出其不为人知的方面，使更多的人知道和运用，这样造福于社会，造福于国家。

参考文献

[1] 王三根，邓如福. 火棘生物学初报[J]. 西南农业大学学报，1989，11(3)：311－315.
[2] 王三根，邓如福. 野生植物火棘的开发利用及生理生态[J]. 中国野生植物，1988(3)：13－15.
[3] 杨利民. 植物资源学[M]. 北京：中国农业出版社，2008.
[4] 叶鑫，颜卫. 火棘的树种特性及繁育技术[J]. 山东林业科技，2003(1)：34－34.
[5] 郭丽，邵明丽. 火棘特性特征及繁殖技术[J]. 现代农业科技，2011(7)：212－212.
[6] 李枫，刘友贤，高林，等. 火棘栽培技术及开发利用[J]. 陕西农业科学，2007(1)：170－171.
[7] 李京冈. 火棘的栽培管理及在园林中的应用[J]. 北方园艺，2007(9)：167－168.
[8] 王勇，杜晓军，招礼军，等. 五种火棘属植物的叶面积回归分析[J]. 广西植物，2013(6).
[9] 邓如福，王三根. 火棘果酱生产工艺技术研究[J]. 四川食品工业科技，1989(1)：17－19.
[10] 杨胜敖，李建新，江明. 发酵型火棘酒加工技术[J]. 食品科技，1996(2)：40－42.
[11] 邓如福，王三根. 火棘色素提取工艺研究[J]. 山区开发，1990(1)：68－69.
[12] 王遂芳. 火棘繁育技术及其应用[J]. 现代农业科技，2008(17)：60.

湿地野生植物夏枯草的研究进展

王秋亚[1,2]

1.陕西省河流湿地生态与环境重点实验室　陕西 渭南　714099；

2.渭南师范学院　化学与环境学院　陕西 渭南　714099

摘　要:夏枯草是一种湿地野生植物，具有降压、降糖、抗菌、抗炎、抗过敏及抗病毒等生理活性，被广泛应用于医学，食品等领域。本文主要对夏枯草的化学成分、有效成分的提取及含量测定方法进行综述，旨在为夏枯草的研究应用提供参考。

关键词:野生湿地植物；夏枯草；化学成分；提取；含量测定；应用

基金项目:渭南市科技创新团队建设项目(2015TCTD－2)和能力提升项目(2015TCNL－3)；渭南师范学院重大项目(2015ZD001)。

夏枯草，又称铁色草、大头花、棒柱头花等，为唇形目唇形科植物，生长在山沟水湿地或河岸两旁湿草丛、荒地、路旁，在夏季采取半干燥果穗入药，由于夏至后即枯，故有此名。夏枯草主要含有三萜及其苷类、甾醇及其苷类、黄酮类、香豆素、有机酸、挥发油及糖类等成分[1]，具有降压、降糖、抗菌、抗炎、抗过敏及抗病毒等作用。现代临床中夏枯草多用于治疗甲状腺肿大、淋巴结核、高血压、肺结核、急性黄疸型传染性肝炎等疾病[2]。此外，其作为一种自我康复药物，在缓解咽喉疼痛、发热及加速伤口愈合等方面也得到广泛的应用。本文对湿地野生植物夏枯草的化学成分，有效成分的提取及含量测定方法进行了综述，旨在促进夏枯草的开发利用。

1　化学成分

1.1　有机酸

夏枯草一直是民间治疗糖尿病的良药，近年来对其化学成分及生物功能研究较多，认为夏枯草中降血糖成分为萜类物质熊果酸和齐墩果酸[3]。夏枯草属植物中含有多种三萜类成分，为齐墩果烷型、熊果烷型和羽扇烷型三萜。Kojima 等[4]将夏枯草提取物甲基化后分离得到齐墩果酸甲酯、熊果酸甲酯、山楂酸甲酯、山楂酸甲酯等。这些三萜类化合物在夏枯草中以齐墩

作者简介：王秋亚(1978—)，女，副教授，陕西西安人，主要从事天然药物的合成及分析研究，E-mail：wqiuya1978@163.com。

果酸和熊果酸的含量最高,并且与夏枯草生物活性相关。此外,夏枯草还含有有酚酸和长链脂肪酸。酚酸主要有顺式和反式咖啡酸,长链脂肪酸主要是油酸、亚油酸、月桂酸、棕榈酸、肉豆蔻酸、硬脂酸和二十四烷酸。

1.2 黄酮类

黄酮类化合物具有抗氧化作用、消炎作用、抗癌和抗基因诱变作用等多种药理作用。夏枯草除含有芦丁、芸香苷、金丝桃苷成分外,前苏联学者 Dmitruk 等[5]又从夏枯草中分离得到 3 个黄酮类化合物:木犀草素、异荭草素和木犀草苷。夏枯草中还含有槲皮素和槲皮素-3-O-β-D-半乳糖苷、槲皮素-3-O-β-D-葡萄糖苷、山奈酚-3-O-β-D-葡萄糖苷。

1.3 糖类

夏枯草中含游离的单糖、双糖及多糖。德国学者 Natherova[6]从夏枯草中分得游离的葡萄糖、半乳糖、果糖和蔗糖。同时在夏枯草的乙醇和水提物中发现以结合形式存在的半乳糖、葡萄糖、阿拉伯糖、木糖和鼠李糖。

1.4 甾醇类

研究者从夏枯草属植物果穗、茎、叶等部位分离出 8 个甾醇类化合物。其中 4 个呈游离状态,即 β-谷甾醇、豆甾醇-7-烯醇、α-菠甾醇、ducosterol;4 个为葡萄糖苷,即 α-菠菜甾醇基-β-D-吡喃葡萄糖苷、豆甾醇基-β-D-吡喃葡萄糖苷、stigmast-7-enylgl-β-D-ucopyranoside、(22E,20S,24S)-stigmast-7,22-diene-3-ene。

1.5 香豆素

夏枯草中分离到的香豆素类成分较少,目前只有前苏联学者 Dmitruk[7]从夏枯草中分得 3 个香豆素类化合物,经理化常数测定及紫外、红外光谱分析推断为伞形花内酯、莨菪亭和七叶亭。

1.6 挥发油

夏枯草中含有多种挥发油,通过研究夏枯草的挥发油成分,得油率为 0.31%,利用 GC/FT-IR 从中共检出 23 个已知组分[8]。其中 1,8-桉油精和 β-蒎烯占总挥发油含量 60%以上。王海波等[9]从夏枯草果穗挥发油检测出 14 个化合物,主要为 1,6-环癸酮二烯、十六烷酸、三十六烷等。挥发油中的 D-樟脑、D-小茴香酮、桉油精等都具有抗炎、抗菌、平喘和镇痛作用,有似桉叶、樟脑样清凉刺激之感,香气强烈,可用于医药和化妆品。

2 有效成分的提取

2.1 有机酸的提取

熊果酸又名乌苏酸、乌果酸,广泛存在于蔬菜、药用植物中。20 世纪 80 年代,科学家陆续发现熊果酸不仅具有抗炎、抗菌、抗肝炎、抗氧化、降血糖等药理作用，而且还有较显著的免疫作用和抗致癌、诱导 F9 畸胎瘤细胞分化和抗血管生成作用，有望成为低毒有效的新型抗癌和抗艾滋病毒药物。罗容珍等[10]采用微波-超声波协同辅助，对乙醇浓度、液固比、提取温度和提取时间进行了研究。结果表明熊果酸提取的最佳工艺条件是：乙醇的体积分数为 95%、液固比为 12∶1、提取温度为 70℃，此条件下的提取率为 98.84%。试验结果表明，微波-超声波协同辅助夏枯草中熊果酸的提取，比仅用微波或超声波辅助提取所得熊果酸的提取率高；主要原因是协同作用充分利用了超声波的震动空化作用和微波的高能作用，使提取率大大提高。

齐墩果酸又名庆四素，以游离或结合成苷的形式广泛存在于夏枯草、白花蛇舌草、山楂、丁香中，20 世纪 70 年代，其用于治疗肝炎，后续发现它有护肝降酶、降脂、降糖作用，并能抗突变抗癌，对免疫系统也有一定作用。任坚韧等[11]采用微波提取法选取理想提取溶剂、微波时间、温度、功率、料液比、乙醇浓度作为提取因素，进行单因素实验，选取其中影响较大者进行 L9(34)正交试验来优化夏枯草中齐墩果酸的提取工艺。结果表明夏枯草中齐墩果酸的最佳提取条件为：以 90%乙醇溶液为溶剂，温度 70℃，微波时间 120 s，料液比 1∶20(g/mL)，提取率最高可高达 13.87%。

迷迭香酸广泛存在于各种植物中，唇形科和紫草科植物中含量较高，它是夏枯草的主要活性成分之一，具有极强的清除自由基和抗氧化，抗菌、抗病毒、抗炎、抗血栓、抗血小板聚集等活性。朱鹤云等[12]通过单因素考察和正交试验，优化出夏枯草中迷迭香酸的最佳提取工艺为超声时间 1 h、提取溶剂 70%乙醇，超声功率 400 W，料液比 1∶30。本法工艺简单、经济、提取率高，可为中药夏枯草的开发利用提供参考。

2.2　黄酮类的提取

黄酮类常见的的提取方法有热浸提取法、超声波提取、大孔吸附树脂、回流提取法。回流提取法既可以减少溶剂挥发造成的损失又可以减少有机溶剂对实验者的毒害，但只适用于小量操作不适宜规模化生产。刘秀梅[13]用传统的乙醇回流提取法对夏枯草黄酮进行了研究。最优的工艺条件：提取时间 2 h，提取次数 2 次，料液比 1∶12，黄酮得率为 2.318%。超声波提取利用超声波的空化作用、机械作用、热效应等提取中药有效成分，具有省时、节能、高效的优点，是一种新型的方法。王启斌等[14]进行了超声波提取夏枯草总黄酮的效果研究，发现超声强化提取夏枯草总黄酮的提取率是热浸提取的 2.73 倍。在 260 min 时超声强化提取和热浸法对夏枯草的提取率分别为 99.21%和 36.61%，超声波强化提取可应用于中药材和各种动、植物药有效成分的提取，是替代传统热浸提取工艺的现代高新技术手段。

2.3　多糖的提取

糖生物学和糖药物学的进一步研究表明，生物活性多糖具有增强机体免疫功能、抗肿瘤、抗病毒、抗氧化、抗衰老和抗辐射等重要生物活性，目前它们已广泛应用于功能性食品、生物医药、生物材料等领域中。许爱莲等[15]采用石油醚脱脂，沸水浸泡，95%乙醇沉淀法从夏枯草中提取多糖，实验结果表明水浸，95%乙醇沉淀法能有效提取更枯草中多糖。阎晶晶等[16]通过响应曲面法优化超声提取夏枯草中多糖类化合物的工艺。结果表明夏枯草中多糖类化合物的最佳超声提取工艺为提取功率 90 W、提取温度 65℃、液固比 40∶1、时间 52 min、提取次数两次，夏枯草中多糖类的实测结果(4.60%)与响应面拟合方程的预测值(4.64%)符合良好，为工业化提取夏枯草中的多糖提供了重要的参考价值。金辰光等[17]在单因素试验的基础上，选择酶添加量、提取温度和溶液 pH 值，三因素三水平的 Box-Behnken Design(BBD)试验设计响应面优化提取工艺。其最佳提取条件为纤维素酶浓度 0.4%、果胶酶浓度 0.8%、木瓜蛋白酶浓度 0.8%，提取温度 61℃，pH 值为 6.2，夏枯草粗多糖的提取得率为 11.57±0.48%($n=3$)。优化得到的工艺合理、可行。复合酶提取得率高、能耗低，是一种很有希望的提取方法。

3 有效成分的含量测定方法

3.1 有机酸含量的测定

测定夏枯草中有机酸含量的常用方法有高效液相色谱法、分光光度法、高效毛细管电泳法、毛细管胶束电动色谱法、双波长薄层扫描法等。刘伟等[18]通过采用高效液相法测定夏枯草中齐墩果酸和迷迭香酸的含量，结果表明齐墩果酸在 0.18～2.16 μg 范围内线性关系良好，$r=0.9999$，平均回收率为 97.61%，RSD 值为 0.87%。迷迭香酸在 0.44～8.80 μg 范围，内线性关系良好，$r=0.9999$，平均回收率为 98.17%，RSD 值为 1.02%。该方法简单、准确且专属性强。

张兰珍等[19]建立夏枯草不同部位咖啡酸和迷迭香酸 HPLC 含量测定方法。夏枯草未成熟穗、成熟穗、茎、茎叶及其酚类有效部位的含量测定结果表明，该方法简便、准确，可用于夏枯草不同部位咖啡酸和迷迭香酸两种成分的含量测定。

毛细管电泳法(CE)以其高效、快速、微量的优势在药物分析中得到广泛应用。张锋等[20]采用毛细管电泳高频电导法测定夏枯草中齐墩果酸和熊果酸的含量，以布洛芬为内标，采用毛细管区带电泳，高频电导检测；齐墩果酸、熊果酸线性范围分别为 4.1～114.8 μg/mL($r=0.9995$)和 4.3～120.4 μg/mL($r=0.9996$)；平均回收率分别为 96.7%和 98.2%，该法准确、简便、快速，重现性好。

毛细管胶束电动色谱的创立使中性化合物的分析变成可能，而环糊精的疏水性空腔可以选择性地与被分析物形成包合物而导致色谱行为的不同，极大改善了强疏水性化合物、异构体及对映体的分离，从而大大扩展了电泳的应用范围。刘海兴等[21]用毛细管胶束电动色谱法(MEKC)测定夏枯草中的齐墩果酸和熊果酸异构体含量，在 20 min 实现齐墩果酸和熊果酸的基线分离。杜晖等[22]建立了羟丙基-β-环糊精修饰毛细管胶束电动色谱法测定夏枯草中齐墩果酸和熊果酸的方法，它们分别在 2215～360 mg/L 和 4818～780 mg/L 范围内线性关系良好，重现性较好。

3.2 黄酮的含量测定

夏枯草中黄酮的常见分析方法有可见分光光度法和紫外分光光度法。赵福全[23]用紫外可见分光光度法，以芦丁为标准品，对其进行络合显色，在最大吸收峰 510 nm 处测定夏枯草乙酸乙酯萃取物中总黄酮的含量。夏枯草叶中总黄酮的含量以芦丁计算为 2.71%，平均加标回收率为 99.26%，相对标准偏差为 1.62。邓斌等[24]以芦丁为参照品分别采用可见光和紫外光分光光度法测定夏枯草中总黄酮的含量。其中，可见光分光光度法是硝酸铝作显色剂，在

510 nm 波长处测定总黄酮含量；紫外光分光光度法则是在 357 nm 波长处测定总黄酮含量。可见光法平均回收率为 97.76%，紫外光法为 99.10%，前者的 RSD 值是 1.02%，后者的 RSD 值是 0.88%。由于紫外光分光光度法能直接测定夏枯草总黄酮的含量，不需用硝酸铝显色，从而能够避免夏枯草中萜类化合物酚羟基的干扰。该方法简便、快捷、准确而又经济，是测定夏枯草总黄酮含量更为可取的方法。

3.3　糖类含量的测定方法

夏枯草多糖含量测定一般采用硫酸苯酚法，以葡萄糖为标准品，还原糖测定是 3,5 -二硝基水杨酸测测定法。多糖含量等于总糖量减去还原糖的量。张霞等[25]用苯酚-硫酸比色法测定夏枯草水提液中的多糖含量，用精制夏枯草多糖测得夏枯草多糖对葡萄糖的换算因子。该方法准确性高，重现性好，供试样液在 2 h 内显色稳定，平均回收率为 101.9%，RSD 值为 2.01%($n=5$)。所测夏枯草样品中多糖含量为 9.3%。魏明等[26]则采用间羟基联苯-硫酸和氯化钡-明胶比浊法测定夏枯草酸性多糖中半乳糖醛酸和硫酸根含量，其分别为(58.85±0.46)%和(7±0.52)%。

4　夏枯草的应用前景

4.1　在医学领域的应用

夏枯草在临床医学上主要用于治疗眼红肿痛、头痛眩晕，苦味、能泻肝火而明目，也用于治疗肝火上炎，目赤肿痛，可配桑叶、菊花、决明子等。夏枯草还可配合当归、枸杞子，可用于治疗肝阴不足，目珠疼痛；也可配合香附、甘草使用，如夏枯草散，可治疗瘰疬、瘿瘤。味辛能散结，苦寒能泄热，常配贝母、香附等治肝郁化火，痰火凝聚之瘰疬，如夏枯草汤；治瘿瘤，则常配昆布、玄参等用，还可预防麻疹。周荣耀[27]等研究表明：夏枯草注射液在治疗支气管肺癌胸水以及抗肿瘤和治疗恶性胸腔积液的方面有较好的疗效，且毒副反应极小。此外，夏枯草还可和半夏合用治疗失眠等。徐中伟等[28]将夏枯草注射液由静脉给药改为胸腔内注射，研究其治疗癌性胸水和抑制胸水再生的机理，结果显示能有效地促进胸腔纤维化形成，抑制胸水再生，有望开发成抗肿瘤新药用于临床治疗。

4.2　在食品领域的应用

在中国，夏枯草作为食物已经有千余年历史。比如夏枯草双花炖猪瘦肉：夏枯草是清热泻火类的中药，能清火明目、散结消肿，是广东民间暑夏时入汤入药常用药材。“双花”即性味平和而又甘润的灯芯花和鸡蛋花，均能清心火、利小便、祛湿热、润肺燥。合而炖猪瘦肉，带有中药清香的可口，能清热祛湿、润燥生津，且清心火润心肺，为男女老少皆宜。此外还有夏枯草黑豆汤、夏枯草煲鸡脚等。夏枯草也可以制饮料，很多凉茶都有添加，利用其具有的清热功能，达到祛除湿热、防暑降温的功效。

5 前景展望

湿地野生植物夏枯草资源丰富,化学成分多样,药理作用广泛,是一种具有重要开发利用价值的中草药。夏枯草散结消肿作为其传统功效,其疗效已经被众多临床实践所证明,其科学性也被越来越多的实验研究所证实。随着现代化学、药效毒理、临床研究的不断深入,夏枯草散结消肿等功效也必将被越来越多的学者和临床医生认识、研究并加以应用。但目前化学成分研究较集中于脂溶性成分,而对有治疗作用的水溶性成分的研究却不够深入,这可能与研究手段的限制有关。由于夏枯草从古到今的应用多以煎剂为主,目前发现的抗癌作用、抗病毒作用的有效组分多为水提醇沉法制备的水溶性成分,因此,在其水溶性成分的研究上应多下功夫,这不仅是阐明其药理作用的物质基础,而且也可加强制剂的质量控制。相信随着夏枯草有效成分的提取技术与分析方法的不断改进与提高,夏枯草在医学和食品领域的研究与应用将更加广泛深入。

参考文献

[1] 国家中医药管理局《中华本草》编委会. 中华本草(下册)[M]. 上海科学技术出版社,1998.

[2] 覃伟权,彭正强,刘济宁. 植物次生物质研究进展[J]. 热带农业科学,2002,22(6):60-68.

[3] 顾晓洁,钱士辉,李友宾,等. 夏枯草的化学成分及药理作用研究进展[J]. 中国野生植物资源,2007,26(2):5-7.

[4] Kajima H,Ogura H. Triterpenoids from Prunella vulgaris[J]. Phytochemistry,1986,25(3):729-733.

[5] Dmitruk S I,Dmitruk S E,Berezovskaya T P,et al. Flavonoids of Prunella vulgaris[J]. Khim Prir Soedin,1987(3) :449-450.

[6] Kajima H,Tominga H,Sato S,et al . Pentacy clic triterpenoids from Prunella vulgaris [J]. Phytochemistry,1987,26(4) :1107-1111.

[7] Dmiturk S I. Coumarins of Prunella vulgaris [J]. Khim Prir Soedin,1986(4):510-511.

[8] 杨鹿佳,李兆琪,浦帆,等. 夏枯草精油组成的 GC/FT-IR 分析[J]. 药物分析杂志,1988,8(5):264-266.

[9] 王海波,张芝玉,苏中武. 国产 3 种夏枯草中挥发油的成分[J]. 中国药学杂志,1994,29(11):652-653.

[10] 罗容珍,杜怀明,张利,等. 微波-超声波协同辅助夏枯草中熊果酸的提取工艺研究[J]. 四川理工学院学报(自然科学版),2011,24(1):98-101.

[11] 任坚韧,余凡,张诗蓓,等. 微波辅助提取夏枯草中齐墩果酸工艺[J]. 食品研究与开发,2013,34(7):50-52.

[12] 朱鹤云,彭秀玲,冯波. 正交试验优选夏枯草中迷迭香酸超声波提取工艺[J]. 吉林医药学报,2011,32(1):11-14.

[13] 刘秀梅,孙秀荣.正交实验法优选夏枯草提取工艺[J].中国现代药物应用,2009,3(8):22－24.
[14] 王启斌,朱海涛,陈黎.超声波提取夏枯草总黄酮效果研究[J].医药导报,2012,31(8):1067－1069.
[15] 许爱莲,张魁彪,薛安,等.夏枯草多糖提取及含量分析[J].南京军医学院学报,1993,(3):167－168.
[16] 阎晶晶,张海容.响应曲面法优化超声提取夏枯草中多糖的工艺[EB/OL].北京:中国科技论文在线,2014.
[17] 金辰光,陈瑞战,谭丽,等.响应面优化复合酶提取夏枯草多糖[J].长春师范大学学报,2016,35(2):49－53.
[18] 刘伟,丁海杰.HPLC测定夏枯草中熊果酸、齐墩果酸和迷迭香酸的含量[J].中成药,2008,30(4):577－579.
[19] 张兰珍,秦雯,张小华,等.夏枯草不同部位中咖啡酸和迷迭香酸的含量测定方法研究[J].北京中医药大学学报,2007,30(5):33－34.
[20] 张锋,朱培仪,宋粉云.毛细管电泳高频电导法测定夏枯草中齐墩果酸和熊果酸的含量[J].广东药学院学报,2008,24(2):108－111.
[21] 刘海兴,杨更亮.毛细管胶束电动色谱法测定夏枯草中两种有效成分[J].分析化学研究简报,2000,28(10):1275－1277.
[22] 杜晖,陈晓青.羟丙基－B－环糊精修饰毛细管胶束电动色谱法测定夏枯草中的齐墩果酸和熊果酸[J].分析试验室,2008,27(11):62－64.
[23] 赵福全.紫外/可见分光光度法测定夏枯草中黄酮的总含量[J].齐齐哈尔大学学报:自然科学版,2007,23(3):7－9.
[24] 邓斌,蒋刚彪,黄红英,等.分光光度法测定夏枯草中总黄酮的含量[J].时珍国医国药,2008,19(7):1608－1609.
[25] 张霞,聂少平,李景恩.夏枯草中多糖的提取与含量的测定[J].食品研究与开发,2013,34(1):81－85.
[26] 魏明,熊双丽.夏枯草水溶性酸性多糖的分离及活性分析[J].食品科学,2010,31(1):91－94.
[27] 周荣耀,徐中伟,倪爱娣.夏枯草注射液治疗肺癌胸水的临床和实验研究[J].浙江中西医结合杂志,2001,11(1):13－14.
[28] 徐中伟,周荣耀,王文海,等.夏枯草注射液对胸膜纤维化形成的机理研究[J].上海中药大学学报,2001,15(2):49－51.

湿地药用植物资源调查必要性分析

李吉锋[1,2]

1. 陕西省河流湿地生态与环境重点实验室 陕西 渭南 714099；
2. 渭南师范学院 化学与环境学院 陕西 渭南 714099

摘　要：对湿地药用植物资源开发的意义、国内现状进行了简单分析，讨论了对湿地药用植物资源进行调查的必要性。

关键词：湿地；药用植物；调查；必要性

基金项目：渭南师范学院重点科研项目（16YKF001）；渭南市科技创新团队建设项目（2015TCTD－2）和能力提升项目（2015TCNL－3）；渭南师范学院重大项目（2015ZD001）。

1　湿地药用植物资源调查的意义

湿地与森林、海洋一起并称为全球三大生态系统。湿地生态系统中存在大量动植物，其独特的生态特点形成大量生长繁殖的植物，许多植物可以作为药用植物使用。近年来，“回归自然”已成为人类的共识。药用植物因具有较高的安全性，也备受各国学者的关注。陕西地域狭长，陕南是亚热带气候，关中陕北属温带气候，南北气候差异大，境内有汉江、黄河和渭河等大的河流，湿地范围大，因而拥有丰富的湿地植物资源，其中多具药用价值。目前，陕西省的湿地植物研究工作主要集中在植物多样性、植物与环境之间的相互影响等方面，而对湿地药用植物的研究报道很少。加快陕西湿地药用植物资源的调查与研究，逐步提高药用湿地植物的保护与利用工作水平，对陕西中医药事业的发展和地区经济的推动方面具有重要的意义。

类似人类的指纹图谱，每一种药用植物的指纹图谱因生长地点的自然环境不同也千差万别。借助现代分析技术和计算机，将每一种药用植物的特性采用图谱的形式描绘出来，使药用植物都拥有如人的指纹一样的标准图谱，这就是指纹图谱。我们通常说的指纹图谱是指化学指纹图谱，是指药用植物经适当处理后，采取 HPLC 或者红外光谱等分析手段，得到能够显示该植物的共有峰的图谱，其中 HPLC 指纹图谱应用相对较多，主要是因为 HPLC 本身就具有适合复杂组分的分离等优点。采用指纹图谱法对不同种类药用植物、不同产地的药用植物进

作者简介：李吉锋，1977 年生，男，汉族，青岛人，渭南师范学院化学与环境学院，副教授，硕士，环境分析。

行表征，可以明确该地区药用植物资源的唯一性，能够反映其独特特点，因而在国内外受到广泛应用。鉴于陕西黄河湿地药用植物资源丰富，而黄河湿地生态环境又比较脆弱，目前有必要对本区域珍稀药用植物资源进行调查并获取其指纹图谱库，以促进陕西黄河湿地珍稀药用植物资源的保护、利用。对于发现的药用价值比较大且濒临灭绝的药用植物资源及时保护、引种，扩大种植。

随着人类医疗保健事业的发展，传统的天然药物又越来越引起人们的重视。据联合国调查，占世界人口的80%的发展中国家，其中仅有占15%的人受益于西方医药，而其余绝大部分人的医序保健依靠传统药。我国目前仍旧属于发展中国家，中医药在药物治疗中所占比例较大。陕西省湿地药用植物众多，其中许多药用植物都有很多不同种类的生理活性成分或有效成分。这决定了每一种类的中草药都可能同时具有多方面的临床疗效，可用于多种疾病或病症的治疗。因而我省湿地药用植物，尤其是中药植物资源的开发具有广阔的前景。但是目前我省湿地药用植物资源开发还存在一些问题：

（1）尚未引起充分认识和重视。广大群众对湿地的各种功能缺乏全面的了解，湿地保护缺乏群众基础，以至于大部分药用植物资源未得到充分开发利用。相反的，由于过度放牧、农耕地的扩大、工业污染等原因，许多植物资源的破坏严重。

（2）对湿地药用植物资源的研究明显不足，植物资源保护措施未很好的落到实处，我省湿地植物资源的研究在其多样性、与环境的影响、生物量极其相应的开发利用方面较多，而专门对药用植物资源进行的研究很少，几乎没有这方面的论文发表。

（3）经费不足，由于经费原因，不少的保护区管理和研究工作无法正常进行，药用植物资源得不到很好的保护。

2 湿地药用植物资源调查、开发现状和调查的必要性

在发达国家，以植物为基础通过有效成分提取和化学加工制成的药物已占医药工业总产值的40%以上。在我国，中成药、中药保健品、中药提取物、中药饮片年产值已达1000多亿元人民币。而生产这些产品的主要原料大部分来自野生药用植物资源。野生药用植物主要生长在生物多样性富集的边远地区，如山林、湿地等。最近20年由于中药事业发展，医药、保健品市场对中药材及原料药的需求越来越大，中成药工业也以前所未有的速度迅猛发展。1985年后新开发的中成药达8000多种。需求量的增长超过野生药用植物的自然生长，导致野生药用植物资源迅速枯竭，因而只能采取人工栽培方式满足市场需求。部分即将灭绝的地道野生药用植物亟需保护、开发利用。

目前国内对于湿地植物资源调查研究较多，何可群[1]等对于贵阳市野生药用植物资源调查，陈丹[3]等对于湖北省湿地药用植物资源初步调查，张龙胜[3]等对于山西湿地野生植物资源进行了调查研究，范晶[4]等对研究了黑龙江省湿地植物资源特征及保护和利用，桂凌健[5]等研究了广西湿地药用植物资源的保护与利用，侯志勇[6]等讨论了洞庭湖湿地植物资源现状及保护与可持续利用对策，但是目前对于湿地药用植物资源的研究相对较少，而采用色谱指纹图谱对湿地本土地道药用植物资源进行产地表征进而建立指纹图谱数据库的工作更未见报道。

参考文献

[1] 何可群，李湘兴. 贵阳市野生药用植物资源调查——以贵阳花溪国家城市湿地公园为例[J]. 贵州科学，2013，31(1).
[2] 陈丹，彭丹，刘胜祥. 湖北省湿地药用植物资源初步调查[J]. 中国野生植物资源，2001，20(5).
[3] 张龙胜，宋伯为，王汝清. 山西湿地野生植物资源进行了调查研究[J]. 山西大学学报(自然科学版)，1998，21(3).
[4] 范晶，肖洋. 黑龙江省湿地植物资源特征及保护和利用[J]. 东北林业大学学报，2011，39(6).
[5] 桂凌健. 广西湿地药用植物资源的保护与利用[J]. 当代医药论丛，2014，12(1).
[6] 侯志勇，谢永宏，赵启鸿，等. 洞庭湖湿地植物资源现状及保护与可持续利用对策[J]. 农业现代化研究，2013，34(2).

影响鲜切莲藕的褐变及控制技术研究进展

权美平[1,2]
1. 陕西省河流湿地生态与环境重点实验室　陕西 渭南　714099;
2. 渭南师范学院　化学与环境学院　陕西 渭南　714099

摘　要:鲜切果蔬由于切分形成的机械损伤引起一系列复杂的生理效应,导致产品褐变,成为一个困扰产品发展的技术难题。为解决鲜切莲藕的品质劣变问题,本文针对文献资料介绍的各种保鲜技术在鲜切莲藕中的应用进行总结,阐明各种技术在鲜切莲藕加工中具有较高的应用价值和开发前景,以期望给予莲藕加工提供理论借鉴和技术指导。

关键词:鲜切莲藕;酶促褐变;保鲜技术;化学保鲜;保鲜;多酚氧化酶

基金项目:渭南市科技创新团队建设项目(2015TCTD-2)和能力提升项目(2015TCNL-3);渭南师范学院重大项目(2015ZD001)。

莲藕(Nelumbo nucifera Gaertn)为睡莲科植物,又名莲菜,在我国栽培已有3000余年,是一种用途很广的水生经济作物。莲藕营养丰富,含有淀粉、糖类、蛋白质、脂肪和卵磷脂及少量维生素及铜、锰、钛、磷等矿物元素[1]。我国传统中医学认为,藕性寒味甘,能清热生津,补气养神,益气,除病,抗衰老,具有健脾开胃,养血生肌,止泻固精,祛冷护肝等功效。在我国,莲藕主要栽培于长江流域的江苏,浙江,湖南,湖北等地,其组织脆嫩,容易切分,适合鲜切生产[2],国际市场对莲藕需求量很大,尤其是清洁、方便的鲜切莲藕更受欢迎。但由于鲜切莲藕由于是切分形成的机械损伤会引起一系列复杂的物理和生理效应,最终导致莲藕品质劣变,影响产品品质生产及销售。其中褐变的发生已成为限制鲜切莲藕产品出口和销售的重要原因[3]。所以,研究鲜切莲藕的褐变因素及其控制技术极其重要。我们关于莲藕的褐变原因的分析及褐变控制技术的探索,将对鲜切莲藕产品品质的改善及莲藕的产业化发展有至关重要的意义。

1　鲜切莲藕褐变因素分析

植物组织中含有的酚类物质是植物体内一种次生代谢产物,但酚类物质极易在酚酶作用下氧化,最终导致有色物质醌积累和进一步氧化聚合成黑褐色物质,产生颜色的变化即褐变[4]。由前人的研究工作可知,鲜切莲藕的褐变与其他果蔬制品一样,存在酶促褐变和非酶促

作者简介:权美平,1978年生,女,汉族,咸阳人,渭南师范学院化学与环境学院,副教授,硕士,食品科学。

褐变，主要以酶促褐变为主[5]。研究证实[6]，切分果蔬的褐变与酚类物质含量和 PPO、过氧化物酶(POD)活性密不可分。PPO 为一种以铜为辅基的末端氧化还原酶，它能催化两类完全不同的反应：①催化一元酚羟基化，生成相应的邻二羟基化合物；②催化邻二酚氧化生成邻醌化合物，这两类反应都需要有氧分子参加。所以，鲜切果蔬的褐变与引发酶促褐变的关键性酶类 PPO 和氧气含量有密切关系。所以，鲜切莲藕的控制褐变的技术在生产实践中，我们可借各种因素以达到控制莲藕中 PPO 活力，最终达到防褐、保鲜的目的。

2　鲜切莲藕的褐变控制技术

2.1　亚硫酸盐类的化学保鲜剂

亚硫酸盐因能够抑制酶促褐变和微生物的繁殖，所以人们常使用亚硫酸盐等含硫化合物抑制果蔬的酶促褐变[7]。关于亚硫酸盐类的各类化学保鲜剂在鲜切莲藕中的应用效果和方法有相关报道：吴佩等[8]探索不同护色剂对鲜切莲藕的保护效果研究表明，采用 0.02%维生素 C(VC，抗坏血酸)、0.15% CA(柠檬酸)、0.20%$NaHSO_3$(亚硫酸氢钠)，可在莲藕切片中加工起到良好的护色效果，为鲜切莲藕的生产提供理论依据；方兰兰等[9]选取不同褐变抑制剂对鲜切莲藕护色研究的结果表明，最佳配方的护色剂组合为 0.15$CaCl_2$+0.20%$NaHSO_3$+0.20% CA+0.15%EDTA(乙二胺四乙酸二钠)，经过该护色处理的莲藕净菜，在贮藏期内样品色白，无褐变。另有研究[10]通过测定鲜切莲藕在贮藏期间各指标(水分含量、可溶性蛋白质、多酚氧化酶活性、褐变度)的变化，探讨影响抑制 PPO 活性的研究表明：最佳防止鲜切莲藕褐变的抑制剂组合为 0.20%VC+0.10%Na_2SO_3+0.20%CA+0.25%EDTA；此抑制剂组合可有效抑制 PPO 活性，而 PPO 催化的的酶促反应是引起莲藕褐变的主要原因。

上述关于亚硫酸盐与其它化学保鲜剂按不同比例复合形成的褐变抑制剂可为莲藕净菜防褐变保鲜加工及产业化提供参考。

2.2　非亚硫酸盐类的新型化学消毒剂

为了改善鲜切莲藕产品质量，目前常采用热烫，二氧化硫熏蒸，添加抑制剂钝化酶活力，调整 pH 值来改变酶作用环境、隔离氧气和使用抗氧化剂和螯合剂等途径防止莲藕产品品质劣变。其中，使用各类添加剂预防鲜切莲藕褐变和进行保鲜是目前常采用的方法之一。传统上应用于鲜切莲藕的食品添加剂多采用亚硫酸盐类进行抑制酶促褐变控制微生物的繁殖[10,11]，但亚硫酸盐的使用会使一些人产生不良反应，特别是它对哮喘病人有引发类似过敏反应的副作用，因此有必要寻找亚硫酸盐的替代品，以达到对鲜切果蔬较好的保鲜效果。4-HR(4-己基间苯二酚)是一种新型的抗氧化剂，被认为是亚硫酸盐类的有效安全替代剂，联合国 FAO/WHO 组织已经准许使用，并在鲜切苹果、梨以及马铃薯等产品中表现出良好的抗褐变效果。苏新国等[12]以褐变度和腐烂指数为指标，通过 4-HR 对鲜切莲藕产品在低温贮藏期间褐变和贮藏品质影响的研究结果证明：0.01% 4-HR 及 0.01% 4-HR 和 0.5%VC 的混合液处理对鲜切莲藕贮藏期间的褐变有抑制作用，可明显提高产品品质。ClO_2 具有消毒、杀菌、防腐、漂白、除臭等多种功效，是 FAO/WHO 向全世界推荐的 A1 级广谱、高效、安全和性能优良的化学消毒剂，其具有很强的杀灭各种微生物而对人体和动植物细胞无害的选择毒力，在食品添加中被用作防腐剂和食品加工助剂。黄永锋等[13]通过不同浓度 ClO_2 处理鲜切莲藕，研究冷藏条件(4℃)下多酚氧化酶(PPO)活性、褐变度及感官效果动态变化的结果表明：藕的褐变与 PPO 有密切关系，PPO 是发生酶促褐变的关键酶。50 mg/L、100 mg/L 浓度的 ClO_2 处理样品 5、10、15 min后，在贮藏期间能抑制 PPO 的活性，减轻褐变，保持好的感官品质；抑制 PPO 活性效果及莲藕最佳感官品质尤以 100 mg/L 浓度处理为最佳。

综上介绍的 4－HR、ClO_2 作为一种使用方便、安全、高效的褐变抑制剂和杀菌剂在鲜切莲藕中具有一定的应用前景，亦可为其在其它果蔬保鲜方面提供借鉴和参考。

2.3　真空贮藏技术

真空贮藏是在冷藏基础上将密闭环境中的气体压力由正常的大气状态降低至负压，造成一定的真空度后来贮藏新鲜果蔬的一种贮藏方法。鲜切果蔬在真空条件下贮藏不但可延长产品保质期，还可有效保持产品的食用品质，真空处理对鲜切西兰花[14]和鲜切胡萝卜[15]的保鲜效果已有报道。张心怡等[16]探讨真空和常压两种条件对控制鲜切莲藕褐变影响的结果证明：与常压贮藏相比，真空处理显著有利于样品中亮度和 VC 的保持，可有效抑制呼吸强度、丙二醛和褐变度的上升，并能有效抑制多酚氧化酶(PPO)和过氧化物酶(POD)的活性，说明真空处理能够显著抑制鲜切莲藕贮藏期间的褐变进程，维持样品较好的感官品质。廖彩虎等[17]基于真空预冷条件下的浸渍保鲜技术来研究莲藕褐变及保鲜问题，通过测定鲜切莲藕在贮藏过程中的理化、生化指标来评价不同预冷方式对样品品质影响的结果表明：真空预冷降温速率为冷库预冷速率的 10 倍；真空预冷至 5℃并维持 4 min 时，所获得理化、生化及营养指标值更接近新鲜莲藕，表现出优良特性，最为明显的是基于真空预冷条件下的护色液浸渍保鲜能够有效降低 PPO 活性最大值，同时还能够推迟 PPO 峰值出现的时间，真空预冷操作下的浸渍保鲜可实现对鲜切莲藕最佳的保鲜效果。此操作方式可保持产品内在品质及延长产品货架期，与其降温速率快，可快速降低果蔬才后的呼吸强度，消除田间热和呼吸热应该有关[18]。

3　小　结

随着人们生活条件的改善，新型净菜系列的鲜切果蔬备受大众喜爱和欢迎。但鲜切莲藕由于加工中组织受到破坏，天然保护层消失，导致营养物质消耗加剧、质地变软、代谢增强、风味等品质下降和贮藏寿命严重缩短等一系列复杂的物理和生理效应，加速产品衰老，缩短了货架期。鲜切莲藕中的褐变现象确实是我们必须客观面对和不可忽视的棘手问题。目前，很多莲藕贮藏的研究从钝化酶，改变贮藏温度和气体环境着手，利用物理、化学、生物等技术手段，研究各种贮藏保鲜方法以延长货架期[19]。

综上可知，不同原理、形式多样的保鲜技术在鲜切莲藕的研究实践中均取得了一定的效果，可为污染、无残留、安全可靠且对人体无毒副作用的鲜切莲藕保鲜技术提供一定的借鉴和指导。

参考文献

[1] 金波. 中国多年生蔬菜[M]. 北京：中国农业出版社，1997.

[2] 吴锦涛，余小林等. 切分蔬菜保鲜工艺研究[J]. 食品与发酵上业，2001(4)：33 - 36.

[3] 林伯年，吴晓梅，胡军. 梨和莲藕组织中多酚氧化酶特性及褐变控制[J]. 浙江农业大学学报，1997，23：63 - 67.

[4] 胡军. 莲藕中多酚氧化酶的特性及莲藕的护色[J]. 食品与发酵工业，1989(3)：47 - 51.

[5] 黄光荣. 切割果蔬保鲜[J]. 食品科技，2000(3)：28 - 29.

[6] Ge mma O O，Ma Alejandra R G，Laura A G，et al. Recent approaches using chemical treatments to preserve quality of fresh-cut fruit：A review[J]. Postharvest Biology and Technology，2010，57：139 - 148.

[7] 王清章，刘怀超，孙颉. 莲藕贮藏中褐变度及多酚氧化酶活性的初步研究[J]. 中国蔬菜，1997(3)：4 - 6.

[8] 吴佩，杨列清，孙莹等. 复合护色剂防止鲜切莲藕褐变的研究[J]. 食品研究与开发，2015，36(12)：114 - 115.

[9] 方兰兰，胥方远，黄泽元. 莲藕净菜褐变抑制剂的筛选[J]. 粮食科技与经济，2010，35(6)：48 - 49.

[10] 方兰兰，黄泽元，王宏勋. 鲜切莲藕的酶促褐变及贮藏中褐变生理的研究[J]. 武汉工业学院学报，2011，30(4)：8 - 11.

[11] 王清章，刘怀超，孙颉. 莲藕贮藏中褐变度及多酚氧化酶活性的初步研究[J]. 中国蔬菜，1997(3)：4 - 6.

[12] 苏新国，蒋跃明，李月标，等. 4 - HR 对鲜切莲藕褐变以及贮藏品质的影响[J]. 食品科学，2003，24(12)：143 - 144.

[13] 黄永锋，宋俊梅. 二氧化氯对鲜切莲藕多酚氧化酶的影响研究[J]. 现代食品科技，2008，24(10)：996 - 998.

[14] 牟其云，李文香，寇兴凯，等. 微真空贮藏条件对鲜切西兰花保鲜效果的影响[J]. 现代食品科技，2013，29(10)：2469 - 2473.

[15] 王成，徐玉娟，吴继军，等. 鲜切胡萝卜的真空预冷研究[J]. 保鲜与加工，2012，12(2)：24 - 28.

[16] 张心怡，曹娜，杜传来，等. 真空处理对鲜切莲藕褐变控制的效果[J]. 食品安全质量检测学报，2015，6(7)：2524 - 2529.

[17] 廖彩虎，单斌，钟瑞敏，等. 基于真空预冷条件下的浸渍保鲜对鲜切莲藕品质的影响[J]. 现代食品科技，2015，31(6)：243 - 246.

[18] McDonald K，Sun D W. Vacuum cooling technology for the food processing industry：a review[J]. Journal of Food Engineering，2000，45(2)：55 - 65.

[19] 孟令川，吕莹，陈湘宁. 鲜切菜贮藏保鲜技术研究进展[J]. 中国农学通报，2013，29(9)：190 - 196.

黄河西岸大荔黄花菜中元素含量的测评分析

张文根[1,2]，王晓燕[2]

1. 陕西省河流湿地生态与环境重点实验室　陕西 渭南　714099；

2. 陕西师范大学　化学化工学院　陕西 西安　710062

摘　要：黄河西岸的大荔县盛产黄花菜。为了科学地评价黄花菜的质量以及了解其产地特征，为人类的合理膳食结构提供科学数据。本文采用微波消解技术，结合电感耦合等离子体原子发射光谱仪，对陕西大荔黄花菜中常量和微量元素的含量进行了测定，并与甘肃庆阳黄花菜中元素的含量进行了比较分析。结果表明，大荔黄花菜元素丰富，含量均衡，营养价值和保健效能高。

关键词：河流湿地；黄花菜；常量含量；测评分析

基金项目：渭南市科技创新团队建设项目（2015TCTD－2）和能力提升项目（2015TCNL－3）；渭南师范学院重大项目（2015ZD001）。

黄河西岸的大荔县盛产一种百合科多年生草本植物黄花菜。现代科学研究显示，黄花菜不仅营养丰富，具有益智宽胸、清热解毒、安神醒脑、美容养颜、消炎杀虫、除烦通乳等保健功效[1,2]，而且黄花菜还能降低人体胆固醇，具有抗肿瘤等医用功能[3]，是理想的医疗保健食品之一。植物中元素的测量方法有微波消解-原子吸收光谱法、火焰原子吸收光谱法、质谱法、石墨炉原子吸收法、微波消解-微波等离子体炬原子发射光谱法等[4-9]。本文采用微波消解技术，结合电感耦合等离子体原子发射光谱仪，对陕西大荔黄花菜中常量和微量元素的含量进行了测定，并与甘肃庆阳黄花菜中元素的含量进行了比较分析。

1　实验部分

1.1　仪器与试剂

XT－9900 型智能微波消解仪，上海新拓微波溶氧测试技术有限公司；SPS8000 型电感耦合等离子体原子发射光谱仪（ICP－AES），北京普析通用仪器有限公司；DGB20003 型电热干

作者简介：张文根（1959—），男，教授，主要从事纳米复合材料研究。

燥箱，中国重庆实验设备厂；EL104 型电子分析天平，梅特勒-托利多仪器(上海)有限公司。

硝酸 HNO_3，分析纯；过氧化氢 H_2O_2，分析纯；实验用水，二次去离子水；标准储备液：P、Mg、Ca、Mn、Fe、Cu、Zn、As 标准液均为 10 mg/L，国家标准物质研究中心。

1.2 样品的预处理和消解

在陕西大荔和甘肃庆阳两地市场上随机各采集黄花菜 6 份，混合均匀后阴干，置于电热恒温干燥箱中 50℃烘至恒重。随机取干燥黄花菜适量，研钵研磨，100 目筛过筛，备用。

对两组样品，各分别准确称取三份备用样品，精确度到 0.0001 g，分别置于清洁的聚四氟乙烯消解罐中，加入适量 HNO_3 和 H_2O_2，将盖盖好置于微波消解仪中，按设定消解条件进行分步消解得到消解液。消解时间为 5 min；功率与压力设置为 3 档：功率分别为 600 W、600 W、1000 W，压力分别为 0.1 MPa、0.5 MPa、1.0 MPa，时间选择分别为 1 min、2 min、2 min。消解结束后，在通风橱内打开消解罐盖冷却，等消解液澄清后，转移至 50 mL 容量瓶中，二次去离子水定容，备测。同时配制空白样品溶液和加标样品溶液。

1.3 样品的测定

在工作条件下，配制系列混合标准溶液，制作各元素的校准曲线，寻找线性回归方程，根据校准曲线或线性回归方程对各个样品进行测定。测定时根据需要将样品溶液稀释到线性范围之内。

ICP－AES 工作条件：温度 20℃，湿度 85%，雾化室气流量 0.5 L/min，辅助器流量 0.6 L/min，气瓶减压阀出口压力 0.35 MPa，等离子器流量 17 L/min，功率 3500 W，载气压力0.2 MPa。

电感耦合等离子体原子发射光谱使用操作程序，打开仪器，进入操作软件，通过分析方法，点火，对空白溶液、标准溶液、样品溶液依次进行测试，保存记录。每个样品平行测定 3 次取其平均值。

2 结果与讨论

2.1 检测方法的可靠性

在以上实验条件下，分别对 P、Mg、Ca、Mn、Fe、Cu、Zn、As 八种标准液进行波长扫描，经最优化条件选择，确定出各元素的分析线波长，见表 1。用 ICP－AES 法同时测定样品中各元素含量的同时，取 3 倍标准偏差所对应的浓度为各元素的检出限，结果见表 1，检出限在 0.001～0.223 mg/L 之间。对各元素用一次标准加入法进行加标回收实验，8 种元素的回收率均在 93.4%～104.4%之间，符合实验要求，结果见表 1。为了验证实验方法的准确性和可靠性，在进行加标回收实验的同时，通过测定结果的相对标准偏差考察其精密度(RSD)，结果如表 1，精密度在 0.17%～2.05%之间。可见，该实验方法具有简便快速、检出限低、灵敏度高、线性范围宽等优点，可用于黄花菜中多种微量元素的测定。

表 1　元素的分析线波长、线性回归方程和相关系数

元素	分析线波长/nm	检出限/($mg \cdot L^{-1}$)	RSD/%	回收率/%
P	214.6	0.041	2.05	96.8
Mg	284.8	0.001	1.76	99.5
Ca	318.9	0.007	0.76	101.3
Mn	256.7	0.002	0.17	104.4
Fe	232.8	0.003	1.93	97.1
Cu	324.7	0.005	1.39	94.3
Zn	206.5	0.008	0.33	95.2
As	193.9	0.223	—	—

2.2　大荔黄花菜中八种元素的测定结果

用配制的混合系列标准溶液，测定各元素的光强度和内标强度，以光强度为横坐标，浓度为纵坐标绘制标准曲线图，得到各种元素的工作曲线，用该工作曲线对大荔黄花菜中 P、Mg、Ca、Mn、Fe、Cu、Zn、As 8 种元素的含量进行同时测定，结果见表 2。由表 2 可知，大荔黄花菜中含有丰富的 P、Mg、Ca、Mn、Fe、Cu、Zn 等对人体保健和治疗具有重要作用的常量和微量元素，未检测出对人体有害的重金属元素 As。其常量和微量元素含量的高低顺序为 Ca＞P＞Mg＞Fe＞Zn＞Mn＞Cu，其中 Ca 元素含量最高，为 4173 mg/kg；P、Mg、Fe 元素含量次之，分别为 2702 mg/kg、2047 mg/kg 和 102.1 mg/kg；Mn 和 Cu 元素的含量也不低，分别7.331 mg/kg和 5.882 mg/kg。

表 2　大荔黄花菜中常量和微量元素的含量　　单位：mg/kg

样品	P	Mg	Ca	Mn	Fe	Cu	Zn	As
1	2701	2047	4174	7.331	102.2	5.881	43.86	—
2	2700	2046	4176	7.332	102.1	5.880	43.89	—
3	2705	2048	4170	7.331	102.0	5.884	43.83	—
平均值	2702	2047	4173	7.331	102.1	5.882	43.86	—

2.3　大荔黄花菜和庆阳黄花菜中元素含量的比较分析

表 3 给出了甘肃庆阳黄花菜中 P、Mg、Ca、Mn、Fe、Cu、Zn、As 8 种元素含量的测定结果。从中可以看出，庆阳黄花菜中也含有丰富的 P、Mg、Ca、Mn、Fe、Cu、Zn 等对人体保健和治疗具有重要作用的常量和微量元素。比较表 2 和表 3 所测数据可以得到这样的结论，地域不同，产地不同，黄花菜中的常量和微量元素的含量分布不同，但大荔黄花菜和庆阳黄花菜中均不含有对人体有害的重金属元素 As。与大荔黄花菜中常量和微量元素含量的高低顺序 Ca＞P＞Mg＞Fe＞Zn＞Mn＞Cu 不同，庆阳黄花菜中元素含量的高低顺序为 Ca＞Mg＞P＞Fe＞Zn＞Cu＞Mn，其中 Mg 元素含量高于 P，Cu 元素含量高于 Mn，但 Ca 元素含量均处在首位。从含量

来比较，庆阳黄花菜中除 Ca 元素含量明显高于大荔黄花菜外，其余 P、Mg、Mn、Fe、Cu、Zn、As 元素含量均低于大荔黄花菜中相应元素的含量。由此可见，产地不同黄花菜中元素含量的差异，与它们生长的气候环境、土壤结构、水质质量等生态环境密切相关。

表 3 庆阳黄花菜中常量和微量元素的含量 单位：mg/kg

样品	P	Mg	Ca	Mn	Fe	Cu	Zn	As
1	1698	1939	6155	1.344	70.73	4.852	22.46	—
2	1696	1945	6153	1.347	70.73	4.853	22.41	—
3	1694	1943	6154	1.341	70.74	4.850	22.45	—
平均值	1696	1942	6154	1.344	70.73	4.851	22.44	—

3 结论

(1)在实验条件下，测定结果表明，大荔黄花菜中常量和微量元素含量的高低顺序为 Ca＞P＞Mg＞Fe＞Zn＞Mn＞Cu。其中 Ca 元素含量最高，为 4173 mg/kg；P、Mg、Fe 元素含量次之，分别为 2702 mg/kg、2047 mg/kg 和 102.1 mg/kg；Mn 和 Cu 元素的含量也不低，分别 7.331 mg/kg和 5.882 mg/kg。

(2)与大荔黄花菜中元素含量的高低顺序不同，庆阳黄花菜中元素含量的高低顺序为 Ca＞Mg＞P＞Fe＞Zn＞Cu＞Mn。从含量来看，除 Ca 元素含量明显高于大荔黄花菜外，其余 P、Mg、Mn、Fe、Cu、Zn、As 元素含量均低于大荔黄花菜中相应元素的含量。

(3)由此可见，地域不同，产地不同，黄花菜中的常量和微量元素的含量分布不同。大荔黄花菜和甘肃庆阳黄花菜中常量和微量元素含量的差异，与它们生长的气候环境、土壤结构、水质质量等生态环境密切相关。

参考文献

[1] 黄凤耀. 黄花菜的特征性及利用价值[J]. 甘肃农业，2007，24(3)，79 - 80.

[2] 潘炘. 黄花菜保鲜与保健功能的研究[D]. 杭州：浙江大学，2006.

[3] 颜世铭，李增禧，熊丽萍. 微量元素医学精要 I ——微量元素的生理作用和体内平衡[J]. 广东微量元素科学，2002，9(9)，1 - 48.

[4] 唐巧玉，周志，汪兴平，等. 微波消解-原子吸收法快速测定纯菜中铜锌的含量[J]. 食品科学，2007(6)：285 - 287.

[5] 陈石金，冯燕，虞道元，等. 火焰原子吸收光谱法测定大米中元素含量的不确定度评定[J]. 食品科学现代农业科技，2012，21(2)：282 - 283.

[6] 张云嫦，吴鹏，吴莉，等. 热喷雾进样镍管火焰炉原子吸收法直接测定葡萄酒中的镉[J]. 分析测试学报，2007(4)：577 - 579.

[7] 连晓文,杨秀环,梁旭霞. ICP - MS 法快速测定葡萄酒中 11 种微量元素[J]. 中国卫生检验杂志,2005(8):102 - 105.

[8] 王军,赵墨田. 热表面电离同位素稀释质谱法测定红酒中衡量铅[J]. 质谱报,2003,6(4):69 - 70.

[9] 张亚冬,韩北琦. 石墨炉原子吸收法测定大米中镉含量的不确定度评定[J]. 河南工业大学学报(自然科学版),2012,33(2):74 - 77.

安康湿地蝶类调查

李建锋[1,2]
1.陕西省河流湿地生态与环境重点实验室 陕西 渭南 714099;
2.渭南师范学院 管理学院 陕西 渭南 714099

摘 要:陕西安康湿地蝶类区系组成经调查发现共有74种,50属,隶属于7个科。

关键词:蝶类,种,湿地。

基金项目:渭南市科技创新团队建设项目(2015TCTD-2)和能力提升项目(2015TCNL-3);渭南师范学院重大项目(2015ZD001);渭南师院科研项目(16YKS005)。

陕西安康湿地主要由任河湿地、岚河湿地、洵河湿地、坝河湿地与汉江湿地构成。在中国动物地理区划上,该区域属东洋界。该保护区属北亚热带半湿润季风气候区,年均降水量丰富,地貌呈四周山体陡峭而中间大小盆地较多且东南部有沼泽地镶嵌的自然景观。根据主要植被类型的差异,可将保护区大体划分为3个垂直分布的植被带,包括低山森林、灌丛与农垦带、山地落叶阔叶林带和针阔叶混交林带。

作者于2014年8月至2016年6月对湿地蝶类进行系统采集,经整理共74种分属于7科50属,名录如下。

凤蝶科 Papilionidae

美凤蝶 Papilio memnon Linnaeus
碧凤蝶 P. bianor Cramer
巴黎翠凤蝶 P. paris Linnaeus
红基美凤蝶 P. al cmenor Felder et Felder
柑橘凤蝶 P. xuthus Linnaeus
蓝凤蝶 P. protenor Cramer
牛郎凤蝶 P. bootes Westwood
金凤蝶 P. machaon Linnaeus
达摩麝凤蝶 Byasa daemonius (Alphéraky)
宽带青凤蝶 Graphium agamemnon (Linnaeus)

作者简介:李建锋,1979年生,男,汉族,陕西大荔人,渭南师范学院管理学院,讲师,动物学专业。

粉蝶科 Pieridae

橙翅方粉蝶 Dercas nina Mell
斑缘豆粉蝶 Colias erate (Esper)
橙黄豆粉蝶 C. fieldii Ménétriès
宽边黄粉蝶 Eurema hecabe (Linnaeus)
无标黄粉蝶 E. brigitta(stoll)
尖钩粉蝶 Gonepteryx mahagura (Gistel)
钩粉蝶 G. rhamani (Linnaeus)
东方菜粉蝶 Pieris caidia (Sparrman)
暗脉菜粉蝶 P. napi (Linnaeus)
黑纹粉蝶 P. melete Ménétriès
大展粉蝶 P. extensa Pojade

眼蝶科 Satyridae

睇暮眼蝶 Melanitinae phedima Cramer
妍黛眼蝶 Lethe yantra Fruhstorfer
边纹黛眼蝶 L. marginalis (Motschulsky)
边纹黛眼蝶 L. marginalis (Motschulsky)
黄斑荫眼蝶 Neope pulaha (Moore)
宁眼蝶 Ninguta schrenkii (Ménétriès)
网眼蝶 Rhaphicera dumicola (Oberthür)
拟稻眉眼蝶 Mycalesis francisca (Stoll)
粉眼蝶 Callarge sagitta (Leech)
白眼蝶 Melanargia halimede (Ménétriès)
魔女瞿眼蝶 Ypthima medusa Leech
东亚瞿眼蝶 Y. motschulskyi (bremer et Grey)

蛱蝶科 Nymphalidae

二尾蛱蝶 Polyura narcaea (Hewitson)
紫闪蛱蝶 Apatura iris (Linnaeus)
秀蛱蝶 Pseudregolis wedah (Kollar)
绿豹蛱蝶 Argynnis paphia (Linnaeus)
斐豹蛱蝶 Argyreus hyperbius (Linnaeus)
老豹蛱蝶 Argyronome laodice (Pallas)
青豹蛱蝶 Damora sagana (Doubleday)
灿福蛱蝶 Fabriciana adippe Denis et Schiffermüller
嘉翠蛱蝶 Euthalia kardama (Moore)
渡带翠蛱蝶 E. duda Staudinger
扬眉线蛱蝶 Limenitis helmanni Lederer
幸福带蛱蝶 Athyma fortuna Leech
中华黄葩蛱蝶 Patsuia sinensis (Oberthür)

伊洛环蛱蝶 Neptis ilos Fruhstorfer

单环蛱蝶 N. rivularis (Scopoli)

链环蛱蝶 N. pryeri Butler

白环蛱蝶 N. leucoporos Fruhstorfer

大红蛱蝶 Vanessa indica (Herbst)

小红蛱蝶 V. cardui (Linnaeus)

琉璃蛱蝶 Kaniska canace (Linnaeus)

黄钩蛱蝶 Polygonia c-aureum (Linnaeus)

美眼蛱蝶 Junonia almana (Linnaeus)

翠蓝眼蛱蝶 J. orithya (Linnaeus)

曲纹蜘蛱蝶 Araschnia doris Leech

散纹盛蛱蝶 Symbrenthia lilaea (Hewitson)

蚬蝶科 Riodinidae

豹蚬蝶 Takashia nana (Leech)

波蚬蝶 Zemeros flegyas (Cramer)

银纹尾蚬蝶 Dodona eugenes Bates

灰蝶科 Lycaenidae

线灰蝶 Thecla betulae (Linnaeus)

红灰蝶 Lycaena phlaeas (Linnaeus)

黑灰蝶 Niphanda fusca (bremer et Grey)

蓝灰蝶 Everes argiades (Pallas)

琉璃灰蝶 Celatrina argiola (Linnaeus)

弄蝶科 Hesperiidae

绿弄蝶 Choaspes benjaminii (Guérin-mVneville)

黑弄蝶 Daimao tethys (Ménnétriès)

中华捷弄蝶 Gerosis sinica Felder et Felder

直纹稻弄蝶 Parnara guttata (Bremeret Gray)

黑豹弄蝶 Thymelicus sylvaticus (Bremer)

西藏赭弄蝶 O. thibetana Oberthür

曲纹黄室弄蝶 Potanthus flavus (Murray)

参考文献

[1] 巩会生,曾治高,李俊峰,等.陕西米仓山自然保护区鸟类组成与分布格局[J].西北林学院学报 2008,23(5):133-139.

[2] 周尧.中国蝴蝶分类与鉴定[M].郑州:河南科学技术出版社,1998.

[3] 周尧.中国蝶类志[M].郑州:河南科学技术出版社,1999.

[4] 王敏.中国灰蝶志[M].郑州:河南科学技术出版社,2002.

第二篇

湿地污染与修复

汉中市南湖湿地公园的污染研究

程军[1,2]

1. 陕西省河流湿地生态与环境重点实验室　陕西 渭南　714099；

2. 渭南师范学院　化学与环境学院　陕西 渭南　714099

摘　要：湿地公园作为一个特殊的生态系统发挥着提供水源、调蓄洪水、维护生物多样性等诸多重要作用。在湿地公园对外开放获取经济利益的过程中也要注意湿地的保护。文中对南湖湿地公园的现状进行了分析，展示了近年来其受到的污染，同时也给出了人们治理污染的措施及取得的成果，使人们认识到保护湿地就是保护我们自己的生存环境。

关键词：南湖湿地公园；污染现状；治理措施

基金项目：渭南市科技创新团队建设项目(2015TCTD－2)和能力提升项目(2015TCNL－3)；渭南师范学院重大项目(2015ZD001)。

湿地与森林、海洋并称全球三大生态系统，被誉为“地球之肾”、“天然水库”和“天然物种库”，其具有很强的调节地下水的功能，它可以有效地蓄水抗旱、抵抗洪峰、净化污水、调节区域小气候；湿地还是水生动物、两栖动物、鸟类和其他野生生物的重要栖息地。近年来由于经济的快速发展，公园对外开放的程度也随之加大，湿地周围的环境也发生了明显的改变，湿地生境遭到了严重破坏，生态功能急剧下降。

1　汉中市南湖湿地公园基本概况

南湖湿地公园1982年建成，坐落于汉中市南郑县，是国家AAA级景区。总面积占地6.56平方公里，水域面积大小为1109亩。景区自然风景赏心悦目，由“七沟八梁”68个山岭组成了风景区的主要框架，其森林覆盖率达84%以上，为各种植物鸟兽提供了优良的生存栖息地。景区内生物物种极多，植物大约有一千多种，号称“植物花园”，也是候鸟南下越冬的中转站。

作者简介：程军，1971年生，男，汉族，安徽人，渭南师范学院化学与环境学院，讲师，硕士，地理科学。

2 南湖湿地公园的污染现状

2.1 湿地水质受到严重污染,污染加剧

南湖湿地公园水域面积1109亩,它位于汉山镇,总共有2个社区29个行政村。当地居民的日常生活用水没有经过任何处理就随便排入公园水中,生产生活垃圾也随意乱丢乱弃,农业生产继续使用大量的农药和化肥,这些使湿地生态系统受到比较严重的污染,湿地的生态功能下降[1]。

2.1.1 湖水有明显的臭味

根据汉中市环保局多年的环境状况公报显示,南湖湿地公园的水质出现了明显的污染问题。大多数以有机污染为主,发臭问题较为突出。最近几年南湖湿地公园水质状况统计见下表。

表1 最近几年南湖湿地公园水质状况

年份	水质状况	污染状况
2010年	Ⅴ类	水质浑浊有明显臭味
2011年	劣Ⅴ类	严重恶臭
2012年	Ⅴ类~劣Ⅴ类	属重度污染,以有机污染为主
2013年	Ⅴ类	治理前水质差,污染较严重
2014年	Ⅴ类	治理后污染减少,没有明显的臭味

2.1.2 生态系统破坏,水体自净能力降低

湿地水质一旦发生富营养化,水中可以溶解的氧气量就会大大降低,水体中的一些动植物会因为缺氧死亡并渐渐消失,剩下就是一些厌氧型微生物,整个水域的生物多样性会逐步减少。虽然汉中隶属于陕西省,但是从地理维度意义上划分它应属于南方,所以年降水量较多,夏季有汛期,为了保障水利安全,增强湖区的防汛、泄洪和排涝等功能,人们过多地对湿地进行干预改造,结果常常会给湿地的生态系统带来破坏,使得湿地自我净化和自我调节的能力逐渐下降或消失。

2.2 生物栖息地遭到破坏,动植物种类和数目下降

生态条件较好的河流湿地中动植物资源和生物群落丰富、种群密度大、优势种多,陆生植物、浮水植物、挺水植物立体化层状分布,水禽、鱼类、两栖类动物和谐共存,微生物的积极作用明显[2]。湿地的生物多样性具有十分重要地位。湿地是野生动植物的生存繁衍地,也是珍稀、濒危物种的栖息地。自公园开始接待游客的这些年里,由于人类的破坏和干预,南湖湿地植物种类日益减少。观光船排放的污染物和游乐设施所发出的噪音惊扰了水鸟的栖息和繁殖,部分水鸟不得不飞离南湖湿地重新寻找适合生存的家园。

3 湿地公园污染的原因

3.1 过度的追求经济利益，对外开放程度加大，给公园带来了接待压力

环境承载力又被称为旅游环境承载力，是“旅游复杂系统中诸多因素的综合结果[3]。自公园1982年建成起，为了收回建设成本且达到经济收益的目睹，公园一味奉行着“来者不拒”的接待政策。早期由于基础设施等的不完善，大量的游客到来给公园带来了难以应对的局面。

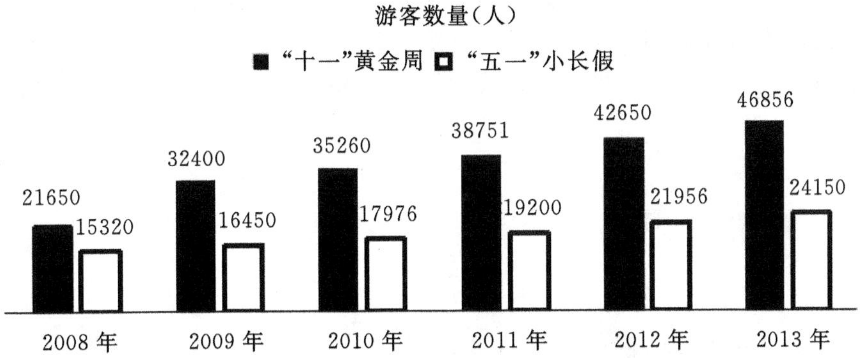

图1 南湖公园接待游客人数

由图中可以看出南湖湿地公园在重要的假期游客接待数量自2008—2013年以来有了明显的提高，始终保持着增长趋势。接待游客数量的增加也意味着经济收益的加大，但伴随而来就是各种问题的出现。如果放任不管的话，景区的污染和破坏状况会日益加剧。因此公园亟需一套科学的游客接待模式，尽力将游客人数控制在既不超出公园承载力的合理范围又能获取最大经济收益的理想状态。

3.2 周边建设用地紧靠湿地公园，已构成了潜在的污染源

由于公园所在地南郑县为汉中市的“一江两岸”工程开发区，该区域主要建造的是海景房。人类自古就有“亲水而居”的生活习性，随着城市环境的改善、居民生活水平的提升，景观水体越来越受到人们的关注[4]。近年来由于“一江两岸”工程区可以修建房子的地方越来越少，部分地产商又将视线转移到南湖湿地周边。产开发过程中，一些施工单位并没有遵守相关规定和要求，随意地将建筑垃圾堆放在湿地周边地区，使得湿地面积减小，并在一定程度上造成了该地区的土壤和地下水污染。

3.3 环保宣传、环保管理措施的缺失和不健全加剧了污染的程度

几乎为零的环境教育与环保措施将严重破坏湿地生境。在公园的入口和各个主要的景点分区内几乎没有设置有关环保教育的建筑、设备和措施。景区内虽然设有比较环保的观光车等设施，但是经常会见到婚纱摄影或拍摄个人写真的私人车辆进入公园。其次，公园设有餐饮娱乐场所，可以明显看见价目表却难以看到环保规章要求，经营者也是未按要求堆放和处理餐

饮娱乐垃圾。最让人诧异的是景区内垃圾桶数量较少,少见有关环保提示的标语牌。显而易见,湿地公园最基础的环保设施和制度是缺失和不健全的,只是一味地重视经济收益却忽略环保管理和建设。

3.4 游客的不文明行为是景区破坏和污染的直接根源

据景区内工作人员反映,大部分游客在观光旅游期间随意将饮料瓶、卫生纸、各种零食的外包装丢弃在景区内。景区内有一本分区域是观赏花园和竹林,由于观景园外未设置栅栏,部分游客可以随意轻松地进入花园摘花,攀折竹子,进行拍照活动等。这些不文明活动严重破坏了景区内湿地植物。虽然当前南湖湿地公园不是免费对外开放的,但是凭借当地居民身份证可以得到很大的优惠,所以每逢借节假日和周末游客的数量都会大大增加。因为门票包含了观光船项目,所以大部分人都会选择乘船进行观光。在乘船期间总会有游客向湖区抛掷垃圾或对水鸟鱼类进行投食,在一定程度上直接为景区带来污染源并且加大了景区后续清理和治理的难度。

4 南湖湿地的治理

4.1 实施合理的保护规划

在发展经济和保护湿地时要兼顾各个方面。保护南湖湿地公园是一项全面长远而重要的工程,涵盖多个领域、多个层面。目前的基础性工作就是制定一个科学和完整的湿地保护规划。

4.1.1 严格控制载客量,采用科学合理的游客接待模式

湿地的旅游价值不能被肆无忌惮的利用,要制定合理的利用和开发计划。以前公园为了追求经济利益完全没有考虑过公园的实际载客量,从而导致了一系列的问题,也加剧了公园的污染程度。意识到事态发展的严重性后,近年来公园制定了相对合理的载客和接待模式。如:在互联网或公众平台上公布景区当天的最新动态,避免了游客盲目前来的局面。此外根据旅游的淡旺季制定了接待对象和逗留时长,如:淡季期间婚纱摄影的外景拍摄等团队可以入园取景;夏季属于旺季,人们喜欢在湖心岛上进行长时间的游玩和逗留,过多的游客聚集在岛上就会制造较多的垃圾,加剧了污染与破坏。为此,公园的观光船在将乘客的送返批次上进行了改进,待前几批次的游客从岛上归来后再将新的游客送上岛屿。

4.1.2 实施专业化经营管理模式

公园在经营管理时不能一味地追求经济利益,某些经营摊点不能盲目地招租。在公园内进行经营的人员,首先要指定明确的经营范围,不准擅自更改经营区域和随意扩大经营规模,实施有针对性的环保制度。其次在景区各个入口处设置游客服务站、卫生间等解决游客之需。针对景区内的娱乐和餐饮业要制定规范的垃圾回收与污染操作流程,要十分重视并做好餐饮娱乐垃圾的回收工作,防止垃圾在公园内扩散。与此同时要对经营者定期进行环保教育,让经营者知道他们的环保义务。湿地公园管理人员也必须以身作则,做好园区内的日常环保管理工作,对游客的不文明行为要及时的制止,起到良好的监督和管理作用。

4.1.3　加强景区内基础设施建设

目前湿地公园涉及环保的部分基础设施仍处于空缺状态，公园应及时地补充和完善。在公园的入口处应加设对游客的环境教育环节，如：在公园的醒目处设立湿地介绍和环境保护的标示牌。在游览的主干道两侧、湖区周围及其附近经营摊点增添环保标语，最主要的是要增加观景路线上的垃圾桶数量以避免游客因无处放置垃圾而胡乱丢弃。同时，也要做好观景园林的保护措施，如：增加隔离栅栏的高度，防止游客随意践踏草坪攀折花木，等；为持续发展湿地植物和吸引野生动物种创造条件；加快建设和完善景区内各种污水收集和处理体系；对生活污水要进行二次或多次利用，尤其是是农家乐的生活污水要集中收集并合理地应用到农作物浇灌中。

4.2　科学的利用湿地修复技术

4.2.1　生物措施

由于污染造成的南湖水体富营养化，每年春季开始部分水域就出现了蓝藻，夏季来临时湖内浅水区域就会生长一些茂密的水草或水生植物，所以要加强湖区水质的检测，采取有效的防护措施。水中的浮游生物是鱼类的饵料，通过改变鱼类的数量结构来操纵植食性浮游动物的群落结构，促进滤食效率高的植食性浮游动物生长，进而降低藻类生物量，改善水质。可以在水中养殖鲤鱼和草鱼等，它们主要以水中的藻类植物为食，从而减少浮游植物的数目，进而改善湿地水的清澈度，改善水质。

植物的管理也是湿地管理体系中一个不能忽略的问题。通过建设湿地公园，科学恢复湿地植被，保护湿地周边不被开发，从而控制水体污染，有效降低水体中的总氮、总磷以及过氧化物含量，达到净化水体的作用，确保居民用水安全，维护社会稳定。植物都有一定的生长周期，播种后要定期的进行管理，避免因管理不善而带来不良后果。

4.2.2　物理措施

限制湖区垂钓点和鱼类投食点，定期进行底层氧化，通过这种方式可以很好的控制水污染程度，同时在岸边设置隔离网，避免游客抛掷的垃圾漂到湖区中央，防止污染的进一步扩散，也降低了后续清理工作的成本和难度。要定期安排工作人员驾驶船只对湖区内进行垃圾打捞和污染物清理，减少水体自净的压力，防止水体环境进一步恶化。

南湖湿地公园状况的好坏与当地居民生活环境质量有着十分密切的联系。山水林田湖是一个生命共同体，人的命脉在天，田的命脉在水，水的命脉在山，山的命脉在土，土的命脉在树。作为水源涵养地，南湖湿地更是影响当地及周边人们的用水安全。从长远来看，保护南湖湿地公园是我们义不容辞的责任和义务。

参考文献

[1] 林枫. 辽宁省湿地资源保护对策[J]. 防护林科技，2016，151(4)：92－93.

[2] 陈颖. 河流湿地公园建设与管理模式研究[D]. 北京：北京林业大学，2012：13.

[3] 张义平，张文东，陈鸿雁，等. 可持续旅游环境承载力理论研究[J]. 云南师范大学学报：2006(4)：70－73.

[4] 李晓波. 城市湿地公园建造中底泥重金属生态影响及治理研究[J]. 重庆电子工程职业学院学报，2012，21(6)：141－144.

湿地重金属污染现状及生物修复研究

王征帆[1,2]

1. 陕西省河流湿地生态与环境重点实验室 陕西 渭南 714099;
2. 渭南师范学院 化学与环境学院 陕西 渭南 714099

摘 要:目前生物修复技术作为一种更经济、更高效、更环保的重金属污染治理技术受到广泛关注。本文介绍了湿地重金属污染现状,并对生物修复技术治理重金属污染研究进行了综述。

关键词:重金属污染;生物淋滤法;湿地系统

基金项目:渭南师范学院特色学科项目(14TSXK02);渭南师范学院科研项目(15YKP007);渭南师范学院教改项目(JG201529);渭南市科技创新团队建设项目(2015TCTD-2)和能力提升项目(2015TCNL-3);渭南师范学院重大项目(2015ZD001)。

重金属污染是危害最大的水污染问题之一。重金属通过矿山开采、金属冶炼、金属加工及化工生产废水、化石燃料的燃烧、施用农药化肥和生活垃圾等人为污染源,以及地质侵蚀、风化等天然源形式进入水体,加之重金属具有毒性大、在环境中不易被代谢、易被生物富集并有生物放大效应等特点,不但污染水环境,也严重威胁人类和水生生物的生存[1]。目前,人们对水体重金属污染问题已有相对深入的研究,同时采取了多种方法对重金属废水和污染的水体进行处理和修复。本文主要对水体重金属污染现状及治理方法研究进展进行介绍。

1 重金属污染现状

由于现代工业的发展,煤、矿物油的燃烧以及固体废弃物的堆置等导致大量重金属进入河流,其中99%的重金属沉积进入水体底泥,使水体底泥重金属污染成为世界范围内的环境问题。2003年黄河、淮河、松花江、辽河等十大流域的流域片重金属超标断面的污染程度均为超Ⅴ类。2004年太湖底泥中总铜、总铅、总镉含量均处于轻度污染水平。黄浦江干流表层沉积物中Cd超背景值2倍、Pb超1倍、Hg含量明显增加;苏州河中Pb全部超标、Cd为75%超标、Hg为62.5%超标。城市河流有35.11%的河段出现总汞超过地表水Ⅲ类水体标准,

---

作者简介:王征帆,1981年生,男,汉族,陕西渭南人,渭南师范学院化学与环境学院,副教授,硕士,环境分析。

18.46％的河段面总镉超过Ⅲ类水体标准，25％的河段有总铅的超标样本出现。葫芦岛市乌金塘水库钼污染问题严重，钼浓度最高超标准值13.7倍。由长江、珠江、黄河等河流携带入海的重金属污染物总量约为3.4万吨，对海洋水体的污染危害巨大。全国近岸海域海水采样品中铅的超标率达62.9％，最大值超一类海水标准49.0倍；铜的超标率为25.9％，汞和镉的含量也有超标现象。大连湾60％测站沉积物的镉含量超标，锦州湾部分测站排污口邻近海域沉积物锌、镉、铅的含量超过第三类海洋沉积物质量标准[2-5]。波兰由采矿和冶炼废物导致约50％的地表水达不到水质三级标准。重金属污染危害儿童和成人的身体健康乃至生命。若人体若摄取了过多的钼元素会导致痛风样综合症、关节痛及畸形、肾脏受损，并有生长发育迟缓、动脉硬化、结蒂组织变性等病症。当前，儿童铅中毒、重金属致胎儿畸形、砷中毒等事件也屡有发生，使重金属污染成为关系到人类健康和生命的重大环境问题。

2　水体治理技术研究进展

2.1　生物淋滤技术修复重金属污染河流底泥研究进展

生物淋滤法是指利用微生物的生物氧化与产酸作用，将难溶的重金属复合物等转化为可溶的离子态，再通过固液分离去除重金属的一种技术。

2.1.1　单菌种的应用

目前，用于生物淋滤的微生物主要是化能自养菌和真菌，如氧化亚铁硫杆菌、氧化硫硫杆菌和铁氧化钩端螺旋、黑曲霉菌和青霉菌等。Kim S D[6]等利用氧化亚铁硫杆菌对重金属污染底泥进行淋滤，Kumar R N[7]等将1株氧化亚铁硫杆菌用于土壤重金属的处理，结果均表明生物淋滤法去除重金属的效果明显优于化学对照组和生物对照组，且多数残余的重金属已不具有生物毒性。任婉侠[6]利用黑曲霉菌淋滤受污染的土壤，结果显示该菌株能很好地去除土壤中的重金属。Yang J[9]等也用黑曲霉菌对城市固体废物焚烧产生的粉煤灰进行了淋滤实验，经测试淋滤后的粉煤灰达到环境无害要求。Deng X H[10]等利用青霉菌处理被污染的渣土，结果显示该方法优于化学法。

2.1.2　复合菌种的应用

Beolchini F[11]等利用嗜酸性自养菌和异养菌相结合的方法处理受重金属污染的河流泥，结果显示自养菌和异样菌实现了相互促进，异养菌分解利用底泥中的有机质，降低了有机物对自养菌的抑制作用，经过淋滤，Cu、Cd、Hg和Zn的去除效果均大于90％。Wang S M[12]等人利用从污泥中分离到的酵母菌与两种硫杆菌复合处理污泥中的Cr，结果表明酵母能加速淋滤反应。文献报道用自养菌和异养菌相结合的方法，淋滤了湘江株洲段霞湾港重金属污染区底泥，显示Zn、Cd、Cu的去除率分别为95.3％、84.4％、90.1％，残余的重金属主要以无生物毒害作用的有机结合态和残渣态两种形态存在。

淋滤微生物的种类繁多、关系复杂，不同微生物间的协同、抑制、竞争等相互关系可以抵消底泥中各种复杂成分的影响，所以将多种微生物混合，构建一个自养菌和异养菌共存的高效复合菌群用于底泥重金属的处理，将可能使生物淋滤得到新的发展。

2.2 湿地系统中对重金属去除的研究现状

与传统处理重金属离子的方法相比起来，人工湿地系统去除重金属离子的主要方式是：基质的吸附沉淀作用、植物的吸收和富集作用以及金属离子与 S2 -形成硫化物沉淀等。国内外研究成果表明人工湿地在对重金属离子污染去除技术中有着不可替代的作用，具有净化能力强、抗逆性、运行费用低等优势，在处理重金属污染中具有很大的发展潜力。

国内进行湿地植物去除重金属的研究有代表性的如下：窦磊[13]证明，浮萍能有效富集 Zn、Fe、Mn，芦苇能有效富集 Pb、Mn、Cr，而香蒲和黑三棱是吸收富集 Pb 和 Zn 的较适宜植物种类。谭学军[14]研究表明：总体来看，植物的主要作用是：①提供微生物附着和形成菌落的场所；②促进微生物群落的发育；③植物代谢产物和残体及溶解的有机碳给湿地中的硫酸还原菌和其他细菌提供食物源，而它对金属离子的摄取量仅占废水中重金属去除总量的很少一部分。董志成[15]通过对大冶市铜绿山铜矿区人工湿地中芦苇的野外调查和 Cu、Pb、Zn、Cd、Cr 5 种有毒重金属元素的测试分析发现，该区芦苇对有毒重金属元素具有良好的抗性。同时，该湿地芦苇对 5 种重金属元素的吸收和累积表现出两种不同的模式：①芦苇植物体内 Zn、Cu、Cd 质量分数及分配百分比表现为根＞叶＞茎，且植物茎和叶中 Zn、Cu、Cd 的质量分数及分配百分比远远低于根组织中的，而茎组织略低于叶组织中；②芦苇中的 Pb 和 Cr 质量分数及分配百分比表现为根＞茎＞叶，根、茎、叶组织中的质量分数及分配百分比均较高且基本相当，差异不明显。生物富集系数的计算结果显示，芦苇不同组织（根、茎、叶）具有不同的有毒重金属生物富集能力，根组织的生物富集能力最大，且容易富集 Pb 和 Cd；相比起来，茎、叶组织的生物富集能力较低，易富集 Pb。

虽然人工湿地具有良好的应用前景，但其在去除污水中重金属方面仍存在一些问题：首先，因重金属主要库存与基质中，随着人工湿地的使用年限的增加，基质中重金属的含量也会增加，就给人工湿地基质带来了潜在的风险性，湿地基质和植物对重金属物的富集饱和问题亟待研究；再者，滞留于人工湿地重的重金属无法回收，以及新重金属离子对湿地植物和微生物种群的胁迫作用等；最后，对重金属有超积累性的人工湿地植物有待进一步的研究，因为目前常用的湿地植物对重金属的去除也有一定的选择性，效果并不是很明显。

3 结　语

重金属多为非降解型有毒物质，不具备自然净化能力，一旦进入环境就很难从环境中去除。目前重金属污染的治理方法以物理化学方法为主，生物修复技术作为一种更经济、更高效、更环保的治理技术也受到广泛关注。随着生物技术的发展，生物修复技术的可行性和有效性将逐渐加强，在治理和防治重金属污染方面将发挥更大作用，前景十分广阔。

参考文献

[1] 胡必彬. 我国十大流域片水污染现状及主要特征[J]. 重庆环境科学，2003，25(6)：15 - 17.

[2] 顾征帆,吴蔚.太湖底泥中重金属污染现状调查与评价[J].甘肃科技,2005,12.

[3] 成新.太湖流域重金属污染亟待重视[J].水资源保护,2002(4):39 - 41.

[4] 国家环境保护总局.中国近岸海域环境质量公报(2001 年)[EB].

[5] Kim S D,Bae J E,Park H S,et al. Bioleaching of cadmium andnickel from synthetic sediments by Acidithiobacillus ferrooxidans[J]. Environmental Geochemistry and Health, 2005,27(3):229 - 235.

[6] Naresh Kumar R,Nagendran R. Fractionation behavior of heavymetals in soil during bioleaching with Acidithiobacillus thiooxidans [J]. Journal of Hazardous Materials, 2009,169(1/3):1119 - 1126.

[7] 任婉侠.黑曲霉产酸淋滤去除污染土壤中的重金属[J].中国环境科学,2008,28(8): 736 -741.

[8] Yang J,Wang Q H,Wang Q,et al. Heavy metals extraction from municipal solid waste incineration fly ash using adapted metal tolerant Aspergillus niger[J]. Bioresource Technology,2009,100(1):254 - 260.

[9] Deng X H,Chai L Y,Yang Z H,et al. Bioleaching mechanism of heavy metals in the mixture of contaminated soil and slag by using indigenous Penicillium chrysogenum strain F1[J]. J Hazard Mater,2013,248 /249C:107 - 114.

[10] Beolchini F,Dell' Anno A,dePropris L,et al. Auto-andheterotrophic acidophilic bacteria enhance the bioremediation efficiency of sediments contaminated by heavy metals [J]. Chemosphere,2009,74(10):1321 - 1326.

[11] Wang S,Zheng G,Zhou L. Heterotrophic microorganism R hodotorula mucilaginosa R 30 improves tannery sludge bioleaching through elevating dissolved CO_2 and extracellular polymericsubstances levels in bioleach solution as well as scavenging toxic DOM to Acidithiobacillus species[J]. Water research,2010,44(18):5423 - 5431.

[12] 窦磊.酸矿水中重金属人工湿地处理机理研究[J].环境科学与技术,2006,29(11): 109 - 112.

[13] 谭学军.人工湿地污水处理原理与数学模型[J].哈尔滨商业大学学报,2008,24(2): 156 - 161.

[14] 董志成.湿地芦苇对有毒重金属元素的抗性及吸收和累积[J].地质科技情报,2008,(27):80 - 84.

膜技术在染料废水处理中的应用研究

张秀芹[1,2]
1. 陕西省河流湿地生态与环境重点实验室 陕西 渭南 714099；
2. 渭南师范学院 化学与环境学院 陕西 渭南 714099

摘　要：文中介绍了一种膜技术及其在印染废水处理中的应用研究。膜技术是一种既能对废水进行有效的净化，又能回收一些有用物质，同时具有节能、无相变、设备简单、操作方便等特点的新型技术，在废水处理中得到了广泛应用。

关键词：膜技术；印染废水；渗透；污染

基金项目：渭南市科技创新团队建设项目(2015TCTD－2)和能力提升项目(2015TCNL－3)；渭南师范学院重大项目(2015ZD001)。

我国印染企业每天约排放300～400万吨的废水。这些废水的成分复杂，浓度高，色度大且生物难降物质多，尤其是近几年来，化学浆料代替淀粉在印染工业中的应用以及合成纤维的品种和数量的增加，使得印染废水的处理难度增大。因此，综合治理印染废水已经成为目前国内外急需解决的一大难题。膜法与传统的处理方法相比，不仅可以将废水中的有机物和大部分离子有效去除，而且可回收印染助剂或部分染料等有效成分，提高水的循环利用率。随着膜制备技术的不断发展，膜分离技术已成为印染废水处理的一种重要手段[1]。

处理印染废水的膜分离技术主要是利用特殊制造的多孔材料的拦截能力，以浓度梯度、电势梯度及压力梯度作为推动力，通过膜对混合物中各组分选择渗透作用的差异进行分离、提纯和富集的方法。近几十年，膜分离技术在印染废水处理领域形成了新的污水处理方法，例如微滤、超滤、反渗透等。

1　微滤技术

微滤膜的孔径为0.05～20.00 μm，一般水中的细菌、固体微生物等能被除去，其分离效果的决定性因素是膜的物理结构，故其的分离机制与传统的过滤筛分机制基本相同。洗涤水和染色废浆中悬浮固体、不溶物等的脱除主要用这种方法，同时，它还可用作于纳滤、超滤和反渗

作者简介：张秀芹，1963年生，女，汉族，渭南人，渭南师范学院化学与环境学院，高级工程师，本科，实验技术管理。

透的前处理。

微孔滤膜也属于微滤技术的一种，是一种对称性多孔膜，孔径在 0.01～10 μm 之间。其具有分离效率高（一般可达 70%以上），孔径分布高度均匀的特征。有研究表明，微孔滤膜每平方厘米约有 10^5～10^{11} 个孔，同时绝大多数微孔滤膜的厚度在 90～105 μm 之间，较薄，大大提高了其过滤速度，与其他过滤过程相比，微孔滤膜为均一的连续体，过滤时没有介质脱落，不会造成二次污染。

杨大春、张光辉、顾平[2]采用 Fenton 试剂-微滤工艺处理印染废水时使用聚偏氟乙烯（PWF）中空纤维膜，色度平均去除率为 92.1%，COD 平均去除率为 53.3%，取得了较好的效果。

2　超滤技术

超滤是溶液在压力作用下，溶剂与部分低分子溶质穿过膜上微孔到达膜的另一侧，而高分子溶质或其他乳化胶束团被截留，实现溶质从溶液中分离的目的。超滤膜是一种对称微孔膜，大部分是由聚砜、醋酸纤维、中空纤维和芳香聚酰胺等制成的。膜孔径在 1～20 μm 之间，是以静压差（100～1000 kPa）为推动力，分离特点有不需外加分离剂，耗能少，操作和设备简单。病毒、胶体、大分子物质等也都可以用超滤法除去，广泛用于食品、医药、超纯水制备、生物技术工业及工业污水处理。

在染料废水处理中，目前常采用的的是生物化学法，但脱色率和 COD Cr 去除率的效果都不够理想，色度和出水不易达到国家排放标准。但如果应用超滤技术处理染料废水，不仅效果理想，节约资源，而且会给印染行业带来可观的经济效益。

中科院环化所用超滤法对还原染料废水处理进行了实验研究。采用 3.6 m^2 的外压管式聚砜超滤器，在进口压力 220～240 kPa，液温 40～55℃的条件下，运行了 2000 多小时。超滤处理染料 617 t，回收还原染料 1036 kg，脱色速度在 0.2～0.3 t/h，脱色率为 95%～98%，COD Cr 的去除率为 60%～90%，染料回收率大于 95%。该实验研究表明，利用超滤技术处理工业染料废水的可行性和优越性。

杨芳、王俊杰[3]对中油吉化股份有限公司染料厂的含 2-萘酚 β-盐母液的废水采用纳米膜超滤法进行处理，结果表明，进水 COD 为 3900 mg/L 的 β-盐母液，经处理后出水 COD 值小于 450 mg/L，COD 平均去除率达到 88.7%以上，再进一步二级处理，可达到排放标准，同时，无机盐可被有效分离回收。

3　反渗透技术

反渗透技术的原理是在一定的工作压力下，水溶液中的阴、阳离子、中性微粒被留下来，作为浓水排放，而水溶液的水分子则透过反渗透膜。所以，反渗透这是一种物理过程，所处理的溶液不发生化学变化和相变，消耗的是电能，对环境不会产生二次污染。反渗透膜还可用于除盐，除盐率可达 99%以上。因为在染料工业生产产生的废水中会含有大量的高盐度（质量分数大于 5%）废水，所以用反渗透法处理工业染料废水，能达到最理想的效果。

微滤、超滤、反渗透仅仅是应用于印染工业中的几种方法，膜技术的不断发展，使得其应用方面越来越广泛。

4 结语

膜技术与其他废水处理技术相比，具有节能、效率高、操作方便、设备简单等优点，所以得以广泛应用于印染废水处理领域中，并显示出了其广阔的应用前景。然而，因为废水成分的复杂多变性，任何单一的技术都难以达到理想的处理效果，所以膜分离技术在废水处理方面的发展有待进一步研究。

参考文献

[1] 银玉容，肖凯军，施召才. 抗污染膜在电镀废水回用中的应用[J]. 电镀与环保，2011，29(3)：40－42.

[2] 杨大春，张光辉，顾平. Fenton－微滤工艺处理印染废水研究[J]. 中国给水排水，2009，19(1)：46－48.

[3] 谷中君，杨芳，王俊杰. 纳米膜超滤处理 2－奈酚 β－盐母液的试验研究[J]. 化工科技，2011，11(2)：35－37.

膜技术在重金属废水处理中的应用研究

曹会兰[1,2]

1. 陕西省河流湿地生态与环境重点实验室 陕西 渭南 714099;
2. 渭南师范学院 化学与环境学院 陕西 渭南 714099

摘 要:文中介绍了一种新型的分离技术——膜分离技术及其在重金属废水处理中的应用研究。膜技术是一种既能对废水进行有效的净化,又能回收一些有用物质,同时具有节能、无相变、设备简单、操作方便等特点的新型技术。

关键词:膜技术;重金属废水;渗透;污染

基金项目:渭南市科技创新团队建设项目(2015TCTD-2)和能力提升项目(2015TCNL-3);渭南师范学院重大项目(2015ZD001)。

近年来,随着经济的快速发展,重金属废水的排放量也日渐增加。重金属的来源很广,如:矿石的开采、金属的冶炼、加工或化石燃料、化工生产废水、施用化肥农药和生活垃圾等人为的污染源,以及地质侵蚀、风化等天然源形式进入人体,再加上重金属毒性大、易被生物富集、在环境中不易被代谢并有生物放大效应等特点,不仅是污染水环境,更严重的是威胁到了人类和水生生物的生存。

物理、化学、生物三大类处理方法及新型复合处理方法是目前处理重金属废水的主要方法。近年来膜分离技术发展最快,应用膜分离技术处理重金属废水不仅使渗透液达到排放标准或再生产,而且能回收有价值资源,具有较高推广应用前景。膜技术作为一种新型的分离技术,不仅能对废水进行有效净化,而且能回收一些有用物质,同时还具有无相变、节约能源、设备简单、操作方便等特点,因此,在处理工业废水中得到了广泛的应用。

1 电渗析技术

电渗析技术是在直流电场作用下,以电位差为推动力,利用离子交换膜的选择透过性,将非带电组分的水与带电组分的盐类分离的技术。在利用该技术处理重金属废水时,通过膜和重金属离子的相互作用,水留在进料侧而重金属离子通过膜,从而实现纯化目的。离子交换膜

作者简介:曹会兰(1963—),女,汉,陕西渭南人,渭南师范学院化学与环境学院,副教授,学士学位,主要从事有机化学、高分子合成及冶金分析方面的教学研究工作。

决定着电渗析技术的主要功能，电渗析装置中阴、阳离子交换膜互相交替排列，构成多电势电渗析槽。由于膜外溶液中异种电荷离子被膜上的固定离子基团所吸引，使得离子交换膜具有选择透过性，使它能在电位差或在浓度差的推动下透过膜体，同时排斥同种电荷的离子，拦阻它进入膜内。

2 反渗透技术

以渗透压作为推动力，将压力施加于膜一侧的料液，当施加的压力大于它的渗透压时，溶剂不再做自然渗透，而是向相反方向做反向渗透，使溶剂和溶液相互分离，像这样将溶剂和溶液相互分离的膜分离操作称为反渗透或逆渗透。在膜的加压一侧得到的溶液就为浓缩液，低压侧得到的溶剂就为渗透液。

例如 Moh-Niaa 等[1]使用截留率为 96%的反渗透膜，可将废水中的 Ni^{2+} 和 Cu^{2+} 有效去除，如果再添加螯合剂，Ni^{2+} 和 Cu^{2+} 截留率可达到 99.5%。虽然反渗透膜操作压力低，几乎能把无机物质全部截留，有很好的化学稳定性、热稳定性、水解稳定性及机械稳定性，非常适用于浓缩稀溶液，但同时也有一些问题，对较高浓度的溶液处理时，反渗透膜由于受到膜本身耐压性和渗透压的限制，水的回收率不高，不能获得高浓度溶液，浓缩比有限，抗污染性及耐氯性差，膜的质量还不完善，所以在这些方面还有待改善。

3 微滤技术

筛分、深层过滤、滤饼层过滤是微滤技术主要的三种过滤原理，它的推动力同样是压力差，是一种主要针对于水中粒径在 0.02～10 μm 之间的颗粒物进行截留的膜分离技术。微滤膜的孔径一般为 0.1～1 μm，允许无机盐等溶解性固体和大分子有机物通过，因此重金属离子必须经过如氧化、还原、吸附等适当的预处理手段将其转化为大于 0.1 μm 的不溶态微粒才能被截留，最后再通过微滤膜才能被有效除去。如处理含 Cr^{6+} 的废水就得使用还原-微滤[1]：用如亚铁类化合物、二氧化硫、偏亚硫酸氢钠等还原剂使 Cr^{6+} 被还原成 Cr^{3+}，由此就可将含 Cr^{6+} 的废水除去，此法可将处理过的废水 Cr^{6+} 含量降低到 0.01 mg/L。微滤技术具有高效、方便和经济的优点，广泛应用于微电子行业超纯水的终端过滤，各种工业废水的预处理和饮用水的处理，以及城市污水和各种工业废水的处理与回用等[2]。

4 超滤技术

超滤是一种加压膜分离技术，为压力活性膜。在外界推动力（压力）作用下，水和小的溶质颗粒透过膜，截留水中的颗粒、胶体和分子量相对较高的物质，是通过膜表面的微孔结构对物质进行选择性分离的过程。其是利用筛分作用原理，在一定压力下，当液体混合物流经膜表面时，将大分子物质截留，而小分子溶质则能透过膜（称为超滤液），使原液中大分子物质逐渐提高（称为浓缩液），从而实现大、小分子的分离、浓缩、净化的目的。如银玉容[2]等处理含 Cu^{2+}、Cr^{6+}、Ni^{2+} 等重金属离子的电镀废水时用高压纳滤膜（聚芳香酰胺膜）、抗污染超滤膜（聚偏氟乙烯合金膜），实验结果显示，处理后 Cr 去除率可达 93.8%，电镀废水可达电镀清洗水标准。许振良[3]等对水溶液中重金属离子铅和镉的脱除率进行胶束强化超滤研究时利用三种单层皮 PEI 中空纤维超滤膜测定了压力、浓度、流速与表面活性剂对重金属离子分离性能的影响，结果表明铅和镉的截留率在 99%以上。

5 纳滤技术

纳滤又称松散型反渗透，介于超滤和反渗透之间，具有纳米级的孔径，其截留直径在0.1～1 nm 之间，截留分子量在 200～1000 之间，与其他膜相比具有独特优势[4]。虽然大多数纳滤膜是从反渗透膜衍化而来，但其操作压力比反渗透膜更低，“低压反渗透”和“疏松反渗透”的名字由此而来。纳滤对一价和高价金属离子具有一定的选择性，对于二价及多价金属离子的截留效果极好。研究表明使用纳滤膜处理重金属废水时，对各种重金属离子的平均截留率可达 97%，如：运用纳滤膜技术对含有镉和铜离子的废水进行处理时，镉和铜的最佳截留率分别可达 96%和 97%。纳滤膜属于多孔性膜，在低压下有很高的透水性，同时又因为它带有电荷，所以对带有不同电荷的溶质可以选择性截留。随着纳滤膜制备技术和分离机理的研究、发展、完善，它将在重金属废水处理中得到广泛应用。

6 结 语

膜技术与其他废水处理技术相比，具有节能、效率高、操作方便、设备简单等优点，所以得以广泛应用于工业废水处理领域中，并显示出了其广阔的应用前景[4]。然而，因为废水成分的复杂多变性，任何单一的技术都难以达到理想的处理效果，所以膜分离技术在废水处理方面的未来发展有待进一步研究，研究方向可以有以下几个方面：(1)抗污染性能好、化学稳定性高、抗菌的新型膜研制、尤其是性能优良的有机膜和低成本的无机膜的研制；(2)大力开发复合膜用材料，加强对各种膜类复合膜工艺及新材料的开发，尤其是要制造出适应环境保护行业的高通量、抗污染、高强度、长寿命膜材料；(3)将膜分离技术结合于其它分离技术，研制出高新的膜分离工艺，用以解决目前存在的污垢形成和膜堵塞问题；(4)设计和开发新型膜组件，膜分离技术工程中的一些配套设备。因为通常膜装置的稳定运行受配套设备的质量所影响，所以这一方面的工作也应加强。

参考文献

[1] 许振良，徐惠敏，翟晓东. 胶束化超滤处理含镉和铅离子废水的研究[J]. 膜科学与技术，2009，22(3)：15－20.

[2] 杨大春，张光辉，顾平. Fenton -微滤工艺处理印染废水研究[J]. 中国给水排水，2009，19(1)：46 - 48.
[3] 谷中君，杨芳，王俊杰. 纳米膜超滤处理 2 -奈酚 β -盐母液的试验研究[J]. 化工科技，2011，11(2)：35 - 37.
[4] 黄永前，郑昌琼. 无机分离膜与环境保护[J]. 环境工程，2010，16(2)：27 - 29.

壳聚糖复合膜对水中 Cu^{2+} 的吸附研究

王香爱[1,2]

1. 陕西省河流湿地生态与环境重点实验室　陕西 渭南　714099；

2. 渭南师范学院　化学与环境学院　陕西 渭南　714099

摘　要：本文采用液相法将石墨烯与壳聚糖以一定比例复合制成膜，再对水中 Cu^{2+} 进行吸附。考虑了吸附温度、吸附时间、pH 值和复合膜质量四个因素对吸附性能的影响。最终实验结果表明：当吸附温度为 25℃、吸附时间为 1 h、pH 值为 8、复合膜质量为 0.20 g 时对水中 Cu^{2+} 吸附效果较好，最大吸附率为 92%。

关键词：石墨烯-壳聚糖复合膜；铜离子；吸附性能

基金项目：渭南市科技创新团队建设项目(2015TCTD－2)和能力提升项目(2015TCNL－3)；渭南师范学院重大项目(2015ZD001)。

现在对水中重金属离子的处理方法中吸附法[2]为操作简便、快速高效、成本低廉的一种方法[1-3]。石墨烯是一种带有特殊单原子层结构的新型二维平面纳米材料[4]，是由六边形晶体组成，可看作是被剥离的石墨单片层，有良好的导电性化学稳定性高，比表面积大等优点。壳聚糖学名(1,4)-2-氨基-2-脱氧-α-D 葡萄糖[5]，分子结构中含有氨基和羟基改性以降低壳聚糖在酸性溶液中的溶解性[4]。壳聚糖可以在酸性介质中质子化为聚阳离子材料，有利于高分子链和氧化石墨烯片间的相互作用。

1　实验部分

1.1　仪器与试剂

仪器：79－1 磁力加热搅拌器(常州国华电器有限公司)、KH－100E 超声波清洗器(昆山合创超声仪器有限公司)、T6 新锐-紫外可见风光光度计(上海普析通用有限责任公司)，小玻璃板及实验室其他常用仪器。

试剂：石墨烯(AR，成都艾科达化学试剂有限公司)、壳聚糖(BR，国药集团化学试剂有限

作者简介：王香爱，1967 年生，女，汉族，陕西渭南人，渭南师范学院化学与环境学院，教授，学士，天然绿色水处理剂的研究。

公司)、冰乙酸(AR,利安隆博华(天津)医药化学有限公司)、聚乙二醇(AR,天津天泰精细化学品有限公司)、氢氧化钠(AR,杭州恒鑫达化工有限公司)、氨水(AR,洛阳昊华化学试剂有限公司)、二乙基二硫代氨基甲酸钠(AR,上海化学试剂厂)、氯化铵(AR,天津市恒兴化学试剂制造有限公司)、四氯化碳(AR,天津市福晨化学试剂厂)、铜标准贮备溶液、铜标准溶液(30 μg/L)、氯化铵氨性缓冲溶液,蒸馏水。

1.2 实验原理

壳聚糖,是由共聚体组成的,游离的氨基包含于分子中,邻位是—OH,拥有许多氨基和羟基等。具有船式结构,在微酸性溶液中,氨基质子化,带正电。石墨烯作为一种面积大,孔多,孔径分布可以控制,表面化学性质可调控,吸附容量大,作为稳定的物理化学性质和高强度的吸附剂,可针对重金属离子物理化学性质及所处物理化学环境的不同,通过控制这些因素达到理想的吸附效果,以实现石墨烯对废水中重金属离子的快速,高效吸附。两者之间通过静电吸附作用被吸附在一起。在碱性溶液中(pH 值为 8~10),二乙基二硫代氨基甲酸钠作为铜的显色剂,可以与其作用,生成黄棕色络合物,此络合物可被四氯化碳萃取,其最大的吸收波长为 440 nm,进行比色测定。

1.3 实验内容

1.3.1 石墨烯-壳聚糖复合膜的制备

称取 3.0 g 的壳聚糖于锥形瓶中,再加入 2%的乙酸溶液 100 mL,在室温下以 300 r/min 的转速搅拌 1 h 至混合均匀,再加入 3%的聚乙二醇溶液 7 mL 和 0.05 g 的石墨烯继续以 300 r/min的转速搅拌 2 h 至混合均匀,静置一段时间,待混合液中的气泡大量减少或者没有气泡时将混合溶液均匀倒在提前洗干净烘干的玻璃板上放置于 45℃的电热恒温鼓风干燥箱中 3 h 左右,得到石墨烯-壳聚糖复合膜。(温度过高,会有气体放出使得制得的复合膜中含有少量气泡,故温度只能保持在低温状态。)

1.3.2 吸附实验

一次吸附:将制好的复合膜裁剪成 5 cm×5 cm(0.18~0.2 g)形状放于烧杯中,再加入 4%的氢氧化钠溶液 50 mL,浸泡 15 min 之后,用蒸馏水反复洗涤并用滤纸吸干复合膜上的蒸馏水。

二次吸附:将 60 mL 30 μg/L 的硫酸铜溶液加入 250 mL 的锥形瓶中,再将上述复合膜放入锥形瓶中,分别控制吸附温度、吸附时间、pH 值、复合膜质量,浸泡吸附,最后再进行显色萃取,测量吸光度。

2 结果与讨论

2.1 温度对吸附性能的影响

固定吸附时间为 1 h,pH 值为 8,石墨烯-壳聚糖复合膜的质量为 0.20 g,温度设定为 15℃、20℃、25℃、30℃、35℃、40℃、50℃、60℃,进行吸附,显色萃取,测量其吸光度为表 1。

表 1 不同温度下的吸光度

温度/℃	15	20	25	30	35	40	50	60
吸光度	0.085	0.068	0.047	0.055	0.073	0.089	0.106	0.135

由表 1 可以看出，最佳的吸附温度为 25℃。

2.2 吸附时间对吸附性能的影响

固定吸附温度为 25℃，pH 值为 8，复合膜质量为 0.20 g，吸附时间设定为 0 h、0.5 h、1 h、1.5 h、2 h、2.5 h、3 h，进行吸附，显色萃取，测量其吸光度为表 2。

表 2 不同吸附时间下的吸光度

时间/h	0	0.5	1	1.5	2	2.5	3
吸光度	0.201	0.179	0.033	0.047	0.085	0.177	0.186

由表 2 可以看出，最佳的吸附时间为 1 h。

2.3 pH 值对吸附性能的影响

固定吸附温度为 25℃，吸附时间为 1 h，石墨烯壳聚糖复合膜质量为 0.20 g，pH 值分别使用 3%的 HCl 和 3%的 NaOH 调节为 5、6、7、8、9、10、11，进行吸附，显色萃取，测量其吸光度为表 3。

表 3 不同 pH 值下的吸光度

pH 值	5	6	7	8	9	10	11
吸光度	0.135	0.118	0.084	0.027	0.040	0.069	0.112

由表 3 可以看出，最佳的吸附 pH 值为 8。

2.4 石墨烯-壳聚糖复合膜质量对吸附性能的影响

固定吸附温度为 25℃，吸附时间为 1 h，pH 值为 8，分别称取 0.10 g、0.13 g、0.15 g、0.20 g、0.25 g、0.30 g、0.40 g 和 0.50 g 的石墨烯-壳聚糖复合膜，进行吸附，显色萃取，测量其吸光度为表 4。

表 4 不同质量复合膜下的吸光度

复合膜质量/g	0.10	0.13	0.15	0.20	0.25	0.30	0.40	0.50
吸光度	0.153	0.142	0.123	0.022	0.101	0.156	0.189	0.196

由表 4 可以看出，最佳的复合膜质量为 0.20 g。

3 结论

实验结果表明：以液相法制备石墨烯-壳聚糖复合膜，用其对水中 Cu^{2+} 进行吸附，优化出了较好的吸附条件(吸附温度为 25℃、吸附时间为 1 h、pH 值为 8 和复合膜质量为 0.20 g)，最大吸附率可达 92%。

参考文献

[1] 甘润，李玲，赵丽，等. 壳聚糖吸附水中铜离子的影响因素及红外光谱分析[J]. 环境与健康杂志，2013，30(10)：915－918.
[2] 曹卫星，林国林，金兰淑，等. 壳聚糖吸附重金属离子的研究[J]. 辽宁化工，2007，36(8)：529－531.
[3] 具有良好导电性的新型石墨烯纳米材料[J]. 军民两用技术与产品，2012(2)：32－33.
[4] 姚曼，赵海晶，高晓，等. 石墨烯分子结构热稳定性和电子特性[A]. //第七届中国功能材料及其应用学术会议论文集(第 7 分册)[C]. 长沙：2010.
[5] 张海峰，杨浩，王玮，等. 壳聚糖特性的初步探讨[J]. 河南大学学报(医学版)，2010，294：246－248.

秦东地区土壤重金属污染分析

姚焕英[1,2]

1. 陕西省河流湿地生态与环境重点实验室　陕西 渭南　714099；
2. 渭南师范学院　化学与环境学院　陕西 渭南　714099

摘　要：运用单项污染指数、综合污染指数和地积累指数等，对关中地区四条公路土壤中Pb、Cu和Zn的含量进行了测定，结果表明铅污染较为严重，达到中度污染；铜污染最为严重，达到强度污染或中度污染；锌污染最轻。

关键词：关中地区；土壤；重金属污染

基金项目：渭南市科技创新团队建设项目(2015TCTD－2)和能力提升项目(2015TCNL－3)；渭南师范学院重大项目(2015ZD001)。

重金属及其化合物对土壤生态系统的污染愈来愈严重[1]，本文主要对渭南市城区周边公路及交通运输繁忙公路两侧，固定距离内土壤重金属污染现状进行监测分析，旨在为改善渭南地区土壤环境提供有效的依据。

1　采样与分析

1.1　采样与制样

选定G30渭南段、渭清路渭南段、S107省道渭南段、S201省道与蒲化专用道交界处，几处断面的土壤为样品采集的主要区域，分别设置一个断面，且顺次在与公路垂直距离为5 m、15 m、30 m、50 m、100 m处的采样点进行采样；采样点的面积为1 m^2，并采取蛇形分布，从0～20 cm的土壤层中分别采集20个土壤样品，各自充分混匀后用四分法得到大约1 kg的土壤样品备用。

20个土壤样品采用四分法分别缩分为100 g，晾干、除去土样中的石子、动植物残体等固体杂质后，取10 g土壤样品用玛瑙研钵研细直至通过80目尼龙筛。将1 g的土壤样品置于100 mL的烧杯中，用盐酸—硝酸—氢氟酸—高氯酸消解，并置于50 mL的容量瓶中定容；土

作者简介：姚焕英(1962—)，女，陕西渭南人，副教授职称，主要从事环境污染监测研究。

壤样品消解的同时做空白实验1份。

1.2 样品的测定

1.2.1 仪器及测定条件

主要仪器为WFX-120原子吸收分光光度计(北京瑞利),铅、铜和锌空心阴极灯,铅:217.3 nm,狭缝宽度0.4 nm,气燃比为1∶4;铜:324.8 nm,狭缝宽度0.4 nm,气燃比为1∶4;锌:213.9 nm,狭缝宽度0.4 nm,气燃比为1∶4。

1.2.2 测定

用原子吸收分光光度法测定试液中的铅、铜和锌含量。

1.2.3 准确度实验

从渭清路渭南段离公路5 m处的采样点采集土壤样品,加入一定量铅、铜和锌的标准溶液,消化后测定并计算加标回收率,回收率均高于93%。

1.2.4 精密度实验

选取消化后的渭清路渭南段离公路5 m处采集的土壤样品,连续进样5次,计算各元素测定结果的精密度,RSD值均小于3%。

2 公路路域土壤中重金属污染情况及评价

2.1 土壤中重金属测定结果

公路两侧5～100 m距离的土壤铅、铜和锌含量及相应元素陕西表层土壤背景值[2]见表1。

表1 土壤样品重金属含量 (单位:mg/kg)

研究对象	研究区域	5 m	15 m	30 m	50 m	100 m	背景
Pb	西潼高速	75.62	73.07	70.93	67.84	60.53	21.60
	S201	78.04	76.12	73.92	69.85	61.00	
	关中环线	80.16	78.02	75.01	70.16	64.90	
	S107	92.90	84.57	78.70	73.64	70.00	
Cu	西潼高速	309.46	291.89	283.78	267.68	236.49	21.4
	S201	289.20	300.97	342.13	338.76	321.15	
	关中环线	316.22	331.15	378.38	408.11	397.30	
	S107	231.08	274.32	395.95	282.43	268.92	
Zn	西潼高速	65.79	74.78	79.78	88.28	82.88	69.4
	S201	68.70	76.51	83.36	80.21	78.92	
	关中环线	78.65	85.58	93.21	92.25	84.50	
	S107	112.78	175.81	236.04	172.95	161.23	

2.2 公路两侧重金属污染评价与分析

2.2.1 单因子污染指数与均方根综合污染指数法

分别采用单因子污染指数法、均方根综合污染指数[3]等对土壤中重金属污染程度进行评价，评价标准为陕西省土壤重金属元素的背景值，污染等级划分标准参照表2，评价结果如表3所示。

表2 污染等级划分标准

污染综合指数	未污染	轻度污染	中度污染	重度污染
P	≤1.0	1.0～2.5	2.5～7.0	≥7.0

表3 土壤污染指数

研究对象	研究区域	5 m	15 m	30 m	50 m	100 m
Pb	西潼高速	3.50	3.38	3.28	3.14	2.80
	S201	3.61	3.52	3.42	3.23	2.82
	关中环线	3.71	3.61	3.47	3.25	3.00
	S107	4.30	3.92	3.64	3.41	3.24
Cu	西潼高速	14.46	13.64	13.26	12.51	11.05
	S201	13.51	14.06	15.99	15.83	15.00
	关中环线	14.78	15.47	17.68	19.07	18.57
	S107	10.80	12.82	18.50	13.20	12.57
Zn	西潼高速	0.94	1.08	1.15	1.27	1.19
	S201	0.99	1.10	1.20	1.16	1.14
	关中环线	1.13	1.23	1.34	1.33	1.22
	S107	1.63	2.53	3.40	2.49	2.32

单因子污染指数分析表明四条公路两侧100 m内土壤Pb污染属于中度污染，Cu污染属于重度污染，Zn污染总体处于未污染到轻度污染；综合污染指数分析表明四条公路两侧100 m内土壤总体处于重度污染，其中关中环线污染最为严重。

2.2.2 地积累指数法

本次监测主要采用较为常用的地积累指数法[4]对公路两侧，固定距离内土壤中重金属污染程度进行较为客观的评价，评价结果见表4。

地积累指数分析表明四条公路两侧100 m内土壤Pb污染属于中度污染，Cu污染处于中度污染到强度污染，Zn污染总体处于未污染到轻度污染，这与单因子污染指数分析结果一致。

表 4　土壤重金属地积累指数

元素	区域	指数及等级	5 m	10 m	15 m	20 m	25 m
Pb	西潼高速	Igeo	1.22	1.18	1.13	1.07	0.90
		污染等级	2	2	2	2	1
	S201	Igeo	1.27	1.24	1.19	1.11	0.91
		污染等级	2	2	2	2	1
	关中环线	Igeo	1.31	1.27	1.22	1.12	1.00
		污染等级	2	2	2	2	2
	S107	Igeo	1.53	1.39	1.29	1.19	1.11
		污染等级	2	2	2	2	2
Cu	西潼高速	Igeo	3.25	3.20	3.15	3.07	2.89
		污染等级	4	4	4	4	3
	S201	Igeo	3.01	3.24	3.43	3.41	3.33
		污染等级	4	4	4	4	4
	关中环线	Igeo	3.31	3.38	3.57	3.68	3.64
		污染等级	4	4	4	4	4
	S107	Igeo	2.86	3.11	3.64	3.15	3.08
		污染等级	3	4	4	4	4
Zn	西潼高速	Igeo	−0.67	−0.48	−0.38	−0.24	−0.32
		污染等级	0	0	0	0	0
	S201	Igeo	−0.60	−0.44	−0.32	−0.38	−0.40
		污染等级	0	0	0	0	0
	关中环线	Igeo	−0.40	−0.29	−0.15	−0.17	−0.31
		污染等级	0	0	0	0	0
	S107	Igeo	0.11	0.76	1.19	0.73	0.63
		污染等级	1	1	2	1	1

3　结　论

(1)单项污染指数、综合污染指数和地积累指数分析均表明四条公路铅污染较为严重，达到中度污染；铜污染最为严重，达到强度污染或中度污染；锌污染最轻。

(2)从车流量来看，G30 渭南段车流量最大，但单项污染指数、综合污染指数以及地积累指数分析结果表明重金属污染的危害却相对较轻，原因主要是 G30 渭南段公路两侧广泛种植了防护林，防护林的树冠能阻挡、截留和吸附空气中的灰尘和粉尘，大大减少了汽车尾气中有害气体向周围环境扩散。

(3)绿色植物及防护林虽然能部分截留重金属污染物，但还有很大一部分重金属污染物会随风飘落到较远的土壤中，公路两侧土壤中重金属污染尤为严重。

(4)可采取的防治措施是最好在公路两侧一定范围内减少农作物的种植，具体范围可根据当地土壤的性质、农田利用情况而定;在路基两侧一定范围内可混合种植一些对重金属具有累积作用的超累积植物,增强绿色植物对重金属的吸附、富集作用。

参考文献

[1] 马建华,谷蕾,李文军.连霍高速郑商段路旁土壤重金属积累及潜在风险[J].环境科学,2009,30(3):894-899.

[2] 国家环境保护局,中国环境监测总站.中国土壤元素背景值[M].北京:中国环境科学出版社,1990:269.

[3] 丁桑岚.环境评价概论[M].北京:化学工业出版社,2001:126.

[4] 王京.崇明岛主要公路重金属污染研究[D].上海:华东师范大学,2007.

羧甲基纤维素接枝丙烯酸复合材料的制备及对模拟废水中Cr(Ⅵ)的吸附研究

东梅[1,2]

1.陕西省河流湿地生态与环境重点实验室 陕西 渭南 714099;

2.渭南师范学院 化学与环境学院 陕西 渭南 714099

摘 要:以过硫酸钾为引发剂,N,N′-亚甲基双丙烯酰胺为交联剂,采用自由基聚合法使羧甲基纤维素与丙烯酸进行接枝共聚,制备了一种羧甲基纤维素接枝聚丙烯酸Cr(Ⅵ)吸附材料,研究了原料配比、pH值、溶液浓度、吸附时间和温度对吸附性能的影响。结果表明:羧甲基纤维素与丙烯酸的质量比为3∶17、pH值为4.5时复合材料表现出最佳吸附性能;吸附时间为2 h时,吸附率大于95%。

关键词:羧甲基纤维素;丙烯酸;Cr(Ⅵ);吸附

基金项目:渭南师范学院特色学科项目(14TSXK02);渭南师范学院科研项目(15YKP007);渭南师范学院教改项目(JG201529);渭南市科技创新团队建设项目(2015TCTD-2)和能力提升项目(2015TCNL-3);渭南师范学院重大项目(2015ZD001)。

近些年,我国的汽车、电子行业的迅速发展及表面处理技术的广泛应用,伴随着含有大量铜、镍、锌等重金属有毒污染物的电镀废水产生[1]。目前常用的去除工业废水中铬的方法有还原—沉淀法、离子交换法、吸附法等,这些方法或因沉淀难以处理而造成再次污染,或因处理费用昂贵而使其应用受到了限制[2-5]。羧甲基纤维素是以天然纤维素为基本原料,经过碱化、醚化反应而生成的一种成本低廉的重要纤维素醚,同时它也是一种电解质聚合物,分子结构中含有能够键合金属离子的羧基[6-7]。目前,国内外对羧甲基纤维素接枝改性进行了大量的研究,以期降低成本、改善性能、拓宽应用领域[8]。羧甲基纤维素接枝丙烯酸Cr(Ⅵ)吸附材料的制备及应用尚未见报导。我们以N,N-亚甲基双丙烯酰胺为交联剂,通过水溶液聚合反应,使羧甲基纤维素与丙烯酸接枝共聚,合成了羧甲基纤维素接枝丙烯酸复合材料并考察了其对Cr(Ⅵ)的吸附性能。

作者简介:东梅,1980年生,女,汉族,渭南人,渭南师范学院化学与环境学院,讲师,硕士,元素分析。

1 实验部分

1.1 仪器与试剂

WFX－120 型原子吸收分光光度计（北京瑞利）；DHG－9035A 电热鼓风干燥箱（上海一恒科学仪器公司）；FJ－200 均质搅拌器（上海分析仪器厂）。

羧甲基纤维素钠（CMC）、丙烯酸（AA），化学纯；过硫酸钾（KSP）、氢氧化钠、盐酸、N，N′－亚甲基双丙烯酰胺（MBA）、重铬酸钾，分析纯。水为去离子水。

1.2 吸附材料的制备

称取定量 CMC，加入去离子水，于 60℃水浴中搅拌至完全糊化；在冰水浴中，向一定比例的 AA 中滴加 10％氢氧化钠溶液至 pH 值为 6.0，并加入 CMC，补充适量去离子水，搅拌均匀后，加入少量引发剂 KSP 及交联剂 MBA，搅拌均匀后，75℃恒温聚合反应 2 h 后得透明溶胶，切块并在 110℃下烘干、研碎后得 CMC－AA 复合材料粉末。

1.3 Cr(VI)吸附率测定

称取一定量的重铬酸钾，用去离子水溶解配成不同质量浓度的 Cr(Ⅵ)溶液，用 0.02 mol/L 的氢氧化钠和 0.02 mol/L 的盐酸溶液调节重铬酸钾溶液至所需 pH 值。移取 50 mL 一定 pH 值、一定质量浓度的重铬酸钾溶液至烧杯中，放入一定质量的 CMC－AA 复合材料并恒温搅拌，吸附一定时间后，用火焰原子吸收分光光度法测定滤液中剩余的 Cr(Ⅵ)浓度。CMC－AA 复合材料对 Cr(Ⅵ)吸附率的计算按下式进行：

$$A = \frac{C_0 - C_1}{C_0} \times 100\%$$

式中：C_0，C_1——吸附前后溶液中 Cr(Ⅵ)的浓度（mg/L）；

A——吸附率（％）。

2 结果与讨论

2.1 CMC－AA 成分对吸附性的影响

在 pH 值为 4.5，浓度为 100 mg/L 的 50 mL Cr(Ⅵ)溶液中，分别加入系列质量为 1 g、原料配比不同的 CMC－AA 吸附材料，298 K 下恒温搅拌 3.0 h，按 1.3 方法测定溶液中 Cr(Ⅵ)的剩余量，计算 CMC 对 Cr(Ⅵ)的吸附率。结果如图 1 所示，随着 CMC 含量的增加，吸附率先增大后减小，当 CMC 含量为 15％时，复合材料具有最强吸附能力，最大吸附率为 96.45％。究其原因，纯 AA 聚合物虽然含有大量的羧基，但由于致密性太大，导致 Cr(Ⅵ)难以与羧基活性基团有效结合；CMC 的加入，一方面可以有效疏松 AA 树脂的致密结构，另一方面 CMC 含有大量的羟基和羧基等易与 Cr(Ⅵ)结合的活性基团,最终吸附能力是 CMC 与 AA 协同作用的结果。

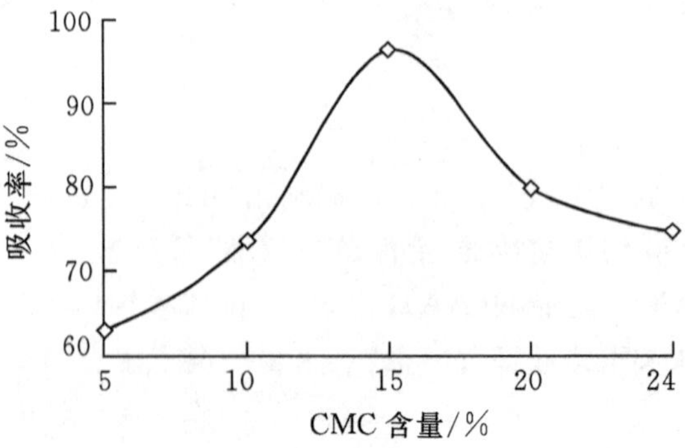

图 1 羧甲基纤维素钠对吸附率的影响

2.2 pH 值对吸附性的影响

固定其它条件,仅改变 Cr(Ⅵ)溶液的 pH 值,Cr(Ⅵ)的吸附率与 pH 值的关系曲线如图 2 所示。pH 值为 1~4.5 时,Cr(Ⅵ)吸附率呈逐渐增大趋势,由 pH 值为 1 时的 64.42%增至 pH 值为 4.5 时的极值 96.45%;pH 值为 5~8 时,吸附率迅速减小,pH 值为 8 时,材料仅保持 36.51%的吸附率。总体来说,材料在 pH 值为 2.5~5 的酸性环境中具有吸附优势,这是因为在酸性条件下溶液 Cr(Ⅵ)中存在平衡:

$$2H^+ + 2CrO_4{}^{2-} = Cr_2O_7{}^{2-} + H_2O$$

$Cr_2O_7{}^{2-}$ 占优势,$Cr_2O_7{}^{2-}$ 优先被吸附,从而使吸附率大大提高,当 pH 值较大时 $Cr_2O_7{}^{2-}$ 质量浓度减少,$CrO_4{}^{2-}$ 或 $HCrO_4{}^-$ 浓度增大,导致吸附率迅速减小,并且达到碱性条件时,Cr(Ⅵ)将不能稳定存在,可能会水解产生沉淀。

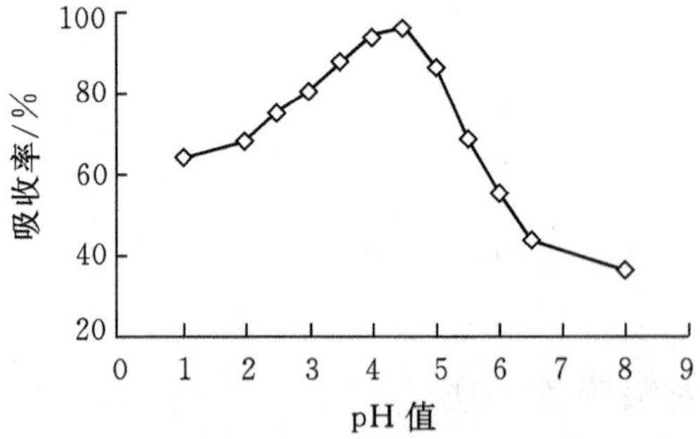

图 2 pH 值对吸附性的影响

2.3 离子浓度对吸附性的影响

固定其他条件及 pH 值为 4.5,我们考察了 Cr(Ⅵ)溶液浓度对吸附率的影响(图 3)。由图 3 可知,随着 Cr(Ⅵ)浓度的增加,吸附率逐渐增加,当 Cr(Ⅵ)浓度为 100 mg/L 时,吸附效果最好，吸附率为96.45%，之后逐渐减小。因为随着Cr(Ⅵ)浓度增加，溶液中Cr(Ⅵ)与吸附剂活性点接触几率增大，吸附率随之增大；当Cr(Ⅵ)浓度大于100 mg/L时，由于吸附剂含有的活性吸附点一定且接近饱和，所以Cr(Ⅵ)浓度的增加只会相应增加水溶液中未被吸附的Cr(Ⅵ)的数量，因此吸附率逐渐降低。

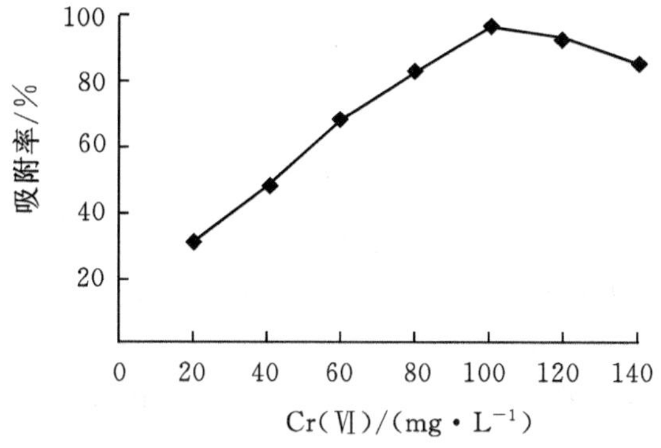

图3　Cr(Ⅵ)浓度对吸附率的影响

2.4　吸附时间对吸附率的影响

在一系列pH值为4.5，浓度为100 mg/L的50 mL Cr(Ⅵ)溶液中，加入质量为1 g的CMC－AA吸附材料，298 K下恒温，调节吸附时间分别为0.5 h、1.0 h、1.5 h、2.0 h、2.5 h、3.0 h，考察其吸附率，结果见图4。由图4可知，当吸附时间低于2.0 h时，吸附率随时间延长而明显增大，由0.5 h的45.91%增至96.45%；吸附时间超过2.0 h后，吸附率缓慢增大，但变化不大，3.0 h的吸附率为98.9%。

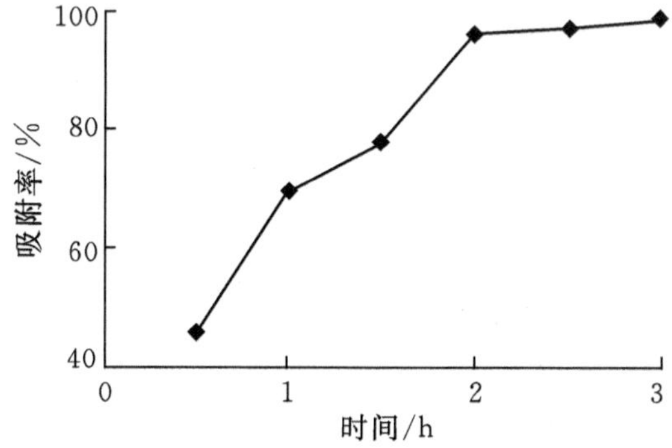

图4　时间对吸附率的影响

3　结　论

(1)通过水溶液聚合反应，以羧甲基纤维素、丙烯酸为原料，合成了一种羧甲基纤维素接枝丙烯酸Cr(Ⅵ)吸附材料。羧甲基纤维素、丙烯酸的质量比为3∶17时，复合材料表现出最佳的吸附性能。

(2)探索出复合材料对 Cr(Ⅵ)溶液最大吸附率时的吸附条件。pH 值为 4.5、$C_{Cr(Ⅵ)}$ = 100 mg/L,吸附时间为 2 h 时,不同温度下($V_{溶液}$ = 50 mL)的吸附率分别为:92.55%(283 K)、94.32%(288 K)、96.45%(293 K)、97.58%(298 K)、98.86%(303 K)、99.11%(308 K)、99.12%(313 K)。

参考文献

[1] 林琳.电镀络合废水破络合后处理工艺优化[J].工业用水与废水,2011,42(6):33-36.

[2] 李雯,张光华,朱雪丹,等.O-羧甲基壳聚糖对电镀废水中 Cr(Ⅵ)吸附性能的研究[J].电镀与涂饰,2010,29(7):30-32.

[3] 方平,岑超平,陈定盛,等.炭化污泥吸附剂对 Pb^{2+} 的吸附试验研究[J].工业用水与废水,2008,39(3):37-40.

[4] 夏畅斌,李浔.碳黑泥对废水中铅(Ⅱ)的吸附和回收利用[J].材料保护,2005,38(2):67-68.

[5] Cho H C, Oh D Y, Kim K. A study on removal characteristics of heavy metals from aqueous solution by flyash[J]. Journal of Hazardous Materials, 2005, 127(1-3):187-195.

[6] 申艳敏,郑利梅.羧甲基纤维素丙烯酸在水溶液中接枝共聚反应[J].江苏农业科学,2011,39(4):338-339.

[7] 谭义秋,黄祖强.木薯羧甲基淀粉对 Cu(Ⅱ)的吸附行为和机理[J].精细化工,2012,29(1):57-61.

[8] 白国强,李仲谨,李建成.纤维素接枝高吸水树脂的制备及性能研究[J].陕西科技大学学报,2003,21(6):34-38.

硅溶胶改性羧甲基纤维素-聚丙烯酸对废水中Pb(Ⅱ)的吸附研究

徐浩龙[1,2]

1. 陕西省河流湿地生态与环境重点实验室　陕西 渭南　714099；
2. 渭南师范学院　化学与环境学院　陕西 渭南　714099

摘　要：以过硫酸铵为引发剂，N，N′-亚甲基双丙烯酰胺为交联剂，采用自由基聚合法使羧甲基纤维素与丙烯酸进行接枝共聚，硅溶胶改性后，应用于Pb(Ⅱ)的吸附研究，考察了原料配比、pH值、溶液浓度、吸附时间对吸附性能的影响。结果表明：硅酸钠质量分数为6%、pH值为6时复合材料表现出最佳吸附性能；吸附时间为120 min时，最大吸附率为99.11%，吸附容量为9.92 mg/g。

关键词：羧甲基纤维素；硅溶胶；Pb(Ⅱ)；吸附

基金项目：渭南师范学院特色学科项目（14TSXK02）；渭南师范学院科研项目（15YKP007）；渭南师范学院教改项目（JG201529）；渭南市科技创新团队建设项目（2015TCTD－2）和能力提升项目（2015TCNL－3）；渭南师范学院重大项目（2015ZD001）。

近些年，我国的汽车、电子行业发展迅速，表面处理技术得到广泛应用，同时伴随着大量的电镀废水产生，对自然环境和人类生存有着很大危害作用的重金属废水（如含Cd^{2+}、Pb^{2+}、Hg^{2+}等废水）排放量日益增多，给处理带来难度，环境带来危害[1]。目前常用的废水金属离子去除方法主要有：还原-沉淀法、离子交换法、吸附法等，这些方法因沉淀难处理、费用昂贵而使其应用受到了限制[2-5]。羧甲基纤维素(CMC)是以天然纤维素为基本原料，成本低廉，经过碱化、醚化反应而生成的一种电解质聚合物，分子结构中含有能够键合金属离子的羧基[6-7]。硅溶胶为纳米级的二氧化硅颗粒在水中或溶剂中的分散液，具有较大的比表面积和表面活性。

本文以N，N′-亚甲基双丙烯酰胺为交联剂，通过水溶液聚合反应，使羧甲基纤维素与丙烯酸接枝共聚生成羧甲基纤维素-聚丙烯酸并用硅溶胶改性，制备了一种金属离子吸附材料并应用于Pb(Ⅱ)吸附实验，考察了不同条件下复合材料对Pb(Ⅱ)的吸附性能。

作者简介：徐浩龙（1980—），男，硕士，副教授，主要从事吸附材料的合成及应用。

1 实验部分

1.1 仪器与试剂

WFX－120型原子吸收分光光度计（北京瑞利）；DHG－9035A 电热鼓风干燥箱（上海一恒科学仪器公司）；FJ－200均质搅拌器（上海分析仪器厂）。羧甲基纤维素钠（CMC）、硅酸钠、丙烯酸（AA），化学纯；N，N′-亚甲基双丙烯酰胺（MBA）、硝酸铅、氢氧化钠、盐酸、过硫酸铵，分析纯。水为去离子水。

1.2 吸附材料的制备

将计量硅酸钠溶于水中，计量盐酸分次加到硅酸钠溶液中使其混合均匀。老化一定时间后作为硅溶胶处理剂备用。称取定量CMC，加入去离子水，于60℃水浴中搅拌至完全糊化；在冰水浴中，向一定比例的AA中滴加10％氢氧化钠溶液至pH值为6.0，并加入CMC，补充适量去离子水，加入少量引发剂过硫酸铵及交联剂MBA后，混合均匀，75℃预聚20 min后，缓慢加入适量硅溶胶并快速搅拌，继续反应45 min得透明溶胶，晾干、切块并在45℃下真空干燥、研碎、去离子水冲洗再烘干后，得硅溶胶改性羧甲基纤维素-聚丙烯酸（SS－CMC－PAA）复合材料粉末。

1.3 Pb（Ⅱ）吸附率测定

称取一定量的硝酸铅，用去离子水溶解配成不同质量浓度的Pb（Ⅱ）溶液，用0.02 mol/L的氢氧化钠和0.02 mol/L的盐酸溶液调节至所需pH值。移取100 mL Pb（Ⅱ）溶液至烧杯中，放入一定质量的SS－CMC－PAA复合材料并恒温搅拌，吸附一定时间后，用火焰原子吸收分光光度法测定滤液中剩余的Pb（Ⅱ）浓度。SS－CMC－PAA复合材料对Pb（Ⅱ）吸附率及吸附量的计算按下式进行：

$$A = \frac{C_0 - C_1}{C_0} \times 100\%$$

$$Q = \frac{(C_0 - C_1)V}{m}$$

式中：C_0，C_1——吸附前后溶液中Pb（Ⅱ）的浓度（mg/L）；

V——溶液体积（L）；

m——复合材料质量（g）；

A——吸附率（％）；

Q——吸附量（mg/g）。

2　结果与讨论

2.1　CMC-AA成分对吸附性的影响

在298 K、pH值为6时，分别向五份溶液中加入质量为1 g、原料配比不同的CMC-AA吸附材料，按1.3方法测定溶液中Pb(Ⅱ)的剩余量，计算CMC-AA对Pb(Ⅱ)的吸附率及吸附量。如图1所示，结果表明，随着CMC含量的增加，吸附率和吸附量先增大后减小，当CMC含量为40%时，复合材料具有最强吸附能力，最大吸附率和吸附量分别为91.65%、9.31 mg/L。究其原因，AA聚合物虽然含有大量的羧基，但由于树脂致密性太大，导致Pb(Ⅱ)难以与羧基活性基团有效结合；CMC的加入，一方面可以有效疏松纯AA树脂的致密结构，另一方面CMC含有大量的羟基和羧基等易与Pb(Ⅱ)结合的活性基团，最终吸附能力是CMC与AA协同作用的结果。

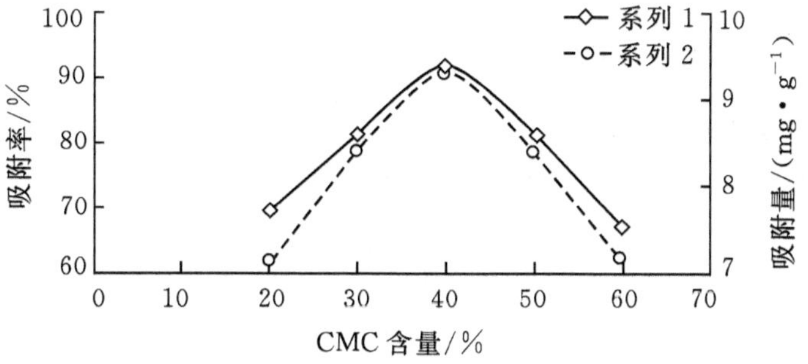

图1　羧甲基纤维素钠含量对吸附率的影响

2.2　硅溶胶对吸附性的影响

固定其他条件及CMC、AA质量比，考察硅酸钠加入量与吸附性能之间的关系，并绘制硅酸钠质量百分数与吸附率、吸附量之间的曲线关系(图2)。如图2所示，硅酸钠的加入增强复

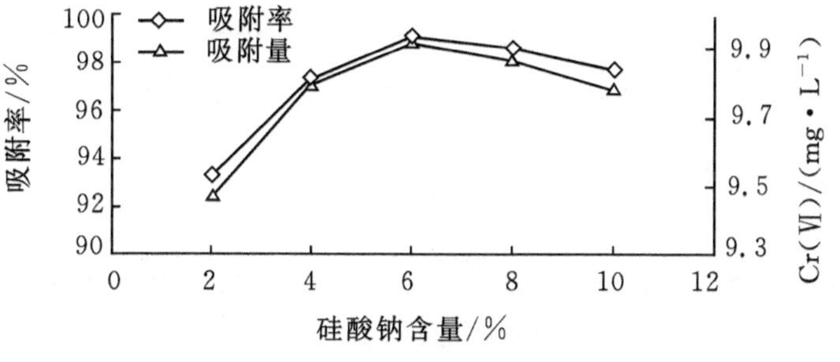

图2　硅酸钠含量对吸附性的影响

合材料的吸附能力，吸附率与吸附量分别由未加入时的 91.65%、9.31 mg/L 增至 99.11%、9.92 mg/L，硅酸钠加入量为 6%时，材料表现出最强吸附性能。这是因为硅酸钠与水反应可以生成带有大量活性羟基的纳米二氧化硅微粒，并且纳米二氧化硅胶团的存在可以阻止 CMC 与 AA 的过度交联、聚合，形成有利于容纳和结合金属离子的空穴，并且增大了 CMC－AA 聚合物的比表面积，使更多的羧基“裸露”，以增加其与金属离子形成配位键的几率。

2.3 pH 值对吸附性的影响

固定其他条件及硅酸钠含量 6%，仅改变溶液的 pH 值，Pb(Ⅱ)的吸附性能与 pH 值的关系曲线如图 3 所示。pH 值为 4.5～6.5 范围内，Pb(Ⅱ)吸附率及吸附量呈快速增大趋势，由 pH 值为 4.5 时的 77.32%、7.91 mg/g 增至 pH 值为 6.5 时的极值 99.11%、9.92 mg/g；pH 值为 7 的中性溶液中，吸附性能略有减弱，仍保持 97.51%、9.78 mg/g 的吸附率及吸附量。这是因为，在 pH 值较小的酸性溶液中，复合材料中大量的羧基、羟基与 H^+ 结合，质子化形成正电荷中心，并且 H^+ 浓度的增大形成大量分子内氢键，使其与金属离子生成配位键的能力减弱，吸附率及吸附量迅速减小。

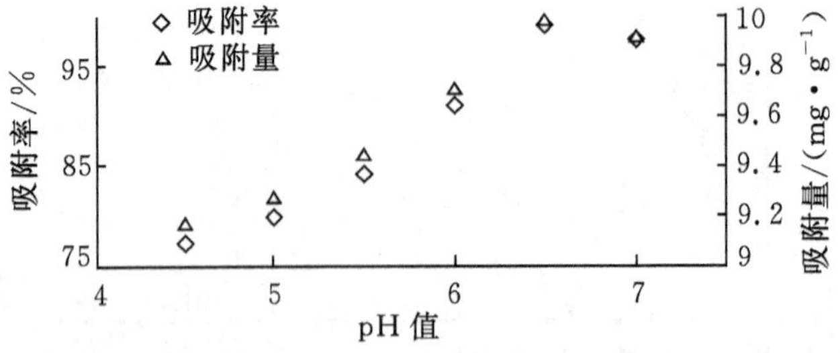

图 3 pH 值对吸附性的影响

2.4 离子浓度对吸附性的影响

由图 4 可知，随着 Pb(Ⅱ)浓度的增加，0～120 mg/L 范围内，吸附率逐渐增大，吸附容量也逐渐增加，当 Pb(Ⅱ)浓度为 120 mg/L 时，吸附率达到极值(98.45%)，吸附容量为 9.86 mg/g，吸附效果最好。Pb(Ⅱ)浓度超过 120 mg/L，吸附率线性减小，吸附容量基本不变，材料达到最大吸附状态。因为随着 Pb(Ⅱ)浓度增加，溶液中 Pb(Ⅱ)与吸附剂活性点接触几率增大，吸附率

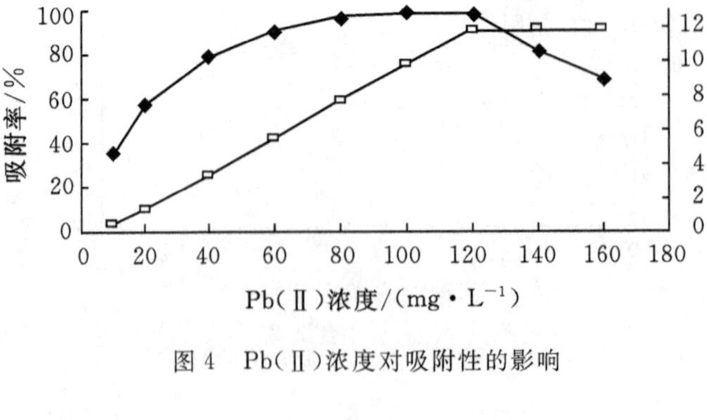

图 4 Pb(Ⅱ)浓度对吸附性的影响

随之增大；当 Pb(Ⅱ)浓度大于 100 mg/L 时，由于吸附剂含有的活性吸附点一定且接近饱和，所以 Pb(Ⅱ)浓度的增加只会相应增加水溶液中未被吸附的 Pb(Ⅱ)的数量，因此吸附率逐渐降低。

3 结 论

(1)通过水溶液聚合反应，以羧甲基纤维素、丙烯酸、硅酸钠为原料，合成了一种硅溶胶改性的羧甲基纤维素接枝丙烯酸 Pb(Ⅱ)吸附材料。羧甲基纤维素、丙烯酸与硅酸钠的质量比为 2∶3∶1，复合材料表现出最佳的吸附性能。

(2)探索出复合材料对 Pb(Ⅱ)溶液最大吸附率时的吸附条件。pH 值为 6.5、$C_{Pb(II)}=$ 100 mg/L，吸附时间为 120 min 时，吸附容量为 9.92 mg/g。

参考文献

[1] 林琳. 电镀络合废水破络合后处理工艺优化[J]. 工业用水与废水，2011，42(6)：33-36.

[2] 李雯，张光华，朱雪丹，等. O-羧甲基壳聚糖对电镀废水中 Cr(Ⅵ)吸附性能的研究[J]. 电镀与涂饰，2010，29(7)：30-32.

[3] 方平，岑超平，陈定盛，等. 炭化污泥吸附剂对 Pb^{2+} 的吸附试验研究[J]. 工业用水与废水，2008，39(3)：37-40.

[4] 夏畅斌，李浔. 碳黑泥对废水中铅(Ⅱ)的吸附和回收利用[J]. 材料保护，2005，38(2)：67-68.

[5] Cho H C, Oh D Y, Kim K. A study on removal characteristics of heavy metals from aqueous solution by flyash[J]. Journal of Hazardous Materials, 2005, 127(1-3): 187-195.

[6] 申艳敏，郑利梅. 羧甲基纤维素丙烯酸在水溶液中接枝共聚反应[J]. 江苏农业科学，2011，39(4)：338-339.

[7] 谭义秋，黄祖强. 木薯羧甲基淀粉对 Cu(Ⅱ)的吸附行为和机理[J]. 精细化工，2012，29(1)：57-61.

原子吸收光谱分析沈河底泥中微量金属离子

邱小香[1,2]

1. 陕西省河流湿地生态与环境重点实验室 陕西 渭南 714099;

2. 渭南师范学院 化学与环境学院 陕西 渭南 714099

摘　要:实验探讨了在黄河湿地渭南沈河段沉积物中微量金属离子的含量的方法。在一定的实验条件下,采用原子吸收分光光度法对沈河沉积物中微量金属含量进行分析,测定沈河底泥中Zn、Cu、Mg、Mn的含量。经检测样品中Zn的含量为111 μg/g,Cu的含量为8.3 μg/g,Mg的含量为99.0 μg/g,Mn的含量为469.5 μg/g。

关键词:原子吸收光谱;沈河沉积物;微量金属

基金项目:渭南市科技创新团队建设项目(2015TCTD-2)和能力提升项目(2015TCNL-3);渭南师范学院重大项目(2015ZD001)。

黄河孕育了人类文明,是人们生存的根本,其形成的天然湿地环境又是人们耕作的主要源泉[1]。但由于经济全球化的大大加快,经济迅速增长,使得地球生态环境遭到破坏,从而使得黄河的污染情况日趋严峻,治理工作迫在眉睫。在日常的工作生产中,废水中无一例外都包含大量的金属元素,大多数都是通过处理后直接排入河流中,这就使底泥中金属元素的含量显著增高,黄河遭到的污染不断加深,破坏了水质、危害了水中生物,进而丧失水体功能[2]。而黄河湿地渭南沈河段是渭南大部分人民赖以生存的水资源,其水质的好坏直接影响渭南人民的健康,所以实验探讨了在黄河湿地渭南沈河段沉积物中微量金属离子的含量。

1 研究区概况

陕西省被渭河所贯穿,因此许多化工产业也随之建立,陕西的工业逐步发展起来,成为陕西经济的中坚力量[3]。而且得益的不仅是工业,渭河同时也浇灌了沿岸的土地。沈河,身处黄河水环境系统中,以秦岭北面的山脚处为源头,从渭南临渭区程家乡柿园附近注入渭河,同是

作者简介:邱小香(1974—),女,汉族,陕西渭南人,硕士,副教授。从事环境分析和现代仪器分析方法研究。

渭河下游的支流[4]。沈河水库主要为渭南市城区供水，是其重要的水源工程。自从建成投入运行后，运行工作状态十分稳定，这么多年来为渭南市居民生活用水、抗洪防涝、浇灌农田起着独一无二的重要作用，带来的效益与利益也不可小觑。同时可以减弱流自南山的洪水冲击，降低对渭河的水流压力，隔绝明显的大颗粒进入三门峡库区[5]。

2 样品采集与预处理

2.1 样品的采集

使用塑料工具进行采集，将其深入水面下方 1 m 处挖取样品。挖取 1000 g 左右底泥，将采好的河底泥土装入塑料袋中，密封标记好，带回实验室，在冰箱内冷藏保存。

2.2 样品预处理

将取好的底泥样品放置在洁净的烧杯中，先捡出样品中的碎石、植物根部等比较明显的杂物，用玻璃棒混合均匀后，用电热鼓风干燥箱（100～110℃）进行干燥，取出后再用研钵粗略研磨，将研磨好的样品放入密封袋中，待测。

3 实验部分

3.1 实验仪器及试剂

仪器：WFX－120A 原子吸收分光光度计；锌、铜、镁、锰元素空心阴极灯；空气压缩机；乙炔钢瓶；电子天平；电热板；电热鼓风干燥箱；高速万能粉碎机等。

试剂：去离子水；浓硝酸；浓盐酸；已制备好的锌、铜、镁、锰标准储备液（1.00 mg/mL）。以上试剂都为分析纯。

3.2 样品处理

对泥土样品进行处理时使用王水回流消解法。详细过程是：将预处理好的底泥放入玻璃杯中，在电热鼓风干燥箱内蒸发水分，设置箱内温度为 50℃，持续加热时长为 1 h。水分蒸发完后，待温度降至室温，取出样品，用高速万能粉碎机进行处理。之后用电子天平准确称取 1 g 粉碎好的底泥样品，在杯底放几片小玻璃渣之后，将其放入干净的锥形瓶中，用少许去离子水微润后，加入 10 mL 的浓硝酸，浸润整个样品，放在电热板上用加热，到呈现微沸状态下加热 20 min，待浓硝酸与土壤中有机质反应剩余约 6～7 mL 时，加入 20 mL 的浓盐酸（这样可以使浓硝酸与浓盐酸的体积比约保持王水比例），盖上表面皿，放在电热板上再加热 2 h，保持王水处于清晰可见的微沸状态，待样品完全消解呈白色后，将全部酸液赶掉至湿盐态，最后加 10 mL去离子水将其溶解，趁热移液到容量瓶中，定容到 50 mL。

3.3 仪器工作参数

各金属元素测定的仪器参数如表 1 所示。

表 1 原子吸收光谱仪工作参数

元素	Cu	Zn	Mg	Mn
测定波长/nm	324.7	213.9	285.2	279.5
通带宽度/nm	0.4	1.0	0.4	0.2
灯电流/mA	2	3	3	3
测定方法	标准曲线			
火焰性质	空气-乙炔火焰(化学计量火焰)			

3.4 标准曲线绘制

分别吸取浓度均为 1.00 mg/mL 的铜、锌、镁、锰标准储备液 0.10 mL 于 100 mL 容量瓶中,用盐酸稀释至刻度后,浓度为 1.00 mg/L。再分别吸取各标准溶液 0.10、0.20、0.30、0.50、0.70、1.00 mL 于 100 mL 容量瓶中,再用盐酸稀释至刻度,可知其浓度分别为 1.00、2.00、3.00、5.00、7.00、10.00 μg/L。测得其回归方程为 $y=0.0461x+0.0177$,$R=0.9985$,线性范围好,标准曲线如图 1～图 4 所示。

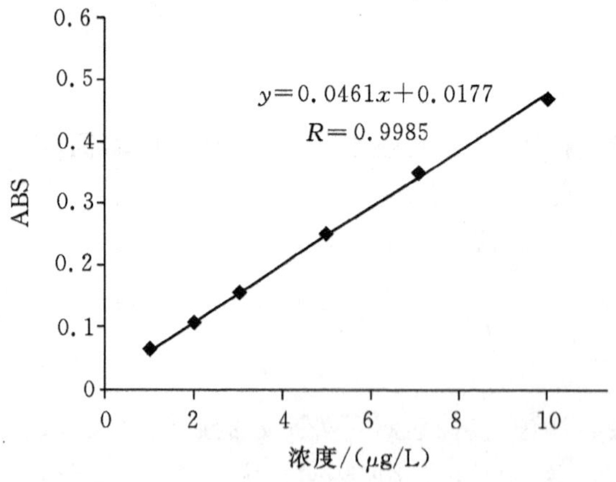

图 1 Cu 标准曲线

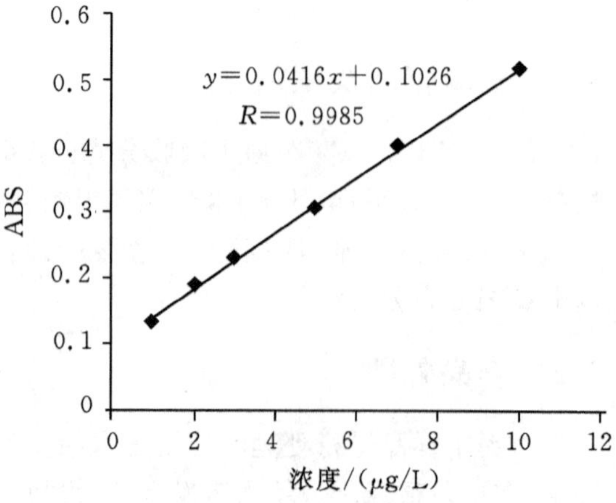

图 2 Zn 标准曲线

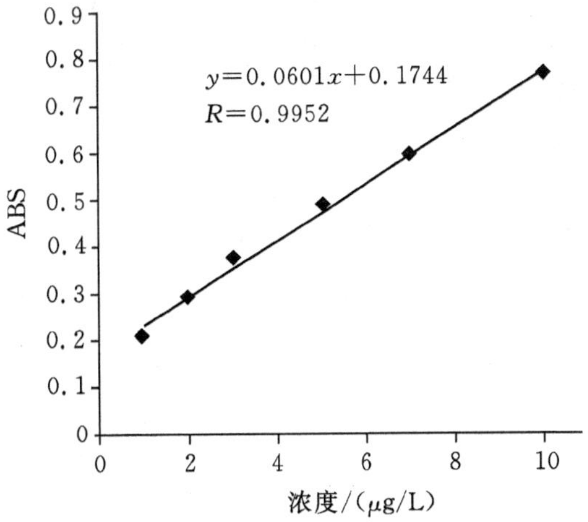

图 3　Mg 标准曲线

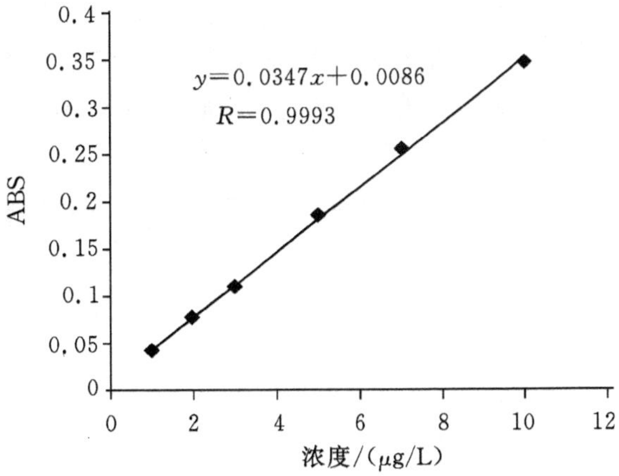

图 4　Mn 标准曲线

4　样品的测定

将预处理后的样品用原子吸收标准曲线法测定，测定结果如表 2 所示。

表 2　各微量金属元素的含量

元素种类	Zn	Cu	Mg	Mn
含量/($\mu g \cdot g^{-1}$)	111	8.30	99.0	469.5
RSD/%	3.8	4.9	3.3	5.4

5　结　论

利用原子吸收光谱法成功测定了沈河底泥中微量铜、锌、镁、锰的含量。从测定结果(表 2)可以看出，在沈河底泥中 Mn 离子含量为 469.5 $\mu g \cdot g^{-1}$，含量最多，其次是锌离子含量为 111.0 $\mu g \cdot g^{-1}$，再次是镁离子含量为 99.0 $\mu g \cdot g^{-1}$，最低是铜离子，含量为 8.30 $\mu g \cdot g^{-1}$。此方法简便迅速，准确度较高。

参考文献

[1] 张清顺，侯建军，熊邦喜. 持久性有机污染物和重金属对腹足类的生态毒理效应[J]. 水利渔业，2008(4)：1－4.

[2] 任平,王小庆.沉积物中重金属元素的来源及其含量的影响因素[J].洛阳工业高等专科学校学报,2005(3):16-17,31.
[3] 董德惠.渭河水环境与生态问题及其可持续发展对策[J].陕西水利,2009(6):29-32.
[4] 乔胜英,蒋敬业,向武,等.武汉地区湖泊沉积物重金属的分布及潜在生态效应评价[J].长江流域资源与环境,2005,14(3):353-357.
[5] 耿雅妮.河流重金属污染研究进展[J].中国农业通报,2012,28(11):262-265.

第三篇

湿地生态与环境

陕西省靖边县芦河湿地水质分析

卢爱刚[1,2]，杨海江[2]
1. 陕西省河流湿地生态与环境重点实验室　陕西 渭南　714099；
2. 渭南师范学院　化学与环境学院　陕西 渭南　714099

摘　要：通过 2014 年 1～12 月对靖边县芦河湿地上游、中游和下游三个水质监测点进行监测，选用 COD 、氨氮、石油类、挥发酚、BOD、总磷、总氮、铅、汞等指标，运用水质类别法和综合污染指数法分析靖边县芦河湿地水质状况，根据《地表水环境质量标准》对芦河湿地地表水环境质量进行评价，结果显示：芦河湿地上游段地表水为Ⅱ类水体，中游段和下游段为Ⅲ类水体。从水质功能以及水质监测结果上来看，COD、石油类、总磷和氨氮超标，芦河水只能满足工业用水的需要；在此基础上，分析芦河湿地污染的原因：芦河湿地污染主要是由于工业污染，其中 COD、BOD、石油类及氨氮为主要污染源，尤其工业石油类污水排放引起的污染最为突出；最后根据芦河湿地所存在的水质问题进而提出相关对策与措施。

关键词：芦河湿地；水质分析；污染原因；对策与措施

基金项目：渭南市能力提升发展计划项目（2015TCNL－3）；渭南师范学院特色学科建设项目（14TSXK05）；渭南师范学院重大科研项目（2015ZD001）；渭南市科技创新团队建设项目（2015TCTD－2）。

引　言

天然湿地的生物多样性、生态功能等对人类社会的生存和发展起着巨大作用[1]。随着社会经济的发展、城市化的不断推进，以及自然环境变化等方面的影响，湿地环境污染、湿地退化逐渐演化为全球性环境问题[2]，保护湿地已成为全球关注的热点[3]。湿地环境污染在我国湿地问题中最为突出[4]，不仅使湿地的生物多样性锐减，也使得湿地的水环境质量越来越差。

本研究选取陕西省靖边县芦河湿地为对象，通过对水质动态监测分析，揭示靖边县芦河湿

作者简介：卢爱刚（1968—），汉族，陕西富平人，教授，博士，主要从事全球变化区域响应研究。E-mail：lagx1088@163.com。

地水质现状、动态变化规律，探求水质变化的原因，提出相应解决措施，以期为湿地水质改善和区域生态环境的可持续发展提供科学依据。

1 研究区概况

靖边县芦河湿地位于陕西省北部偏西，位于毛乌素沙漠的南缘，从靖边县新城乡到横山县横山镇吴家沟村，包括芦河河道、沼泽地、泛洪区及道两岸 1 km 范围内的人工湿地。总面积 1721.18 km^2，长 102 km，河流多年平均径流量 2.36×10^7 m^3。

芦河湿地属半干旱大陆性季风气候，年平均日照时数达 2768.2 小时；年平均无霜期为 130 天；年平均气温为 7.8℃，年最高温度和最低温分别为 35.9℃和－28.5℃；流域内干旱少雨，降水时空分布不匀。河流含沙量大，流量小，季节变化大，河流的补给主要以大气降水为主，夏秋季节多洪水，含沙量大，结冰期较长。

靖边县经济快速发展，2009 年中国百强县排名第 93 位，2010 年排名第 95 位，2011 年已跨入陕西省经济强县前五名，并且跻身中国西部百强县前十行列[5]。随着经济的快速发展和人口的迅速膨胀，诸多环境问题也随之而来，其中靖边县芦河湿地的退化、生物多样性减少、芦河湿地水质污染等问题日趋严重。

2 研究数据方法

2.1 数据收集

2.1.1 监测点布设

芦河湿地监测点及水功能区划（表 1）根据《国家环境检测技术规范》要求，在全面考虑河流沿岸可能污染源的情况下，选择 3 个大段（芦河湿地上游段、中游段、下游段）3 个点位（新城乡点、张家畔镇点、杨桥畔镇点），采样点布设情况见图 1 及表 2。采用《地表水环境质量标准》(GB 3838—2002)[6]中的Ⅱ-Ⅴ标准进行评价。检测项目及分析方法均采用国家标准检测分析方法[7]和评价方法[8]。

表 1 芦河湿地水功能区划

水体名称	范围	功能
芦河	芦河上游段（新城乡）	农业、工业用水
	芦河中游段（张家畔镇）	工业用水
	芦河下游段（杨桥畔镇）	农业、工业用水

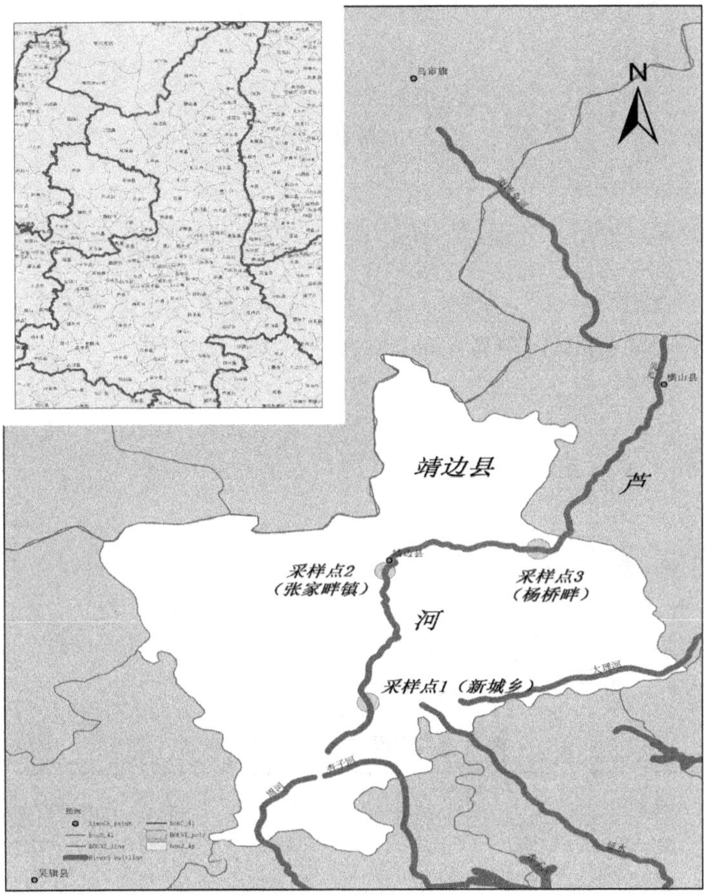

图 1　采样点布设情况

表 2　芦河湿地采样布设概况

河流分段	采样点	采样目的
芦河湿地上游段	新城乡点	上游地段人口较少了解农业生产对湿的影响
芦河中湿地游段	张家畔点	该段为城区，生活生产对湿地影响较大
芦河下湿地游段	杨桥畔点	工业园区集中分布区对湿地的影响明显

2.1.2　监测频率及监测项目

监测频率每月一次；水质测定指标选用 COD 、氨氮、石油类、挥发酚、BOD、总磷、总氮、铅、汞等指标。

2.2　水质评价方法

对所测得的水质参数的浓度采用数次监测的年平均值进行评价，单项评价以标准指数法为基础，综合评价则以综合指数法为基础[9]。河流水质类别评价先计算该河流所有断面各评价指标浓度算术平均值，然后按照“断面水质类别评价”方法评价。依据《地表水环境质量标准》[6]，将水质类别分为Ⅰ、Ⅱ、Ⅲ、Ⅳ、Ⅴ类，水质达不到Ⅴ类标准的，定义为劣Ⅴ类。

2.2.1 单因子标准指数评价法

$$P_i = C_i / C_0 \tag{1}$$

式(1)中：C_i 为实物指标的监测值；C_0 为评价指标标准值；i 为指标个数，$i=1,2,3,\cdots,n$。

2.2.2 地表水综合污染指数

$$P = \frac{1}{n}\sum_{i=1}^{n} P_i \tag{2}$$

式(2)中：i 为评价指标数，$i=1,2,3,\cdots,n$。P_i 为第 i 项指标的污染分指数；P 为平均综合污染指数；评价标准执行《地表水环境质量标准》[6]中的Ⅲ类标准值。

3 结果分析

芦河湿地水质监测结果(表3)显示：芦河湿地上游新城乡—新农村乡段的污染物对芦河的污染较轻，As、Cn、总磷、石油类对芦河湿地的污染很小，虽然 NH_3-N、COD 值达到了最高，但是芦河湿地上游段水质污染较轻，依据《地表水环境质量标准》[6]结合新城乡监测点的水质超标情况(表4)，得出芦河湿地上游段的水质类别为Ⅱ类。

表3 芦河湿地水质监测结果 单位：mg/L

断面	pH 值	As	Cn	NH_3-N	总磷	石油类	COD 值
上游	8.49	0.012	0.001	9.748	1.578	0.37	50.10
中游	8.87	0.012	0.001	4.138	0.735	1.69	50.10
下游	8.98	0.012	0.001	2.475	0.803	1.58	51.40
三类标准	6.90	0.05	0.20	1.0	0.20	0.05	20.00

表4 芦河湿地水质超标情况 单位：mg/L

监测指标	NH_3-N		总磷		石油类		COD 值		pH 值	
监测点	均值	超标	均值	超标	均值	超标	均值	超标	均值	超标
新城乡点	9.748	8.748	1.578	1.378	0.37	0.32	50.1	30.1	8.49	0
张家畔镇点	4.138	3.138	0.375	0.175	1.69	1.64	46.2	26.2	8.87	0
杨桥畔镇点	2.475	1.475	0.803	0.603	1.58	1.53	51.4	31.4	8.89	0
三类标准	NH_3-N	1.0	总磷	0.2	石油类	0.05	COD	20	pH 值	6.9

芦河湿地中游张家畔镇和杨桥畔镇的监测显示芦河湿地中游水质 pH 值、As、Cn 均没有较大变化，总磷量随着农业分布的减少而减少。固体悬浮物浓度和 COD 值也明显降低，但是河流污染却呈加重趋势，从表3芦河湿地水质监测结果发现，芦河湿地中游石油类污染物指数增高具体由上游的0.37到中游段增高至1.69，中游作为人口集中生活区以及长庆、延长石油工业区、杨桥畔工业区分布区，因此大量的污染物的排放加剧了对芦河湿地的污染，依据《地表

水环境质量标准》[6]结合张家畔镇监测点水质超标情况(表3、表4)来看得出芦河湿地中游段水质类别为Ⅲ类(表3、表4),所以芦河湿地中段是污水治理的重点部分。

芦河湿地的下游段的杨桥畔中学的监测显示芦河湿地下游段石油类超标,具体为1.58。依据《地表水环境质量标准》[6]结合杨桥畔监测点水质超标情况(表3、表4)来看得出芦河湿地下游段水质类别分为Ⅲ类。

4 芦河污染来源分析

对芦河湿地污染源调查,分析2014年氨氮、石油类、挥发酚、BOD、总磷、总氮六项指标的年产生量(图2),结果显示:芦河湿地污染源工业源所占比重最大,其中石油类、氨氮及总氮占相当大的比重,尤其工业石油类污水排放引起的污染最为突出,产生量达231.2 t。芦河湿地中游的榆林炼油厂,延长石油,长庆石油以及杨桥畔工业园区在发展的过程中产生的大量污水直接或者间接对芦河湿地水质造成不同程度的污染;其次是生活源,氨氮 NH_3-N(252 t),总氮(357.6 t),石油类(173.5 t)三项指标比重大,这与芦河湿地密集的人口分布及其生产活动有很大的关系。调查显示,大型的畜禽养殖场主要为奶牛、肉牛、肉猪、鸡鸭等,由于大部分养殖场污水处理设施不能正常运行,产生的养殖废水与畜禽粪尿,使环境难以消纳,养殖场在生产过程中所产生的养殖废水与畜禽粪尿所含的COD、氨氮、总氮、总磷平均浓度均达到最高程度。

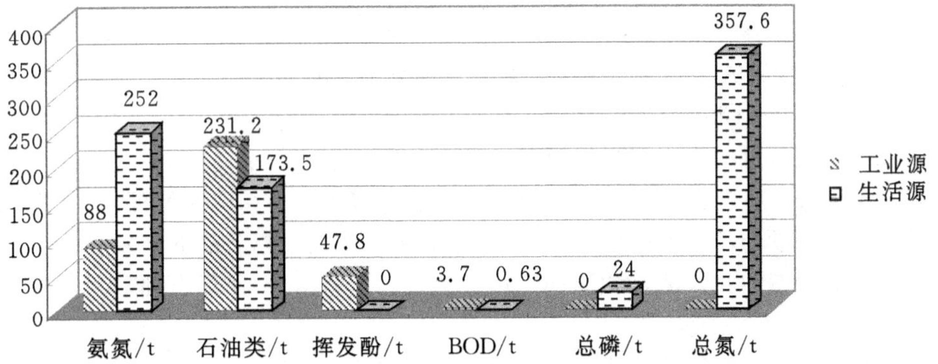

图2 2014年芦河湿地年废水污染物产生量情况

分析2014年氨氮、石油类、挥发酚、总磷、总氮、BOD六项指标的排放量(图3),结果显示:工业源污染物中以石油类为主,其排放量达206 t;氨氮 NH_3-N、总氮、挥发酚、总磷等污染物的排放量所占比重很小;生活源中石油类排放169.1 t,氨氮246.8 t,总氮326.5 t。通过芦河湿地的人口分布发现,这些污染物来自靖边县在工业生产和生活等方面所产生污水直接或者间接排入芦河湿地,使得芦河湿地的污染程度愈加严重。特别是在芦河中游段是人口的集中分布区,且分布各类大小工厂,因此将产生的工业废水及生活污水大量排入芦河,使得河流变色变味,水质变差,河流大部流域生态遭到严重破坏,生物多样性锐减;污染源分布相对集中,且污染物排放量大,因为没有集中式污染处理设施,直接进入环境,对环境造成了一定的压力。

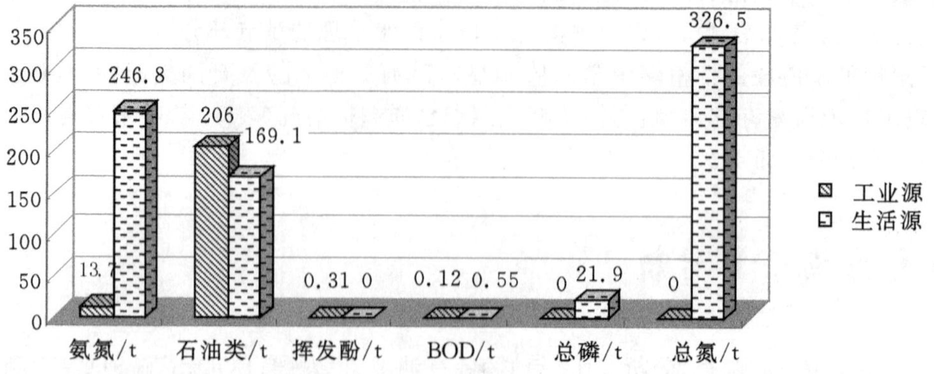

图3 2014年芦河湿地年废水污染物排放量

5 结论与建议

5.1 结 论

靖边县在经济的快速发展的过程中，人地矛盾不断加剧，尤芦河湿地水污染问题日益严重。通过对芦河湿地三个断面的评价分析得出如下结论：芦河湿地上游：氨氮、总磷严重超标，水质类别为Ⅱ类。芦河湿地中游：氨氮（NH_3-N）、总磷、石油类超标，其中氨氮（NH_3-N）、总磷较上游有明显减小，石油类污染突出，水质类别为Ⅲ类。芦河湿地下游：氨氮（NH_3-N）、总磷、石油类超标，但整体指标较中游小，水质类别依然为Ⅲ类。

分析污染物来源，总结污染产生的原因：

(1)近几年靖边县资源大量开采，经济快速发展，忽视了对环境的有效保护，在环保方面的投资低，没有先进科学的污染处理设施，导致芦河的污染的问题越来越突出；

(2)靖边县作为石油开发区，生态环境脆弱，加之开发力度大，使得石油对河流的污染程度也日益加重。

(3)农药及化肥的大量使用，畜牧业的发展，使得农业对河流的影响日趋加重；

(4)在经济的快速发展过程中，人们的环境保护意识相对滞后，对环境呈现出一种冷漠的态度，对此造成的环境污染也不以为然。

5.2 建 议

靖边县芦河湿地的水质污染日益加重，作为靖边县的重要水源地，芦河湿地的污染问题需要引起政府及有关部门的高度重视，更需要每位市民引起高度重视。

(1)政府政策、资金的大力支持。政府是一切行动的基础，水污染治理不是凭一己之力就可以解决的，必须全社会高度关注，需要全社会共同面对和解决。所以需要政府部门的大力支持，为各个有效措施的实施过程提供强有力的保障。

(2)不断完善污水处理设施。随着人口不断增加，城市规模持续扩大，导致城市的废水生产量和排放量持续增加。城市污水处理厂过少与芦河湿地不断污染矛盾加剧，势必将导致芦河湿地水环境质量的下降。此外，加大养殖场污水处理设施的建设也迫在眉睫。

(3)加大宣传，要提高人们水资源保护意识。积极开展水资源现状、水资源保护等方面的讲座或座谈会，有让人民群众切身的认识到水资源对于我们生产生活的重要性，提高人们对水资源的保护意识。

(4)加大科技投入，实现废水资源的转化和利用。随着经济的不断发展，生活生产的废水排放量呈持续增长的趋势，要改善当前的水资源污染状况，治标不治本是行不通的，所以需要大力投入技术和资金，完善废水处理，实现废水的转化和再利用，最终实现水资源的可持续发展利用。

(5)大力推进节能减排，通过结构调整、工程治理、环境监管等方面，全方位规划、加强技术交流与合作，政府部门加大投入力度，加强污水防治的交流与合作，提高水环境保护技术创新，创造一个更加宜居的新靖边。

总之，水资源污染问题的解决在短期内是无法实现的，因此需要走过一个艰苦而漫长的道路。在水资源污染防治的同时，需要将我国的具体情况与国外的一些成功经验相结合，提高水资源污染防治方面的自主创新能力。靖边县在水资源污染方面的治理需要一个长期的过程和不懈的努力。

参考文献

[1] 张波，翟路，林杰，等. 南京城市湖泊湿地的水质动态及其评价[J]. 湿地科学与管理，2011(07):29-39.

[2] 王荣娟，张金池. 石臼湖湿地水环境质量评价及富营养化状况研究[J]. 湿地科学与管理，2011(07):26-28.

[3] 韩大勇，杨永兴，杨杨，等. 湿地退化研究进展[J]. 生态学报，2012(04):1293-1307.

[4] 戴建兵，俞益武，曹群. 湿地保护与管理研究综述[J]. 浙江林学院学报，2006(03):328-333.

[5] 2011 年靖边县国民经济和社会发展统计公报[J]. 榆林市统计信息网，2012(02):1-3.

[6] GB 3838—2002 地表水环境质量标准[S].

[7] 罗海江，朱建平，蒋火华. 我国河流水质评价污染因子选择方案探讨[J]. 中国环境监测，2002(04):51-55.

[8] 贾振邦，王清平，黄汉辉，等. 应用沉积学原理对太子河支流主要重金属污染及潜在生态危害研究[J]. 北京大学学报(自然科学版)，1991(04):465-479.

[9] 付春平，王海鳌，李幼桥，等. 宝鸡主要河流水环境质量状况及变化趋势分析[J]. 环境可持续发展，2014(02):96-97.

陕西黄河湿地的生态变迁及其保护对策

王志平[1,2]

1.陕西省河流湿地生态与环境重点实验室　陕西 渭南　714099；

2.渭南师范学院　化学与环境学院　陕西 渭南　714099

摘　要:湿地是人类最重要的生态环境资源之一。本文主要论述了陕西黄河湿地的水体面积、动植植物资源、土壤和水质等方面的变化,分析了引起湿地退化的主要问题,并对其保护对策进行了探讨,对陕西黄河湿地的保护与开发具有一定参考价值。

关键词:陕西黄河湿地;生态变迁;问题;对策

资助项目:渭南师范学院科研计划项目(15YKF003),渭南师范学院特色学科建设项目(14TSXK05);渭南市科技创新团队建设项目(2015TCTD-2)和能力提升项目(2015TCNL-3);渭南师范学院重大项目(2015ZD001)。

湿地是水陆相互作用形成的独特生态系统,是自然界最富生物多样性的生态景观和人类最重要的生存环境之一,与森林、海洋并列为全球三大生态系统类型[1]。中国是世界上湿地类型齐全、数量丰富的国家之一。近年来,随着经济发展,人口、资源与环境问题愈演愈烈,湿地面积大量减少,湿地资源受到严重破坏,对区域生态环境产生了严重影响。因此保护湿地已成为保障世界各国生态安全的当务之急,更是落实十八大提出的建设生态文明的重要途径。

1　陕西黄河湿地的生态变迁

陕西省湿地面积的近80%分布在黄河水系,黄河湿地也是我省划定的最大湿地保护范围,在区域气候调节、水文调节和黄河下游水量调节中具有重要作用。陕西黄河湿地省级自然保护区位于关中平原东部,北起韩城禹门口(龙门),南到潼关港口,东以黄河治导控制线的中心线为界与山西省相接,西界北段大致以黄河老岸为界,南段以第二道防洪堤为界。保护区成立于1996年,2001年晋升为省级自然保护区。自保护区成立以来,自然保护区管理处对保护区内的湿地分布、动植物资源等进行了长期定位观察与监测。

作者简介:王志平(1978—),女,博士后,副教授,研究方向为环境生物学和分子生物学,E-mail:wzhp1978@126.com。

1.1 湿地面积变化

调查发现，近年来湿地受污染情况较为严重，改变湿地用途的现象普遍存在，湿地面积有逐年减少的趋势。由于过度开垦，陕西大部分沼泽湿地变为农田，失去调洪功能，仅黄河湿地就萎缩近万公顷。另外，由于大量种植莲菜和发展渔业，大片芦苇荡逐渐被莲菜池、鱼塘所代替，使得大面积天然湿地被人工湿地取代，成为天然湿地面积减少的有一个重要原因。

1.2 湿地动植物资源的数量与分布变化

目前湿地核心区的植被状况相对比较好，但外围区域由于大量发展莲菜种植和鱼塘养殖，导致天然湿地植被特别是芦苇地遭到破坏。近几年随着管理力度加大，湿地资源的过渡开发逐步得到控制。

由于广大群众的滥捕滥猎，湿地鸟类资源曾面临严重威胁，鸟类数量急剧减少。近年来，随着宣传力度和管理力度的加强，人们的环境意识逐步提高，尽管偷捕偷猎行为屡禁难止，但是滥捕滥猎现象显著降低，鸟类的种类和数量逐步得到回升。与 2005 年的调查结果相比，黄河湿地保护区管理处在 2010 年以后陆续发现了 11 个鸟类新种，而且一些重点保护鸟类的数量也不断提高。

1.3 湿地土壤状况和水质变化

随着工农业生产发展和城市建设规模扩大，大量的工业废水、废渣、生活污水和化肥、农药等有害物质排入湿地，不仅对生物多样性造成严重危害，也对地表水、地下水及土壤环境造成影响。

渭南市环境保护监测站在渭河、洛河、沈河和居水河四条河流渭南段设立了七个断面，进行长期定位监测，其中渭河设三个监测断面(沙王、树园和潼关吊桥)、沈河设两个监测断面(水库和张家庄)、洛河和居水河各设一个断面(分别为王谦村和芝川)。渭河被陕西人称为母亲河，也是黄河最大的支流。下面仅根据渭河监测结果对黄河湿地的地表水水质情况进行初步分析。

(1)总体污染状况

关于渭河水体总有机物的监测结果表明，2006～2007 年间渭河整个渭南段的污染都十分严重，全部为Ⅴ类水质。此后随着污染治理工程的开展，其污染逐步得到控制，到 2010 年其下游黄河入口处通关吊桥断面的总有机污染状况得到显著改善，水质达到Ⅳ类标准，但其渭南入境段(沙王断面)的总有机污染情况仍然比较严重，属Ⅴ类水质。

(2)专项污染情况

根据渭河氨氮的监测结果，渭河整个渭南段的氨氮污染在 2006～2011 年间并无显著削减趋势，各年均为Ⅴ类水质。水体中氨氮主要来源为生活污水中含氮有机物在微生物作用下的分解产物、某些工业废水(如焦化废水和化肥厂废水等)、农田排水、养殖水中过剩饲料和鱼虾大量排泄物的积累以及过度施肥等。

另外，监测结果还表明渭河渭南段持续存在有机酚污染，而有机酚主要来源于炼油、煤气洗涤、炼焦、合成氨、木材防腐和化工等废水。2006～2011 年间渭河渭南局部河段存在不同程度的铁、锰污染。相比之下，其他污染则相对较轻。

2 陕西黄河湿地保护面临的主要问题

自陕西黄河湿地自然保护区成立以来，保护区管理处在省林业厅、市政府及相关部门的大力支持下，做了大量的工作，使湿地生态环境有了明显好转，湿地内植被开始恢复，鸟类种群数量逐年增加。但我们还要清醒地看到湿地保护仍然是生态建设中的十分突出的薄弱环节，面临的形势还相当严峻。

2.1 人为破坏活动

目前，政府和群众对湿地周边地区集体林地和农地资源的开发和利用力度不断加大。受经济利益驱使，个别地段小面积零星烧荒、乱垦湿地、随便挖沙取沙等现象时有发生，偷牧、偷猎、偷渔等人为破坏活动屡禁难绝。由于过度开垦，陕西大部分沼泽湿地变为农田，大量种植莲菜和发展渔业导致大片芦苇荡逐渐被莲菜池、鱼塘所代替，水禽栖息地遭到严重破坏，对湿地生物多样性造成严重威胁。

2.2 水资源利用不合理

一些地方在河道中建起水库后，大坝以上河道湿地面积有所增加，而大坝以下的河流湿地却明显萎缩。陕西省大部分湿地分布在半湿润、半干旱和干旱地区，降水量少，蒸发量大，加之上游地区无计划截流灌溉，造成下游河流水量减少，湿地水源补给不足，水面面积锐减。另外，湿地水资源过度开采也是导致湿地生态系统破坏的重要因素，例如关中地区地下水超采量达每年 2～3 亿立方米。

2.3 湿地污染严重

目前，陕西省黄河水系污染严重，水污染成为威胁陕西湿地资源的突出问题。当地农民在发展农业过程中大量使用化肥、农药、除草剂等化学产品，导致黄河湿地的地表水和地下水均受到不同程度的污染。目前，黄河在陕西省的大部分河段水质达到 III 级，而渭河污染最为严重，呈 V 类水质，河流生态系统遭到严重破坏。另外，工业废水、生活污水的排入，也是湿地污染的重要来源。

2.4 湿地开发与保护的矛盾

许多湿地水、洲纵横交错，芦荡深幽，百鸟翔集，水乡泽国，野趣盎然，是人们回归自然的理想场所。近年来，湿地生态旅游发展十分迅速。然而，随着旅游资源开发，人流量逐步增加、环境噪音随之增加，对湿地水禽的栖息和迁徙造成不良影响。因此，怎样将保护和开发有机地结合起来，做到保护、开发两不误，是一个重大的课题，也是一个迫切需要解决的问题。

2.5 湿地管理与保护工作有待加强

首先，从事湿地管理的专业技术人员短缺，技术力量薄弱，技术水平相对落后，不能适应现阶段湿地管理工作的需要[2,3]。其次，湿地保护资金严重不足，是湿地保护管理水平提高和管理成效增加的重要限制因素。

3 陕西黄河湿地保护对策与建议

当前，在党中央、国务院把加强生态环境建设作为扩大内需的重要措施的战略背景下，湿地生态系统的保护和建设显得更加重要，在今后的保护管理工作中，我们必须坚持以科学发展观为指导，以构建和谐社会、建设生态文明为目标，按照积极保护、科学恢复、合理利用、持续发展的原则，全面加强湿地保护工作。

3.1 强化湿地保护管理工作

首先，加强湿地保护区管理机构与湿地周边地区各有关机构的建设，认真履行湿地保护职责。其次，加强各机构间的交流与合作，联合开展湿地保护行动。再次，健全和完善执法机构，加大执法力度[4]，严格按照国家和地方颁布的有关法律、法规和条例，严厉打击各种盗猎珍稀野生动物及破坏湿地资源的违法犯罪活动，使湿地管理工作趋于法制化和规范化。最后，要正确处理好保护区和社区之间的关系，积极探索开展社区共管的途径和方法，推动湿地保护与周边社区的和谐发展。

3.2 强化宣传教育

首先，加大宣传教育的力度、广度和深度，充实教育、培训的资料和人力资源，将合理利用和保护的理念与教育行动结合起来，在湿地范围和各个层次上提高对湿地的功能和价值的认识，进而提高广大群众的环境保护意识，并树立环境保护的法制观念。

3.3 加强湿地科学研究

按照生态学理论，生态系统的结构、过程与功能相统一。因此，全面、系统地开展湿地生态系统研究，将有助于提高湿地管理水平，有效开展湿地保护工作，合理开发湿地资源，协调生态环境与社会经济的持续发展。目前迫切需要开展的研究工作主要包括：湿地的形成与演化过程、湿地特征及其生态功能、湿地资源的合理开发与利用、湿地分布区的生态环境评价与规划、外界因素对湿地生态过程的影响、湿地退化机制以及退化湿地的修复原理与技术等，从而为湿地保护与资源的合理开发提供科技支撑。

4 总　结

随着全国上下对生态文明建设的重视以及社会经济发展模式的改变，陕西黄河湿地的生态环境状况逐步好转。然而，环境保护与生态建设是一项长期而艰巨的任务，特别是要扩大湿地保护的宣传教育，加强湿地管理力度，加大湿地科学研究，从根源上遏制湿地污染与破坏，并科学合理地进行湿地保护与开发。

参考文献

[1] 李炳玺,谢应忠.湿地研究的现状与展望[J].宁夏农学院学报,2002,23(3):61-67.

[2] 赵彦伟,杨志峰.城市河流生态系统健康评价初探[J].水科学进展,2005,16(3):349-351.

[3] 张峰,周维芝,张坤.湿地生态系统的服务功能及可持续利用[J].地理科学,2003(6):20-22.

[4] 印红.对我国湿地保护问题的思考[J].湿地科学,2003,1(1):68-72.

湿地生态农业发展

李俊燕[1,2]

1.陕西省河流湿地生态与环境重点实验室　陕西 渭南　714099；

2.渭南师范学院　化学与环境学院　陕西 渭南　714099

摘　要:农业是国民经济的基础,在通过科学技术进步和土地集约化利用取得经济的巨大成就的同时,也造成了一系列的生态与环境问题。本文就生态农业在湿地的发展进行了论述,从我国农业发展的政策、模式和技术等反面对生态农业的发展提出了相应的建议。

关键词:生态农业;发展;展望;中国

基金项目:渭南市科技创新团队建设项目(2015TCTD-2)和能力提升项目(2015TCNL-3);渭南师范学院重大项目(2015ZD001)。

1　生态农业的基本内涵

生态农业是以生态学理论为主导,运用系统工程方法,以合理利用农业自然资源和保护良好的生态环境为前提,因地制宜地规划、组织和进行农业生产的一种农业[1],是20世纪60年代末期作为"石油农业"的对立面而出现的概念,被认为是继石油农业之后世界农业发展的一个重要阶段。主要是通过提高太阳能的固定率和利用率、生物能的转化率、废弃物的再循环利用率等,促进物质在农业生态系统内部的循环利用和多次重复利用,以尽可能少的投入,求得尽可能多的产出,并获得生产发展、能源再利用、生态环境保护、经济效益等相统一的综合性效果,使农业生产处于良性循环中。生态农业不同于一般农业,它不仅避免了石油农业的弊端,并发挥其优越性。通过适量施用化肥和低毒高效农药等,突破传统农业的局限性,但又保持其精耕细作、施用有机肥、间作套种等优良传统。它既是有机农业与无机农业相结合的综合体,又是一个庞大的综合系统工程和高效的、复杂的人工生态系统以及先进的农业生产体系。

作者简介:李俊燕,1981年7月,女,汉,河南孟州人,渭南师范学院化学与环境学院,副教授,博士,高性能材料。

2 中国现代湿地生态农业产生的背景

农业是国民经济的基础。经历了从原始的刀耕火种、自给自足的个体农业到现代化农业，通过科学技术的进步和土地利用的集约化，人类社会在农业生产上取得了巨大的成就，但建立在以消耗大量资源和能源基础上的现代化农业也带来了一些严重弊端，并引发了一系列具有全球特点的生态与环境问题[2]。造成这些问题的原因是多样的，其中农业的发展方向与道路成为思索的焦点。人们越来越认识到农业的目标不仅要提高产量，还须提高产品质量、确保食品安全；不仅要提高土地产出率、获得经济利益，还应发挥农业生态系统的多种服务功能并促进农村的可持续发展。

3 湿地生态农业发展中存在的主要问题

从规模来说，生态农业建设可以以户、村、乡和县为发展单位。一直以来，中国的生态建设多集中于户、村的层次发展，例如，由小型的桑基鱼塘到大型的生态农场，都是强调个别的农户或乡村在这些系统上担当的角色。无可否认，任何生态建设最终都是在户的层次去推动的，因此，若没有农户的支持，任何生态建设都不可能成功。但是，农户式的生态农业建设很难达到经济规模，例如：若要一个约 10 m^3 的沼气发生桶正常运作，所需的有机物投入量实非单一的个别农户可供应的。因此，为每个农户建设自己的生物气发生桶是不实际的。相反，按农民的数目去建设生物气发生桶才是有效地运用资源的方法。

生态农业建设能否成功，除了取决于本身设计的优劣外，农民的接受程度亦是关键所在。长久以来，农民最关心的问题一直是如何在短期内解决温饱和改善生活。因此，农民是否愿意接受生态农业建设，往往是从短期的经济效益出发，看看能否即时为他们增加收入。无可否认，没有经济效益的生态农业建设肯定是失败的，因为经济效益是一切社会建设的原动力。然而，经济效益建立于一定的环境和生态条件的基础上。单一追求短期的经济效益，忽略环境，虽然在短期内收入可能会增长，但当环境和生态条件恶化后，经济效益亦不可避免地大倒退。例如，因为短期的回报率高，农民大多愿意种植经济作物；但种植单一经济作物，土壤（特别是表土）的养分会快速消失，容易导致肥力退化、土质变坏等问题[3]。当这些问题出现时，最后损失的还是农民自己。相反来说，若经营者能多注重环境和生态的效益，虽然在短期内经济效益较低，但随着环境和生态条件得到改善，环境的效益便能转化成经济效益，不但总体经济效益会大大提高，经济的动力亦得以维持并持续发展下去。例如，种植树木，虽然短期内直接经济价值低，但却能够有效改善土质，增加肥力，减少水土流失，保证农产品能维持稳定的产量。在具体规划上，作物的结构和布局必须合理，要兼顾到长期效益项目和短期效益项目的配合问题，做到以短养长，长短结合。为解决温饱问题当然要优先考虑发展一些有即时效果的项目，但在实施这些项目的同时，应以不损害现有环境为底线原则，并积极安排具有中、长期效益的项目，实行优化的土地利用，为农村持续发展打下稳固基础。

参考文献

[1] 程序，曾晓光，王尔大. 可持续农业导论[M]. 北京：中国农业出版社，1997：16－18.
[2] 骆世明. 传统农业精华与现代生态农业[J]. 地理研究，2007，26(3)：609－615.
[3] 李文华. 农业生态问题与综合治理[M]. 北京：中国农业出版社，2008：36－39.

浅谈湿地的功能及面临的问题

史秀超[1,2]，邢梦丹[2]

1.陕西省河流湿地生态与环境重点实验室 陕西 渭南 714099；

2.渭南师范学院 化学与环境学院 陕西 渭南 714099

摘 要：湿地不仅具有重要的生态作用，而且具有强大的经济效益；关于湿地的研究是人们了解以及维护湿地平衡的基础。本文对湿地的种类、特征、功能等作简要的概述，并就我国湿地所面临的一些问题进行论述；我国虽拥有大量湿地资源，却因盲目开发使湿地面临严重的危机，通过对这些问题的讨论提出有关湿地开发利用的科学方法。

关键词：湿地；生态系统；功能；开发利用；环境保护

基金项目：渭南市科技创新团队建设项目(2015TCTD－2)和能力提升项目(2015TCNL－3)；渭南师范学院重大项目(2015ZD001)。

湿地是"孕育生命的摇篮"，许多物种的生存、繁衍都与湿地有着紧密的联系，湿地强大的生态功能在地球生态系统中发挥着重要的作用。湿地生态的健康更是关乎着依赖其生存的所有生物，当然人类也包括其中，湿地不仅为人类的生活提供了安逸场所，湿地丰富的资源也在人们的生产活动中承担着重要的"供给者"的角色，在社会经济发展方面做出突出贡献。

1 湿地的概念及分类

1.1 湿地的概念

人们根据湿地的特征对其进行简单的定义，但湿地的类型丰富，且特征也较多，所以人们对湿地的定义也存在差异，对于湿地的定义可大体分为两类：一类是广义的，"湿地是不论其为天然或人工，长久或暂时性的沼泽地、泥炭地或水域地带，静止或流动的淡水、半咸水、咸水水体，包括低潮时水深不超过6米的水域；同时还包括临近湿地的河湖沿岸，沿海区域以及位于湿地内的岛屿或低潮时水深不超过6米的海水水体"[1]。另一类是狭义的，依照对湿地形成至关重要的三个条件水文条件、土壤资源、以及植物的特征[2]。按照广义定义，湿地覆盖地球表面仅有6%，却为地球上20%的已知物种提供了生存环境，具有不可替代的生态功能，因此享

作者简介：史秀超(1973—)，男，陕西城固人，讲师，博士研究生，主要从事动物学研究。

有“地球之肾”的美誉[3]。

1.2 湿地的分类

不同的国家对湿地分类的标准不同。可根据湿地形成方式不同分为两种，一种是自然湿地，例如天然的海岸湿地、滩涂、河口水域等；另一种是人工湿地，是人们以对自身的有益为目的地建设的生态系统，主要有水田、水库、运河，鱼塘等[4]。中国国土面积广阔，拥有大量的湿地面积，因复杂的地形地貌形成各种类型的湿地。参照《湿地公约》的分类将中国湿地分为五大类 28 种类型[5]。

表 1 中国湿地的类型及面积[6]

<table>
<tr><td colspan="5">湿地
5360.26 万公顷</td></tr>
<tr><td colspan="4">自然湿地
4667.47 万公顷</td><td rowspan="2">人工湿地
674.59 万公顷</td></tr>
<tr><td>近海与海岸湿地
579.59 万公顷</td><td>沼泽湿地
2173.29 万公顷</td><td>湖泊湿地
859.38 万公顷</td><td>河流湿地
1055.21 万公顷</td></tr>
</table>

2 湿地的功能

2.1 湿地的生态功能

2.1.1 保持物种多样性

湿地生态系统处于陆生向水生过渡的区域，所以兼具两者的一些特性，能够为许多生物提供良好的生存环境。湿地具有其特殊的植物类型，并且种类也十分丰富；如此复杂的植物群落，为许多动物提供栖息地，适宜的环境是一些濒危动物生存的重要保障。如一些水禽的繁衍和生存离不开湿地，因此被称为“鸟类的乐园”[6]。除此以外，湿地动物种类也非常丰富，如鱼、虾、蟹、两栖动物以及微生物等。湿地是物种最丰富的地区，有“物种基因库”之称。

2.1.2 蓄水调洪，补充地下水

当洪水发生时，江河、湖泊、水库等湿地能够容纳较大的水量，然后再缓慢地流出，可以减轻洪水的危害；湿地生态系统中生长茂密的植物，地下根系发达，具有涵养水源的作用，可增加地下水的储存[2]。

2.1.3 调节局部气候

湿地含有大量的水资源，并且湿地中的各种植物可以通过蒸腾作用将水分蒸发形成水蒸气，把水资源分配到周围，调节湿度。

2.1.4 天然污水处理厂

当一些含有害物质或有毒的水流经湿地时，湿地能使水流的速度减慢，有利于这些物质的

沉积和排出;湿地中的有些植物能吸收外界的污染物并将其降解,具有极强的净化能力,如同一座天然的污水处理工厂一般。湿地如此强大的排污除垢能力,被比喻为“大地的肾脏”[8]。

2.1.5 优化空气质量,碳循环功能

湿地生态系统中生长着大量的植物,植物是造氧工厂,可吸收 CO_2 并放出 O_2。CO_2 排放过度是造成全球变暖的主要原因,因此湿地在减缓全球变暖方面有重要的作用。此外,湿地对全球的碳循环也有显著的影响,动植物死亡后经过微生物的分解作用可将有机碳转化为 CO_2 释放到大气中,同时也产生 CH_4 等气体。以沼泽为例,沼泽地中大量的植物,在合成淀粉、糖类等营养物质时从外界吸收 CO_2 等,有些植物还可吸收空气中的有害物质,可明显地改善空气质量;沼泽地能够通过植物的光合作用产生大量的 O_2,但是用于植物残体分解消耗的 O_2 却很少;沼泽堆积物具有极强的吸附能力,污水或含重金属的工业废水,通过沼泽能吸附其中的金属离子和有害成分[9]。

湿地具有多种独特的生态功能,在保持物种丰富度、抗洪防旱、提供淡水资源、调节空气湿度、改善气候、处理污水、调节大气组分、控制土壤侵蚀、保护海岸线等多个方面都起到重要的作用,是支撑地球生态系统健康的重要部分,具有无可替代的生态价值。

2.2 湿地的社会经济价值

2.2.1 物质生产功能

湿地蕴含大量的生物资源,人们依托湿地建立起了相关的产业链。例如在食品生产方面,稻田、池塘、海洋等储藏了可供人类食用的营养物质;有些湿地植物还具有药用性[11];工业方面,湿地丰富的资源为人类的生产提供了生产原料,是社会经济发展的重要保障。

2.2.2 提供充足的淡水资源

水是生命之源,人类的生存离不开水,淡水资源作为农业用水、城市用水以及工业用水的主要供应者更是必不可少的,而地球上的淡水资源比较缺乏,绝大多数都来自湿地。湿地表面本身就拥有丰富的淡水资源供人们使用,再加上地下植物根系涵养水源的作用增加了地下水含量。

2.2.3 提供矿物资源

湿地含有多种矿产资源,如湿地中的泥炭是很好的燃料,以及原料硼、锂等矿产。湿地下还储藏着大量的油气资源,作为工业发展的重要能源物质,中国湿地下储藏的丰富资源是中国经济发展的重要支撑[12]。

2.2.4 能源和水运

能源方面最普通的就是水电、薪柴和泥炭。湿地在水运交通方面也有不小的功劳,在中国的水运航道中,内陆水运占了 3/10[13]。

2.2.5 提供娱乐科研场所

湿地的特殊环境条件吸引人们前来观光旅游,丰富的生物资源为科研提供了有利条件,同时为开展教育学习创造良好的环境。湿地优越的环境条件也是人类居住的理想场所,壮丽的风景以及湿润的气候条件使其发展成为生态旅游和疗养胜地。湿地在自身的发展过程中也创造了价值和文化;湿地蕴含大量的物种基因库,为科研提供了宝贵的资料[14]。

3 我国湿地面临的问题

3.1 盲目开垦和改造使湿地面积严重萎缩

目前我国湿地大面积减少，造成这种结果是因为不合理的利用，城市过度开发侵占了大面积湿地，改变湿地用途等由于对湿地的利用缺乏合理的科学指导使湿地的生态平衡遭到破坏，许多湿地因此消失。据统计，自建国以来我国湿地面积持续减少，由于大规模的围湖造田而消失的湖泊面积达到130万公顷上；我国沿海地区累计已丧失滨海滩涂湿地面积约119万公顷，因城乡工矿占用湿地约100万公顷，这两项之和加起来相当于5%的滨海湿地面积已被削减[15]。湿地的减少，使大多数的生物因此失去了栖息地，尤其对一些濒危物种的影响更大，结果造成生物多样性下降；湿地的减少还大大降低了蓄洪抗旱的能力，加剧了旱涝灾害的程度。泥炭开采和农业种植侵蚀了大面积的沼泽，湿地面积因此越来越小，导致功能降低；多数生物失去居所生存受到威胁，物种数量呈下降趋势；水生生物栖息空间减小，渔业生产，湿地植物经济种植失去发展场所，渔业资源破坏严重并且出现生态环境恶化现象[16]。

3.2 湿地污染加剧

中国湿环境问题不断恶化，是造成湿地减少的主要原因，也是影响湿地生态平衡的重要因素。作为"生命发祥地"的湿地，是许多生物赖以生存的摇篮，环境污染影响着湿地生态系统的平衡，生物生存受到严重的威胁，生物多样性锐减，水体污染使可用水资源减少。工业生产、城市生活制造的大量废水未经处理直接排放；农药、化肥的过度使用；以及航运时漏油事件的发生，都是环境污染的源头[17]。由工业污染造成的酸雨使湿地的水体和土壤发生酸化，也对湿地造成了巨大的危害，并且环境污染的程度随着工业的发展越来越严重。

3.3 生物资源过度利用

湿地蕴含的生物资源，为人类提供了大量的生产资料，然而随着生产工业化程度加快，经济迅速增长，对资源的需求也逐渐增加，人们迫切地寻求从环境中获取利益，导致湿地生物资源的过度开发，过度的捕捞、狩猎、开采使物种的数量急剧减少，使物种多样性减少，群落结构发生改变。

3.4 水土流失和泥沙淤积日益严重

乱砍滥伐使湿地大面积的植被遭到破坏，导致蓄水量减少、泥沙淤积、功能降低、生态平衡遭到严重的破坏，湿地面积的萎缩也增加了洪涝灾害的发生。水库承担抗洪蓄水的功能是造福人类的宏伟工程，但目前由于植被破坏导致水库泥沙沉积生态问题迫在眉睫。自1949年以来，中国已建成8.4万座大中小型水库，库容4600亿立方米以上，现淤死1000亿立方米以上，直接经济损失200～300亿元，如果把发电、灌溉、养殖、航运等损失计算在内，损失更加惊人[18]。

3.5 水资源的不合理利用

湿地水资源丰富,但是在使用分配上极不合理,浪费程度较大,尤其生态用水的使用极少已成为突出的问题,工农业及生产用水所占比例较大,约为 90%,但使用效率不高。湿地生态功能的正常需要水来维持,但不合理的分配和浪费使水资源短缺。同时,由于管理制度的漏洞,一些企业将工业废水排放到江河湖泊中,造成了严重的污染;水文条件是湿地存在的重要基础,水资源的浪费严重问题威胁着湿地,并未能得到有效的解决呈日益严重趋势[18]。

3.6 湿地保护投入不够

目前,我国的湿地保护工作较国外起步晚,许多保护工作的开展都需要大量的资金来维持,但就现阶段而言我国在湿地保护方面的投入不足,使得存在研究落后、管理人员不足、缺乏培训、管理水平低等多方面问题。另外,因资金有限的缘故导致人员及设备的匮缺,限制着管理工作湿地类型保护区的管理工作的进展[19]。

3.7 湿地保护管理体制不完善

目前我国有关湿地保护的法律体系还有待完善,管理制度存在问题,使管理效率较低,另外保护工作需要各方面各部门的共同合作才能顺利的进行,但是管理机构不健全,部门之间难以有效地合作。采油、旅游、捕鱼、造纸、采盐、开荒、养殖、狩猎等都在向湿地要产品、要效益,而出现问题难以协调和解决[20]。由于相关法律法规的缺乏,遇到问题时无法可依,严重影响了湿地的合理开发利用。

3.8 湿地保护宣传教育落后

由于宣传教育工作的落后,人们尚未认识到湿地重要的生态功能和经济功能,我国湿地正处在岌岌可危的关头,人们对湿地保护的意识却很淡泊。

综上所述,我国湿地面临诸多问题,导致湿地面积直线下降,功能减弱。湿地与人类的生存息息相关,对于以上问题,我们应该引起足够的重视。

4 有关湿地保护的建议

4.1 加强对湿地的研究为合理开发提供指导

湿地的研究是合理开发利用的基础,只有深入地了解湿地才能做好保护工作。首先,应对湿地的开发利用进行科学规划;其次,加强对湿地的调查,建立合理的湿地生态保护管理体系;最后,对待我国湿地目前所面临的问题,在借鉴过去的经验的基础上,制定科学的计划并逐步实践,对资源进行适度的开发;此外还应加强对湿地生物多样性的保护,可采用建立自然保护区等方法[21]。

4.2 加强湿地基础工作

湿地的基础工作是顺利开展保护湿地后续工作的前提,现阶段我国对湿地的研究不足,湿地恢复方面技术比较落后。所以我们应重视加强湿地的基础研究工作，对湿地进行全面而系统的调查。同时也要加强基础管理工作，管理需以科学为支撑，以法律为规范，合理开发和利用湿地资源。加强湿地保护、恢复等的可行性研究工作，对已经退化的湿地资源进行人工恢复[19]。

4.3 建立严格的政策法规

我国有关湿地保护的法律还不尽完善，保护管理工作存在着很多的问题：各部门不清楚各自的责任造成管理秩序混乱；政策法规存在漏洞个别人有机可乘使保护力度有所减小；监督过程中由于相关政策不完整导致工作人员无法有效行使权力。所以要加强政策法规的建设，使责任和权力更加明朗，各级部门分工更加明确。为从事湿地建设工作者提供强有力的法律依据；以严格的法律来指导湿地的开发利用与保护工作高效的运行；使湿地的保护做到有章可循，有法可依，走上法制化的道路[22]。

4.4 广泛开展宣传教育活动

广大群众对湿地的重要性认识还不足，保护观念淡薄。因此，政府应高度重视，大力支持相关方面的教育工作，充分利用报纸、新闻、网络、广播、学校等，宣传湿地保护的科学知识、湿地的重要性、政府对于湿地保护各方面的政策等。在媒体的呼吁下，使保护湿地的观念深入到人们内心。

4.5 增加对湿地保护的资金投入

国家在湿地保护方面投入的资金不足，使得调查研究工作无法开展，许多项目难以实施，保护工作进展困难。因此，政府应增加资金的投入使各项工作都能正常地进行。

4.6 加强湿地保护与国际的合作与交流

湿地是地球上极其重要的生态系统，保护湿地更是全人类的责任，我们应该加强与国际在该领域的密切合作，积极参加有关湿地方面的学术交流，加强国际间合作；积极关注恢复湿地方法的新动向，增强中国在湿地保护、湿地恢复、湿地的合理开发等方面的实力，争取国际资金；认真履行《湿地公约》，进一步加强与湿地国际（WI）、联合国开发计划署（UNDP）、世界自然保护联盟（IUCNI）、全球环境基金（GED）等机构合作交流[22]。

5 展　望

湿地具有丰富的动植物、水资源以及矿产资源，具有保护物种多样性、蓄水调洪补充地下水、调节气候、净化水质、生产物质、提供能源，航运、文化科研等多种功能，如此强大的功能使之在人类的生存和发展中都扮演着重要的角色。随着经济的发展，人们对自然资源的需求与日俱增，湿地更成为人们开发利用的对象，然而由于缺乏合理的计划以及相关的规章制度，使湿地出现面积萎缩、生物多样性减少、水源及土壤污染、树木砍伐造成的水土流失淤泥堆积、湿地水资源的浪费等诸多问题。对待这些问题人们尚未有足够的重视，人们意识观念的淡泊、政府投入资金的缺乏、相关制度的不完善等，都使湿地保护工作不能很好地开展，尽管如此，仍有不少人从事着保护湿地这一伟大的工作，虽然道路坎坷，但他们依旧执着的坚守着这片地球上的绿色，因为人与自然和谐相处才是人类得以生存和发展的前提，保护湿地应当以预防减少为主防止情况的进一步恶化，做到合理开发，适度利用；努力加强在湿地恢复方面的能力，使我国受到破坏的湿地逐渐恢复活力。

参考文献

[1] 湿地国际——中国项目办事处. 湿地公约宣传册[Z]. 1999.
[2] 安树青. 湿地生态工程：湿地资源利用与保护的优化模式[M]. 北京：化学工业出版社，2003.
[3] 陈宜瑜. 中国湿地研究[M]. 长春：吉林科学技术出版社，1995.
[4] 郎惠卿. 中国湿地研究与保护[M]. 上海：华东师范大学出版社，1998：30－37.
[5] 王飞. 论湿地及其保护和利用[J]. 自然科学学报. 1999，5(4)：297－303.
[6] 我国湿地保护形势不容乐观：第二次全面湿地资源调查结果公布[M]. 绿色中国，2014，2(2)：8－11.
[7] 王瑞山，王毅勇，杨青，等. 我国湿地资源现状、问题及对策[J]. 资源科学，2000，22(1)：9－13.
[8] 侯鹏，蒋卫国，曹广真. 城市湿地热环境调节功能的定量研究[J]. 北京林业大学学报，2010，32(3)：191－196.
[9] 董连祥，于晨. 谈人工湿地的类型及功能[J]. 林业勘察设计，2010，1：39－40.
[10] 于洪贤，黄璞祎. 湿地碳功能探讨：以泥炭地和芦苇地为例[J]. 生态环境. 2008，17(5)：2103－2106.
[11] 林书宁，陈苏，郑德璋. 广东省沿海滩涂红树林[D]. //湿地保护与合理利用：中国湿地保护研讨会论文集[C]. 北京：中国林业出版社，1995：227－133.
[12] 陈耀东. 中国湿地植物资源及其保护问题[D]. //湿地保护与合理利用：中国湿地保护研讨会论文集[C]. 北京：中国林业出版社，1995：132－137.
[13] 彭有轩. 湿地的功能探析[J]. 鄂州大学学报，2008，15(1)：29－31.
[14] 刘军. 中国湿地现状综述[J]. 中国环境管理干部学院学报，2004，14(2)：64－67.
[15] 刘秀娟，任茂莉，谢文辉. 城市湿地的功能[J]. 科技传播，2014(5)：111－117.
[16] 国家林业局. 中国湿地保护行动计划[M]. 北京：中国林业出版社，2000.
[17] 雷坤，张明祥. 中国的湿地资源及其保护建议[J]. 湿地科学，2005，3(2)：81－86.
[18] 郭少聪. 华南植物园退化水体的恢复研究[J]. 生态科学，2000，17(3)：1－5.
[19] 李海梅. 保护湿地资源实现可持续发展[J]. 科技情报开发与经济，2006，16(14)：101－103.
[20] 曹淑莲. 浅谈中国湿地的保护[J]. 科技信息，2009(27)：391.
[21] 陆健健. 湿地与湿地生态系统的管理对策[J]. 农村生态环境，1989(2)：39－42.
[22] 陆健健. 湿地生态学[M]. 北京高等教育出版社，2006.
[23] 张伟. 浅谈地方湿地保护立法的相关问题[J]. 法制与社会，2009(22)：285－286.

生态系统服务功能研究进展

马咏梅[1,2]

1.陕西省河流湿地生态与环境重点实验室　陕西 渭南　714099;

2.渭南师范学院　化学与环境学院　陕西 渭南　714099

摘　要:介绍了生态系统服务功能的定义以及在国内生态系统服务功能的价值估算。开展生态系统服务功能及其生态经济价值的研究,能为生态环境保护与建设提供决策依据。

关键词:生态系统服务功能;价值估算

基金项目:渭南市科技创新团队建设项目(2015TCTD-2)和能力提升项目(2015TCNL-3);渭南师范学院重大项目(2015ZD001)。

20世纪60年代以来,生态环境问题开始引起世界各国的普遍关注。面对全球的生态危机,面对环境与发展的巨大挑战,一系列旨在协调人类社会经济活动与自然生态系统关系的研究工作相继展开,生态系统服务功能研究就是其中的重要组成部分。1997年美国学者Diary提出了生态系统服务功能的概念。同年美国学者Constanza等人将全球的生态系统服务功能价值进行了评估,得出1994年全球生态系统服务功能价值约为33万亿美元,约合当年全世界国民生产总值的1.82倍[1]。文章的发表在世界范围内引起了轰动,同时掀起了生态系统服务功能研究的热潮。

1　生态系统服务功能的定义

生态系统服务功能是指自然生态系统及其物种所提供的能够满足和维持人类生活需要的条件和过程。它在为人类提供物质资料的同时还创造与维持了地球生命支持系统。形成了人类生存所必须的环境条件。Constanza R等人指出,生态系统服务功能就是指生态系统对人类大功效。在对全球生态系统服务功能价值进行估算的同时,他们还将全球生态系统服务划分为17类主要服务功能:大气调节、气候调节、干扰调节、水调节、水供给、侵蚀控制和沉积物保持、促进土壤发育、保持营养循环、废物处理、授粉、生物控制、庇护所、食物生产、原材料、基因资源、休闲娱乐功能、文化功能[1]。

在我国,欧阳志云等人在1999年提出了生态系统服务功能是指生态系统与生态过程所形

作者简介:马咏梅,1979—,女,汉族,山西临汾,化学与环境学院,讲师,硕士,计算化学与应用。

成及所维持的人类赖以生存的自然环境条件与效用[2]。

生态系统不仅为人类提供了食品、医药和其他生产生活原料,还提供了一系列的相关功能和服务。包括保存生物进化所需要的丰富的物种与遗传资源,太阳能二氧化碳的固定有机质的合成区域气候调节维持水及营养物质的循环土壤的形成与保护污染物的吸收与降解及创造物种赖以生存与繁育的条件维持整个大气化学组分的平衡与稳定,以及由于丰富的生物多样性所形成的自然景观及其具有的美学、文化、科学、教育的价值等。生态系统的这些功能虽不表现为直接的生产与消费价值,但它们是生物资源直接价值产生与形成的环境[3-4]。

在世界上,几乎已经找不到纯粹自然的生态系统,都或多或少掺有人类活动的烙印。生态系统服务功能研究的对象是生态系统与人类之间的相互关系,所以生态系统服务并不能单单限制在自然生态系统范围内,其所指的服务主体也不能仅仅是自然生态系统,应该包括各种以生态过程为主的半自然和人工生态系统。

生态系统服务是指各种生态系统及其物种为人类生产、生活提供的物质、功能和功能性服务。可以说,正是生态系统的服务功能,才使人类的生态环境条件得以维持和稳定。

2 生态系统服务功能研究进展

自“生态系统服务功能”概念明确提出以来,关于这方面的研究工作就很快成为国际生态学界、生态经济学界的热点。随着环境经济学、资源经济学等学科的发展,人们开始从经济角度,以货币形式评价生态系统为人类提供的功能大小。真正把生态系统服务功能研究推向生态学研究的前沿,引起人们重视的研究是 Constanza R 等人在 Nature 杂志上发表的“全球生态系统服务功能价值估算”。这一研究的发表使得生态系统服务功能研究成为生态学研究的一个热点。

在该项研究中,对全世界包括陆地和海洋在内的主要生态系统类型的生态系统服务功能价值进行了评估。其中海洋生态系统包括远海、海岸、河口、珊瑚礁、海草、大陆架陆地生态系统包括热带林、温带林、草原、潮汐带、沼泽平原、河湖、荒漠、苔原、冰、农田和城市,最终得到全球生态系统服务功能价值平均为 33 万亿美元/年,范围在 16～54 万亿美元之间,河口、大陆架、森林和湿地的生态系统服务功能价值居于各类生态系统服务功能价值的前列。Constanza R 等人还将计算结果与当年全世界的国民生产总值进行了比较,分析了生态系统服务功能价值与国民生产总值之间的关系,得出生态系统的服务功能价值是全社会国民生产总值的 1.82 倍,这个对比对新的国民经济核算制度的产生起到了推动作用[1]。

自从 Constanza R 等人在上发表了他们的研究结果以来,全球掀起了生态系统服务功能研究的热潮。我国也有学者开始涉足这方面的研究和探索。

在我国,薛达元等人在 1999 年以长白山自然保护区为研究区域,使用市场价值法、影子工程法、机会成本法和替代花费法对该区森林生态系统的功能价值进行了经济评估。结果表明保护区总的生态功能价值为 176465.94 万元,其中活立木生产量价值为 10777.43 万元,涵养水源价值为 69741.02 万元,保护土壤减少侵蚀的价值为 2307.2 万元,固碳价值为 87716.6 万元,林分持留 N、O、K 养分价值为 4338.88 万元,降解 SO_2 和防治病虫害价值为 1584.73 万元[5]。

肖寒等人在2000年以海南岛尖峰岭热带森林为例，探讨了森林生态系统服务功能的内涵，并使用市场价值、影子工程、机会成本和替代花费等方法评价了海南岛尖峰岭地区热带森林生态系统服务功能的生态经济价值。结果表明在尖峰岭地区，面积为44667.0公顷的热带森林生态系统服务功能价值平均每年为66438.49万元，其中林产品价值为7164.11万元，涵养水源价值为39429.21万元，保持土壤减少侵蚀价值为247.26万元，固定CO_2减轻温室效应的价值为1316.24万元，营养物循环价值为428.55万元，净化空气的价值为17853.12万元。最后得到尖峰岭地区热带森林每年的生态系统服务价值为19394.09～92121.66万元，单位面积的价值约在4106万元/(公顷·年)到1950万元/(公顷·年)之间[6]。

参考Constanza R等人的分类方法与经济参数，陈仲新、张新时等在2000年对中国生态系统功能与效益进行了价值估算。得到我国生态效益的总价值为77834.48×10^8元/年，为GDP的1.73倍。并且根据各个省区的生态系统面积，对各个省区的生态系统服务功能价值大小进行的排列，得出生态系统服务功能最大的地区是新疆地区，最小的是上海、天津和北京，由此可见，自然生态系统面积越大的地区，生态系统服务功能越大[7]。

谢高地等人2003年根据一系列1∶1000000自然资源专题图，把青藏高原生态资产划分为森林、草地、农田、湿地、水面、荒漠6个一级类型，应用GIS技术进行了数据处理与统计分析，建立了中国陆地生态系统单位面积服务价值表。以此表为基础，通过生物量等因子的校正，对青藏高原不同生态资产的服务价值进行了估算。结果表明：青藏高原生态系统每年的生态服务价值为9363.9×10^8元，其中土壤形成与保护价值最高，占19.3%；其次是废物处理价值占16.8%；水源涵养价值占16.5%；生物多样性维持的价值占16%。不同生态系统类型中，森林生态系统和草地生态系统对青藏高原生态系统总服务价值的贡献最大，贡献率分别为31.3%和48.3%[8]。

3 结　语

从我国目前的研究现状来看，生态系统服务功能的研究还处于初级阶段，多数研究尚处在理论水平，在区域尺度进行研究的对象比较单一，功能范畴方面的考虑也不够全面。在估算方法上，大多直接引用国外的研究方法或者直接套用国外的标准。由此可见，在我国尽快开展生态系统服务功能及其生态经济价值的研究，为生态环境保护与建设提供决策依据，仍是实现区域可持续发展急待解决的重要课题之一。

参考文献

[1] COSTANZA R. The value of the world's ecosystem services and natural capital[J]. Nature,1997,387(15):253-260.

[2] 欧阳志云，王效科，苗鸿. 中国陆地生态系统服务功能及其生态经济价值的初步研究[J]. 生态学报，1999，19(5)：607-613.

[3] 欧阳志云，王如松，赵景柱. 生态系统服务功能及其生态经济价值评价[J]. 应用生态学报，

1999,10(5):635 - 640.

[4] 欧阳志云,王如松.生态系统服务功能、生态价值与可持续发展[J].世界科技研究与发展,2000,22(5):45 - 50.

[5] 薛达元,包浩生,李文华.长白山自然保护区森林生态系统间接经济价值评估[J].中国环境科学,1999,19(3):247 - 252.

[6] 肖寒,欧阳志云,赵景柱,等.森林生态系统服务功能及其生态经济价值评估初探:以海南岛尖峰岭热带森林为例[J].应用生态学报,2000,11(4):481 - 484.

[7] 陈仲新,张时新.中国生态系统效益的价值[J].科学通报,2000,45(1):17 - 22.

[8] 谢高地,鲁春霞,冷允法,等.青藏高原生态资产的价值评估[J].自然资源学报,2003,18:189 - 196.

陕西省水资源现状与可持续发展

杨秀英[1,2]，韩春宏[1,3]
1. 陕西省河流湿地生态与环境重点实验室 陕西 渭南 714099；
2. 渭南师范学院 化学与环境学院 陕西 渭南 714099；
3. 渭南南通水务运营有限责任公司 陕西 渭南 714099

摘　要:水资源对严重缺水的陕西省而言至关重要。陕西省水资源目前呈现出南多北少、地表水资源比地下水资源丰富,农业用水比例高的特点;水资源开发利用中仍存在总量不足、时空分布不均、用水结构不合理、水体污染以及水土流失等问题,建议采取相应的措施以实现水资源的可持续发展。

关键词:陕西省;水资源;可持续

基金项目:渭南师范学院科研计划育苗项目(15YKP008);渭南师范学院特色学科建设项目(14TSXK05)。

水资源是地区发展的重要战略资源。由于气候和社会发展等诸多原因,陕西省是全国水资源最紧缺的省份之一,兼具资源型和水质型缺水的特点。水资源总量不足、分布不均、用水结构的不合理、水体污染等问题,使整个陕西省的水资源现状很严峻[1]。弄清水资源现状,已成为实现陕西省可持续发展的重要问题。

1　陕西省水资源现状

1.1　水资源数量

陕西省2010年地表水资源量482.54亿立方米,而地下水资源量142.84亿立方米;2011年地表水资源是575.5亿立方米,地下水资源量164.28亿立方米;2012年地表水资源量是367.96亿立方米,地下水资源量为130.19亿立方米;2013年地表水资源量331.47亿立方米,地下水资源量118.52亿立方米[2]。陕西省的地表水资源量比地下水资源量丰富。在地表水资源中,长江流域水资源量是最为丰富的,地下水资源存储量相对稳定。

作者简介:杨秀英(1982—),女,山西原平人,硕士,讲师,主要从事自然地理学方面的研究。E-mail:yangxiuying2006@126.com。

陕北、关中、陕南这三个地区的水资源量有明显差异。陕北、关中、陕南区域多年平均水资源总量约为34.59亿立方米、89.48亿立方米、327.49亿立方米。明显，陕北的水资源总量是最少的，陕南水资源最为丰富，总体呈现南多北少的局面。

1.2 供水、用水情况

2010年至2013年，陕西全省各类供水工程总供水量为83.40亿立方米、87.76亿立方米、88.04亿立方米、89.21亿立方米，其中地表水供水量为49.52亿立方米、54.51亿立方米、54.01亿立方米、54.64亿立方米，占据总供水量的50%；地下水供水量为33.34亿立方米、32.71亿立方米、33.42亿立方米、33.50亿立方米；污水处理利用、雨水回收利用等其他水源在供水量方面，分别为供水量为0.54亿立方米、0.54亿立方米、0.61亿立方米、1.07亿立方米，所占份额比较少。可见供水量呈逐年上升趋势，地表水是主要的供水来源。

从2010年到2013年，全省各部门用水量分别是83.40亿立方米、87.76亿立方米、88.04亿立方米、89.21亿立方米。农业灌溉用水量分别为49.60亿立方米、50.02亿立方米、49.58亿立方米、49.58亿立方米，占总用水量的55%左右；工业用水量分别是12.06亿立方米、13.24亿立方米、13.35亿立方米、13.76亿立方米，约占总用水量的15%；居民生活用水量分别为10.72亿立方米、11.84亿立方米、12.22亿立方米、12.46亿立方米，约占总用水量的13%；林牧渔畜用水量约占总用水量的9.2%，城镇公共及生态环境用水量占4.0%左右[2]。

2 水资源面临的问题

2.1 水资源总量不足

2012年全省水资源总量为390.50亿立方米，其中地表水资源量367.96亿立方米，地下水资源量为130.19亿立方米[3]；全省人均用水量为234.6立方米，仅是全国水平的一半。

2.2 水资源时空分布不均，供需失衡

陕西省地形多样，水资源空间分布不同。陕南地区水资源比较丰富；陕北地区水资源则比较少。时间上分布不均，全省年降雨量60%～70%都集中在7～10月份。长江流域土地面积占全省的35%，而水资源量占全省的71%；黄河流域的土地面积占全省的65%，水资源量仅占全省的29%[3]。

2.3 用水结构不合理

陕西农业用水比例高。2010～2013年，陕西省用水总量约80～90亿立方米，其中，农业灌溉用水量约50亿立方米，工业用水量在15亿立方米左右，居民生活用水量、林牧渔畜用水量、城镇公共及生态环境用水比例相对较小。从陕西省的三大地形区来看，各区域的用水量有明显的区别，这与当地地理环境、社会发展有很大关系。2013年陕北、关中、陕南的用水比例分别是11.9%、58.5%、和29.6%[3]。

2.4　水环境污染严重

陕西省 2012 年全省废污水排放总量 11.225 亿吨，直接排入江河的废污水总量为 9.854 亿吨，河流污染主要是有机污染，主要有石油类、生化需氧量、氨氮、挥发酚等，大量的废污水排入了河流湖泊。2012 年对评价河长 6517.1 km 进行监测，其中Ⅰ类～Ⅲ类水河长占总评价河长的 67.65%，Ⅳ类～Ⅴ类水河长占 17.60%，劣Ⅴ类占总评价河长的 14.75%[2]。

2.5　水土流失

陕西大部分属于黄土高原，质地疏松，植被较少，易发生水土流失。陕西省 20102012 年内水土流失面积基本保持在 13756 公顷，累计水土流失治理面积在 9407.1 公顷左右；2010 年通过治理，减少了 496.8 公顷，2011 年减少了 559.7 公顷，2012 年减少了 558.6 公顷。[4]

3　可持续发展的措施

3.1　坚持退耕还林、还草的政策，绿化荒山，涵养水源

根据不同的地方，采取了相应的措施。陕北黄土丘陵地区继续实施人造平原工程，增加草场的比重，以涵养水源；对于关中地区，主要是建设好渭河两岸的防护林、渭河污水的处理工程、规范工农业的用水和废水处理规章；陕南秦巴山地区的水源较多，但耕地、荒山荒坡的存在会影响水质，需要退耕还林，加强绿化荒山。这些措施已经取得了一定的成效，还应该坚持实施下去。

3.2　加强引水、蓄水工程的建设，合理利用水资源

陕南秦巴山地区水资源极为丰富，水质多数都属于优良，是陕西最理想的水源采集地。修建水库不失为一种好方法，它可以蓄水防洪，调节河水的季节径流。陕北可以建设梯田和滚水坝，修建雨水收集设施，把可以利用的水充分收集起来。

3.3　引进先进的技术实现节约用水

首先大力推广农业节水技术。可以采用喷灌或滴灌的方式，使灌水量和灌水均匀度能够得到较好的控制[5]，避免水的浪费。其次引进工业节水设备，采用节水生产方式和废水循环使用的方法，降低工业用水量。生活中可以引进节水设施，如节水马桶，达到节水目的。

3.4　控制水体污染，实施污水管网改造

加强污水管网改造工程的建设，科学规划设计污水管网系统，规范工业企业的污水处理，并积极对老旧排污系统进行改造，提升污水管理能力。同时，政府要采取强硬的治污措施，把污水排放量降到最小值，严厉处罚未经过污水处理就直接排入河流的企业。坚持对已经污染的河流进行截污治理，对未污染的水体加以保护和监督。

3.5 加强保护环境和节约用水的宣传

学校积极组织中小学生参与保护水资源、水环境的社会实践活动，在学习生活中加强环保思想的教育；在社会上，加强宣传力度，播撒节水知识。使人人都是环保使者，节水意识存在于每一个人的心中。

4 结 语

只有妥善解决陕西省水资源利用中存在的问题，才能更好地促进经济社会环境的可持续发展。个人应树立环保意识，养成节约用水习惯；企业要建立环保性产业，优化产业结构，实现产业升级；政府要积极引导个人、企业投入到可持续发展的工作中，促进陕西省经济的发展。

参考文献

[1] 康杨，张洪钺. 陕西水资源现状与可持续发展[J]. 全国商情·经济理论研究，2008(20)：21-23.
[2] 陕西水资源局. 2010—2013 年水资源公报[EB/OL]. http://www.sxmwr.gov.cn/2016-03-28.
[3] 陕西省水文局. 2012 年水资源公报[EB/OL]. http://www.shxsw.com.cn/2014-06-17.
[4] 陕西省统计局. 2010—2012 年统计年鉴[EB/OL]. http://www.shaanxitj.gov.cn/2016-03-028.
[5] 李宇霞，郭艳玲. 节水喷灌技术设备的研究[J]. 林业机械与木工设备，2009，37(2)：12-15.

黄渭洛三河交汇流域湿地水环境变化及其可持续利用

权轻舟[1,2]
1.陕西省河流湿地生态与环境重点实验室 陕西 渭南 714099;
2.渭南师范学院 化学与环境学院 陕西 渭南 714099

摘　要:水是湿地生态系统基本要素和重要特征之一,是湿地物质循环和能量流动的重要载体。湿地水环境的健康状态直接影响到湿地生态系统的健康状况。黄河、渭河及洛河三河汇流区域是典型的河流型湿地,不仅具有补充和净化水体、为野生动植物提供栖息地等作用外,在渭河下游防洪形势日趋严峻的背景下,其拦蓄洪水、减轻洪涝灾损的作用日益突出。文章从自然环境和人类活动两方面入手分析三河交汇流域湿地水环境现状特点,总结其发展中存在主要问题,建议从制度措施和工程措施入手,通过完善监督、建立生态补偿机制、促进全民参与保护、扩大湿地保护区范围、加强流域水土保持等手段保护和修复湿地水环境,改善流域生态环境。

关键词:三河交汇流域;湿地水环境;影响因素;可持续利用

基金项目:渭南市科技创新团队建设项目(2015TCTD-2)和能力提升项目(2015TCNL-3);渭南师范学院重大项目(2015ZD001)。

1　黄渭洛三河交汇流域湿地概况

湿地是处于陆地与水生两种生态系统之间的特殊生态系统,具有独特的水文、土壤、植被和生物特征,在我国广泛存在。对于湿地的定义,有不同的解释和理解。目前被广泛接受的是《湿地公约》中的定义:湿地系指不论其为天然或人工、长久或暂时性之沼泽地、湿原、泥炭地或水域地带,带有或静止或流动,或为淡水、半咸水、咸水水体者,包括低潮时水深不超过 6 m 的海域[1]。

湿地是地球上独特的、多功能的和高价值的生态系统,是一种重要的国土资源和自然资源,是自然界最富有生物多样性的生态景观和人类最重要的生存环境之一,不但能够直接或间

作者简介:权轻舟,女,汉族,1980 年生,陕西蒲城人,化学与环境学院讲师,宁夏大学硕士研究生,自然地理专业。

接地为人类提供多种产品和服务，而且具有均化洪水、降解污染、调节局地气候、控制侵蚀等多种环境功能[2]。

水是湿地生态系统基本要素和重要特征之一，是湿地物质循环和能量流动的重要载体。湿地水环境的健康状态直接影响到湿地生态系统的健康状况[3]。水环境不仅左右着湿地的物理、化学、生物学功能和生态价值，也对湿地的发育演化和景观效益的维持起着关键性的作用[4]。资源、生态、环境与可持续发展已成为21世纪科学研究的重点，湿地作为一种复合生态系统，在人类经济、社会、生态发展过程中居于一定重要地位，加之全人类对资源生态安全关注度的不断提升，使得湿地科学成为科学研究的重点领域之一，特别是近几年来很多研究者对湿地水环境的认识与探索提高到一个新的阶段。

黄河、渭河及洛河三河汇流区湿地自然保护区地处陕西渭南——关中平原的东端，北起大荔县华原乡；南到老西临公路；东以黄河为界，与山西、河南相临；西沿渭河至华阴、潼关三县。南北长约40公里，东西约宽15公里，总面积4.67万公顷。三河湿地境内地势平坦宽阔，河漫滩地和一级阶地被渭河和洛河切割为三大块。沿黄河呈南北带状，沿渭河又呈东西带状。由于受黄河泥沙的影响，外滩高于内滩，常年积水，形成沼泽、草甸和盐碱地带。保护区内有六条支流注入黄河和渭河，汛期时黄河水常倒流入渭河和洛河，成为这一地区湿地的主要成因。

三河汇流区域属暖温带大陆性半干燥、半湿润季风气候，地势较周围偏低，受秦岭和中条山所形成的潼关风口的影响，气候具有明显的地域特征，春季干燥升温快，夏季炎热日照长，秋季降温多阴雨，冬季寒冷少雪雨。以三河交汇处的河床漫滩为主，由河流水面、河心洲、滩地、泛洪平原及部分低阶地组成，是典型的河流型湿地，不仅具有补充和净化水体、为野生动植物提供栖息地外，在渭河下游防洪形势日趋严峻的背景下，其拦蓄洪水、减轻洪涝灾损的作用日益突出[5]。

2 三河交汇流域湿地水环境变化的影响因素

黄河流域历来是重要的物质资料生产基地，其湿地面积流失现象日益严重。其中，天然湿地面积已由1986年的2565.6 km^2迅速下降为2008年的1574.5 km^2[6]。20世纪90年代以来，淤积再次加快，发生渭河倒流现象，对渭南东部渭河冲积平原威胁较大。近年来，水污染不断加重，渭河水质已超过V类标准，基本失去了利用价值。黄河大部分河段的水质已超过Ⅲ类，城市、工矿及农业污染正在影响着黄河水体[7]。

渭河是三河交汇流域主要的水源补给地。渭河流域天然水质主要受气候、降雨径流、土壤植被、地质地貌等自然环境影响，流域大部分地区天然水质良好。上世纪90年代以来，渭河流域降雨量偏少，加上国民经济发展耗水量与水土保持用水量的不断增加，河道径流量大幅度衰减。流域内水土流失现象日益严重：一是面积广；二是土壤侵蚀强度大；三是由于忽视生态环境的保护和建设，导致地表植被严重破坏、林线后退和大量弃渣堆积。

可见，河流流域湿地正在经受前所未有的威胁。究其原因，可以从自然影响和人类活动影响来认识。

2.1 自然环境方面

影响湿地水环境质量的自然因子主要包括气候因子、土壤因子、地形因子和植被因子4个方面。在人为干扰较弱的非城市地区，自然因子对湿地水环境质量的影响程度较为明显[8]。三河交汇区域距离市县区中心有一定距离，受自然环境影响较大，其中以气候变化造成的水环境差异最为明显。

2.1.1　气候变化对湿地水环境的影响

全球气候变化不仅使得降水、气温、云量等气候参数发生明显变化，而且会对全球水文循环过程和区域水文情势产生深刻的影响[9]。目前还无法估算预测气候变化背景下全球湿地面积和空间分布的变化趋势，但气候变化对全球湿地面积及其时空分布的影响是毋庸置疑的。

湿地是敏感的水文系统，流入量和流出量发生微小变化，都会导致湿地水位下降和湿地消失。全球气候变化导致的径流减少和蒸散发增加将会加速湿地的丧失。气温升高、降水量变化、海平面上升是影响湿地水文的主要气候变化因素。气候因子（气温、蒸发量和降水量等）的变化主要通过对湿地能量和水分收支平衡的影响来改变湿地的水文特征，从而影响湿地的水循环过程和水文条件[10]。

气候变化对湿地水文水资源的影响具体表现在两个方面：一方面，气候变化将加速大气环流和水文循环过程，通过降水变化以及更频繁和更高强度的扰动事件（如干旱、暴风雨、洪水）对湿地能量和水分收支平衡产生影响，进而影响湿地水循环过程和水文条件。另一方面，气候变化将会增加经济社会用水和农业用水，可能更多挤占湿地生态用水，使湿地水资源短缺状况更加严重[11]。

三河交汇区域近年来因气候变暖造成的局地降水总量减少，水资源储备不足，流域呈资源性缺水。因此，从流域尺度上研究气候变化对湿地生态水文的影响，揭示湿地生态水文过程的变化机理，制定相应的湿地水资源管理和生态保护对策，保障流域水生态安全和经济社会的可持续发展已成为当务之急。

2.1.2　土壤对湿地水环境的积极作用

土壤是地气交换和人地关系的重要界面，主要通过元素输出、污染物吸收与释放、径流过程改变等影响湿地水环境质量。由于湿地水体中污染物质除源于直接的污水排放外，相当一部分来自土壤中污染物质降雨淋洗、侵蚀和径流过程，而土壤本身的性状特征又可以对径流形成明显的调节作用，因而土壤因子在湿地水环境时空演化研究中通常作为关键性的影响因子加以考虑[8]。

湿地土壤是湿地的基质，与一般陆地土壤有所不同，其在湿地污染净化等方面具有特殊作用。一是湿地土壤的碳循环与固碳功能。湿地土壤是湿地生态系统碳素的主要储积场所。毫无疑问，湿地土壤碳素的变化在湿地生态系统碳循环以及由此产生的环境效应中起着关键性作用，特别是在 CO_2、CH_4 等温室气体的固定和释放中起着重要“开关”作用。湿地土壤的碳循环对全球气候变化有重要意义。二是湿地土壤的污染物净化功能。在湿地特殊的水文条件和植被条件下，湿地土壤有着自身独特的形成和发育过程，表现出不同于一般陆地土壤的特殊的理化性质，这些理化性质使得湿地土壤在吸附、吸收污染物，净化水质方面发挥着特殊的作用[12]。

2.1.3　地形、植被变化对湿地水环境的影响

流域地形条件不同，湿地水环境也随之发生变化。地形因子主要通过对水文和土壤侵蚀过程的约束性作用来影响湿地水环境质量。地形的空间分异特征将导致地表产流过程、土壤侵蚀特点和污染物输移发生显著改变，进而影响湿地水环境质量的时空分异[8]。不同流域内

的植被覆盖与植被组合状况各异,植被对水体的涵养与净化等功能也贡献不等,如植被对湿地流域污染物的拦截作用和污染物吸收、转化等功能均与流域湿地植被组合特征有直接关系。

2.2 人类活动方面

湿地水环境的各要素相互影响、相互作用,决定了不同区域湿地水环境具有不同的结构特征,也使各湿地水环境具有不同的用途和功能。概括地说,湿地水环境在均化洪水、提供水源、调节气候、净化水体、维持生物多样性方面的功能更为突出[11]。

在受到气候变化影响的同时,湿地也面临着不断加剧的人类活动威胁。据统计,我国湿地面积大约有 7.0×10^7 公顷,占国土面积的 2.6%,其中包括 1.1×10^7 公顷沼泽,1.2×10^7 公顷湖泊(自然及人工),2.1×10^6 公顷滩涂和盐沼地,以及 3.2×10^7 公顷的稻田[9]。

在气候条件大背景下,现代人类活动对湿地水环境的影响不容忽视。水利工程修建、湿地围垦、城市化进程以及水资源开发利用对湿地水文的影响尤为突出。由于气候变化影响地区特别是干旱和半干旱地区的水循环,降水减弱,干旱发生的频率与持续的时间增加,使人类对气候变化的反应进一步加大了对湿地的压力。例如,人类对气候变化的反应是加大对淡水的利用,以满足城市与农业用水。这可能导致河流流量的减少,湖泊的消失,以及水位更大幅度的波动,从而导致湿地功能的下降和退化[13]。

2.2.1 人类生产生活对湿地环境的影响

土地利用/土地覆被变化是土地资源人为开发利用所形成的最重要的地表特征,尤其在人为干扰较为强烈的城市地区,影响程度更为明显。不同的土地利用类型代表着不同的人为影响方式和强度,进而对湿地水环境产生差异化的影响[8]。由于历史原因和人类经济活动发展需要,三河交汇流域人与自然争水争地的矛盾比较突出,之前的大面积自然湿地不断被改造为种植、养殖地和沿河农家乐,造成湿地面积减少,近些年已很少看到野生动物出没,可见其栖息地面积被不断压缩,生物多样性大幅降低。从中可以看出,农业垦殖的大规模开发对湿地环境产生了难以消除的影响,农垦在改变湿地土地利用类型的同时,大规模农业用水和大量农药化肥的使用使湿地生态环境逐步恶化[14]。

2.2.2 湿地旅游开发的负面影响

过度的湿地旅游开发也会对湿地环境产生负面影响。三河交汇流域沿线,特别是潼关三河交汇口近年来出现了港口观光农家乐扎堆现象,由于旅游活动的季节性特点,在利益的驱动下,经营者常常对湿地资源进行过度的开发,湿地周边一定区域被围栏饲养家禽,吸引游客,导致湿地遭到不同程度的破坏。加之当地居民的家禽饲养、生活垃圾等面积扩大,使得局地水环境受到一定污染,游客乘快艇出行也加速了沿岸土壤植被的退化和破坏。在一些生态脆弱的流域湿地,不当开发可能导致湿地的不断退化。

2.2.3 保护监管机制与公众认知的影响

目前全社会还普通缺乏湿地保护意识,对湿地的价值和重要性缺乏了解,湿地保护和合理利用的宣传、教育工作滞后于经济发展和资源保护形势的要求,宣传教育工作的广度、力度、深度都不够[15]。

调查了解中发现,《湿地保护条例》的执行在当地并不理想,主要存在执行不力、监管乏力、缺乏群众基础等缺陷。目前,水污染治理进度缓慢,废污水治理措施严重滞后,边治理、边破坏现象还相当严重。因此,保护落实不到位,监管机制不完善,公众认知度不高也是导致湿地生态环境恶化的原因之一。

3 三河交汇流域湿地水环境的保护与可持续利用

可持续的湿地水环境应具有不断地完善自身结构、组成、功能、健康及进化发展的能力，对一定时空尺度的各种扰动能够保持整体的弹性、平衡性和稳定性。具体来说，湿地水环境可持续性的内涵主要有3个方面：保持一定的湿地范围、功能完整、保持整体的稳定性[16]。结合三河交汇流域湿地的现状及主要问题，建议从制度措施和工程措施两方面入手，改善流域生态环境，加强水资源保护。

3.1 制度措施

3.1.1 明确领导责任，重视区域生态安全

陕西省政府的《渭河水污染防治综合整治实施方案》明确提出，各部门在治理水污染中的职责，特别是行政一把手的责任，继续重点抓好西安市、宝鸡市、咸阳市、渭南市和杨凌示范区及渭河流域县域以上城镇污水处理设施建设，抓好限期治理和工业污染源达标排放工作，不断加大执行环评和“三同时”制度的力度，约束和控制企业的污染行为，减少流域水污染[17]。地方政府和部门在湿地环境保护工作必须以此为准则，制定科学可行的保护对策和方法，明确各级领导责任，依法执行保护监管工作，将区域生态安全作为重要工作之一，坚持常抓不懈。

3.1.2 健全机制，完善监督，保障湿地水环境可持续利用

湿地水污染问题的治理，首要工作是强化执法手段，严格执法程序，提高现行法律法规的可操作性；其次要严格控制“三废”等污染源，结合企业技术改造，通过减少污染点源和面源来降低其对水环境的污染；三是完善监督保障体系，鼓励动员企业和个人分担政府和部门风险责任，加入湿地环境维护和监督管理行列，倡导全民从自身生产生活出发保护水资源环境。

3.1.3 建立生态补偿机制

近几年来，我国通过湿地资源保护行动使各类湿地保护区的生态补偿取得重要进展。然而生态补偿政策还很不完善，生态环境的价值尚未得到全社会的普遍重视。在三河交汇流域很多地方，特别是经济欠发达地区，地方政府关注经济总量提升，居民关心自身生活水平提高，对生态环境恶化所带来的整体性危害，重视不够甚至充耳不闻。因此，国家层面应加快建立生态补偿机制与政策落实，促使有害行为的外部不经济性内在化，重点突破西部地区和重要资源产业的生态补偿机制，用计划、立法、市场等手段来解决下游地区对上游地区、开发地区对保护地区、受益地区对受损地区的利益补偿[18]。同时，这也促使地方政府配合生态补偿机制提出对策措施，关注生态安全与可持续利用。

3.1.4 群策群力，形成全民参与湿地保护氛围

当前，资金不足是制约很多地方湿地保护实施的重要因素。由于湿地保护是跨部门、多学科、公益性、综合性的系统工程，因而其投入也具有多渠道、多元化、多层次的特点，而政府投入是湿地保护资金来源的主导力量。因此，各级地方政府应当将湿地保护纳入国民经济与社会发展规划之中，使其具有充足政策资金保障。同时，还应通过各种途径吸引社会投资，鼓励各类投资主体为湿地保护予以投资，建立全社会人人参与湿地保护的公众氛围。

3.2 工程措施

3.2.1 扩大湿地保护区范围，提高湿地保护技术水平

地方政府应根据基础调查和应用研究，有针对性地扩大湿地保护区域范围，做好湿地防护工作。地方政府可采取有力措施，积极推进抢救性保护，在湿地生态脆弱地区抢救性地建立一批自然保护区，扩大湿地保护面积，加强组织领导，强化湿地保护，创造优美的水生态环境[17]。同时，要建立完善湿地保护与合理利用的技术推广管理机制和组织体系，广泛开展湿地保护、湿地资源合理利用、湿地综合管理等方面的技术推广与交流，大力提高湿地保护的科技水平，运用先进工程技术手段，综合整治已受到污染危害和存在退化隐患的湿地。

3.2.2 因地制宜，加强流域水土保持

水土保持生态建设，应以防治结合、保护优先、突出重点、强化治理为基本思路，对不同流域生态采取不同的治理措施。三河交汇流域生态环境破坏与恢复现状存在区域差异，地方政府在开发建设中要因地制宜，针对局地特点实施保护开发策略，有效遏制人为原因造成的水土流失现象。在水土流失较严重地区应加强沟道建设，促进种植结构调整和退耕还林还草工程，实行封山育草等措施，重点发挥湿地生态系统的自我修复能力。

3.2.3 保护和修复湿地水环境

随着物质生活水平的提高，人们对生态环境的要求也越来越高。三河交汇流域的湿地水环境需要长期的治理与保护，当前可以从“退耕还湿”和“退养还湿”开始，逐步将湿地沿线一定范围内的农业、养殖、观光用地退还给湿地，开展沿岸植被绿化，以涵养水源，保护水源。同时，在风景区建设中加强湿地水环境的保护，树立人与自然和谐共存的理念，对湿地资源的开发利用应限制在生态环境可承受的范围之内，并统筹兼顾合理规划，以实现经济发展与生态维护同步。

参考文献

[1] 刘慧媛. 对湿地旅游资源的探讨[J]. 重庆工商大学学报(自然科学版)，2007，24(1)：41-45.

[2] 李景宜. 陕西渭河下游湿地环境风险因素分析[J]. 地理科学，2007，27(3)：371-375.

[3] 李玉凤，刘红玉，郝敬锋，等. 湿地水环境健康评价方法及案例分析[J]. 环境科学，2012，33(2)：346-351.

[4] 杜华明. 我国湿地水环境研究进展[J]. 攀枝花学院学报，2009，26(6)：9-11，5.

[5] 李景宜. 黄渭洛三河汇流区湿地景观变化[J]. 干旱区地理，2008，31(2)：210-214.

[6] Maojun Wang，Shanzhong Qi，Xuexia Zhang. Wetland loss and degradation in the Yellow River Delta，Shandong Province of China[J]. Environmental Earth Sciences，2012，67(1)：185-188.

[7] 毛平宇，田海潮. 陕西黄河湿地的保护开发与利用[J]. 农业环境与发展，2002，19(5)：16-18.

[8] 贾慧慧，王俊坚，高梅，等. 湿地水环境质量时空分异的影响因子[J]. 生态学杂志，2011，30(7)：1551-1556.

[9] 傅国斌，李克让. 全球变暖与湿地生态系统的研究进展[J]. 地理研究，2001，20(1)：120-128.

[10] 章光新，尹雄锐，冯夏清. 湿地水文研究的若干热点问题[J]. 湿地科学，2008，6(2)：105-111.

[11] 董李勤，章光新. 全球气候变化对湿地生态水文的影响研究综述[J]. 水科学进展，2011，22(3)：429-436.

[12] 王红丽，李艳丽，张文佺，王磊. 湿地土壤在湿地环境功能中的角色与作用[J]. 环境科学与技术，2008，31(9)：62-65.

[13] 陈克林，张小红，吕咏. 气候变化与湿地[J]. 湿地科学，2003，1(1)：73-77.

[14] 闫长平，马延吉. 人类产业活动对湿地环境的影响研究进展[J]. 湿地科学，2010，8(1)：98-104.

[15] 郭俊刚，程铁锁，斉辉. 浅析渭南湿地保护存在的问题与对策[J]. 山东林业科技，2013(3)：116-118.

[16] 王永洁，王治良，罗金明，等. 湿地水环境可持续性概念辨析[J]. 生态环境，2010，19(2)：499-504.

[17] 董德惠. 渭河水环境与生态问题及其可持续发展对策[J]. 陕西水利，2009，(6)：29-32.

[18] 李晓华，马吉明，李贵宝，等. 湿地水环境存在问题及其保护措施研究[J]. 南水北调与水利科技，2009，7(4)：50-53.

沈河水库水源地现状及保护对策

蒋缠文[1,2]

1. 陕西省河流湿地生态与环境重点实验室 陕西 渭南 714099；
2. 渭南师范学院 化学与环境学院 陕西 渭南 714099

摘 要：沈河水库是渭南市城区人民生活用水的重要水源，其水质优劣直接关系到渭南市全市人民的健康。本文在沈河水库水源地水资源和保护现状调查的基础上，找出了沈河水库水源地保护过程中存在的问题及原因。并结合环境保护相关知识，根据沈河水库的实际情况，提出了水源地的保护策略，为渭南市水资源的合理利用和水质安全提供参考。

关键字：沈河水库；水源地；污染；保护

基金项目：渭南市科技创新团队建设项目(2015TCTD－2)和能力提升项目(2015TCNL－3)；渭南师范学院重大项目(2015ZD001)。

1 前 言

在当今快速发展的经济社会，提供安全的饮用水成为了我们关注的重要话题，而饮用水源地的保护便成为了保障饮用水健康、安全的基础环节。然而保护水源地是一项对政策和技术要求都非常强的工作。当前保护水源，改善饮用水的水质，确保饮用水的安全，已成为关系到民生的社会问题[1-2]。面对水源地保护这个重要话题，目前主要的手段和内容有：制定严格完善的法律体系保障水源，为水资源环境的稳定发展提供了有力的法律根据；建立水源地安全质量保障与保护方面的制度，充分发挥各地方政府根据实际情况实现自我调整、协调管理的优势，使水源地保护达到最大效果；运用经济财政手段保护水源地安全，确保水源地保护区的健康持续稳定的发展，提高环境管理的效率；及时有效地做好饮水源地污染治理与质量评价，加强水生态环境评估，以检测污染控制措施的有效性，并根据实际情况迅速调整污染控制措施[3]。

沈河水库自修建竣工五十多年以来，在为渭南市城区提供饮用水、居民农田灌溉、牲畜喂养等方面发挥着重大作用，成为渭南市经济发展的坚实后盾。因此，沈河水库水源水质保护也成为各界人士及政府部门关注的话题，引起各级政府及环保部门的重视，在水源地保护、宣传

作者简介：蒋缠文，1984 年生，男，汉族，宁夏盐池人，渭南师范学院化学与环境学院，讲师，博士，环境化学。

环保知识、加强绿化工作方面也加大了投资[4]。但是随着经济发展，城镇化显著，地方居民只注重眼前经济的浪潮愈演愈热，使得沈河的水质安全受到威胁，也使得水源区水质保护与周边群众的社会经济发展需求之间的矛盾日渐突出。因此，加强水源地环境保护、维护水质安全，同时保障民众的经济和生活需求是目前亟待解决的问题。

2　沈河及沈河水库概况

沈河流域，位于陕西省渭南市，地理位置介于 108°50′～110°38′E 和 34°13′～35°52′N 之间，发源于秦岭北麓，是渭河下游的一条支流。沈河有东西两个源头，东源为清水河（流经花园至史家村），西源为稠水河（流经姜洞坡至史家村），清、稠二水流至史家村合流成为沈河，在蒋家村一带形成沈河水库，该水库所控制的流域面积为 224 平方公里。灌溉面积为 6.04 万亩，有效灌溉面积为 5.06 万亩，旱涝保收面积为 3.84 万亩。沈河年平均径流量为 3360 万立方米[5-7]。为防止渭南市区受到洪水等自然灾难的侵害，并给渭南城区居民提供充足安全可靠的饮用水，以及方便农业生产区的土地灌溉，1959 年由政府主持修建沈河水库，当年 12 月开始动工修建水库，次年开始在蒋家村建坝截流，历时四年，沈河水库便投入使用[7]。水库进库站位于坝址上游 3.5 公里处，控制流域面积为 179 平方公里，是渭河南山支沈河上的一座中型水库。坝址以上流域长 23 公里，当前水库容量为 833 万立方米，每年向渭南城区供水 1467 万立方米。水库下游修建有铁路、高速公路，离水库 4 公里便可到达渭南市人口密集区，因此防止洪涝灾害沈为重要。

3　沈河水库水源地保护的现状及存在的问题

3.1　沈河水库水源地保护的现状

1999 年经省政府批准设立了沈河水库地表水饮用水源保护区，沈河水库地表水饮用水源保护区范围包括黄土台塬区和丘陵沟壑区以及沈河集水区，南北从水库大坝至沈河源头以及涧峪水库及其集水区，总面积约 255.1 平方千米，保护区分为一级保护区、二级保护区和准保护区，并在沈河水库周边展开设立防护栏、增建环保宣传标语、种植绿化等大量环保工作，以确保水源地能正常供水及保障水质安全工作[8]。有关部门对沈河水库水源地一级保护区范围内的部分农家乐及其它可能污染水源的企业进行了强制停产，并在划定的水源保护区入口设立了保护牌和警示标志。

3.2　沈河水库水源地保护存在的问题

虽然政府对沈河水库制定了一定的保护措施，但是水库的建设比较早，我们在调查中发现水源地一类保护区内居住着河西乡 6 个大队，当地村民把生活垃圾随意堆放，生活污水随意排放，经过雨水冲刷流入到水库；沿库开垦田地，不仅造成严重的水土流失，而且农业化肥会随雨水进入到水库，造成水库水质富有营养化，污染水资源；河西乡宋家村周边各种农家乐、餐饮店给游客提供烧烤地等造成了水资源不同程度的污染。

3.2.1 水土流失严重

沈河水库出现淤积的原因主要是水土流失没有遏制，随着水库淤积不断增加，库容逐渐减小[9]。沈河流域地处黄土高原地区，而且旁边地势比较陡，水源保护区植被覆盖率较小，黄土容易因大雨冲刷流入水库，导致水土严重流失。加之水库周边农村居民密集，保护区周围农田较多，从而导致整个沈河流域存在严重的水土流失现象，污染当地水资源。由于政府部门的投资力度低，管辖范围小，导致出现拆东墙补西墙的态势，水土流失没有得到有效遏制，侵蚀强度居高不下。

3.2.2 水源地污染严重

由于农村没有污水排放管网等基础设施，农村居民生活用水和废弃物未经过处理就直接排放，这些污染物间接排入库中[10]。沈河流域农业用地范围大，当地居民在沿岸开垦荒地种植庄稼，在调查中我们还发现很多农民到了雨季直接把化肥撒在庄稼的地面上，然后通过雨水将其溶解，但是这种方法不仅很难被植物吸收利用，反而会经雨水冲刷进入库区，造成水体的富营养化，严重影响饮用水安全，还有就是农民给自己庄稼喷洒的农药直接污染了水源。由于沈河沿边有高速公路，导致越来越多的车辆、人群进入水源区，许多游客居民在河岸钓鱼，嬉戏，给水源造成不同程度污染，特别是车辆本身带来的汽车废气、铅、石油等污染源。公路维护过程中留下的沥青残渣污染以及车辆运输有毒化学物品的泄漏污染，都对水源水质安全造成了潜在的威胁。

3.2.3 水源地保护工作机制不健全

饮用水源水质监测是最直观反映饮用水源地水质状况的手段。而目前环保部门和水利部门各有自己的一套监测体系，两个部门监测体系在监测标准上还存在许多差异，而且监测结果还未实现资源共享，不仅造成大量人力物力资源的浪费，同时也不利于水源地的环境的统一管理[11]。除了监测体系不统一外，渭南市对水源地的监测频率也不够高，水质监测站点少，监测结果不能准确反映出整个水体的水质变化趋势和污染状况，难以对饮用水源环境的变化进行控制与应变，不能迅速准确有效地对饮用水水质现状和变化规律进行表述。另外，水质监测自动化程度低，不能对水源水质进行自动监测和远程监控，以便能够及时了解水源地水质特征。在这次调查中，我们到当地居民家中看到村民用水都来自于深水井，而不吃水库的水，当地居民声称水库水存在不干净、不健康等状况。

3.2.4 基础设施不完善

环保提示牌过少，不能对游人起到警示的作用，加之垃圾箱设置数量非常少，导致水库周围垃圾随处可见，又无人对垃圾进行处理，随雨水流入到水库中，对水源造成一定的污染。河中虽设有滤网进行过滤，但是基础设施不够合理，水面悬浮物到处可见。水中种植芦苇，本应该对水库水资源具有净化作用，但是植被无人管理，导致芦苇杂乱无章，影响水库的水质。水库周围的围栏损坏后，不能及时处理，游人从损坏处进入到水库，随意在水里游泳嬉戏，对水源产生一定的污染。

4　沈河水库水源地保护机制与对策

4.1　指导原则

4.1.1　解决矛盾与发展平衡原则

沈河水库被作为渭南市饮用水后，就出现了当地人民经济利益与保护水质之间的矛盾，因此协调发展平衡，解决基本矛盾成为当下的主要任务。毫无疑问，我们研究和解决沈河水库水资源保护问题也应该以可持续发展理念为基础，发展平衡，解决矛盾。

4.1.2　水源区整体与分区相结合保护原则

由于水是生命之源，水资源显得尤为重要，但与此同时水资源也越来越紧缺。虽然地球上3/4都被海洋覆盖，但是适合人类使用的水源并不是处处可见的。淡水的含量相对很少，随着工业的不断发展，污染水源的面积也越来越大，能饮用的水源极少。

水源区整体保护原则具体是指山地、林业、水资源、土地、水蒸气形成了一个循环圈，这个连锁反应维持着水库及其水源的流动。这些环节中有一个环节出现问题都会对其他环节产生影响，从而影响水源水质。因此，重视水源地整体保护刻不容缓。但是由于沈河水库工程比较庞大，占地面积比较大，因此应该采取各个阶段都有保护措施的原则。防止出现下游保护上游污染的现象。

4.1.3　以非污染地区保护控制重点的原则

从水体污染的程度看，可把沈河水库水区分为非污染区、轻度污染区、重度污染区。非污染区是一些山地，人员活动相对较少，工业点几乎没有的上游地区，降水是主要的水源。在居民相对较少、工业区零散分布的沈河水库上游地区处应该加强预防保护措施，防御与保护相结合，保障非污染区水资源的安全性。

4.1.4　预防为主的原则

预防为主的污染防治策略，是水资源保护的主要策略之一。

要做到预防为主，首先要明白水源地保护区一旦遭到破坏将很难恢复，更要意识到水资源被污染后，要通过治理恢复到优质水质，不仅会增加时间成本，也会给地区政府造成严重的经济压力。沈河水库上游工矿业聚集不多，水质的污染指数不是很严重，但是植被种植面积稀少，所以对沈河水库上游要做好预防措施，增加植被覆盖面积，这对于水源地保护具有重要的意义。

4.2　沈河水库水源地保护机制

4.2.1　水土保持治理

沈河水库区域，水土流失严重，沿河下游淤泥堆积，水库除了修建防水设施外还应加强水库周边的基础设施，使得水库周边更加坚固，防止水土淤积，并采取一定的措施予以加强。

(1)目前部分沿库面积已经开始投入植树种草的绿化项目，这就为预防水库淤泥堆积创造了一个好的开始。绿化项目实施到重要环节时，水库管理处附加协助，并按照环保部门的计划，逐次实行。

(2)加强防范洪灾、泥石流工作,确保水库周边的安全抗洪能力,及时检修水库周围的排水系统。

(3)所在土料场区域的绿化及恢复与治理:土料场地处水库大坝东北处的黄土台塬上,通过植树、绿化、种植杂果树木,用来防止泥石流作用。

(4)弃料场植被恢复及治理:弃料场地处水库坝的上游约 3 km 沟渠处内,将垃圾回收整理,再进行种草、栽树。

4.2.2 保护与开发结合,提高经济效益

生态项目是一个集经济利益与环保结合的经济项目,只一味追求扩大经济效益,而忽视环境保护,那么不久的将来我们将面临惨重的代价。实践表明,生态项目的实施要想顺利进行,就不得不将生态效益和居民的经济利益联系起来,广泛调动广大群众的积极性,发挥群众的集体效应[12]。因此,沈河水库的生态保护要把农村产业结构的调整,农村主导产业建设,增加农民收入放在重要位置,全面整合资源,优化资源配置。

4.2.3 多方筹资,加快水源区生态保护与重建工作

水环境保护措施在不同程度上与地方经济发展的需求之间存在冲突和矛盾。水环境安全固然是非常重要的,但是当地的水源保护区的经济利益也需要公平对待,只有确保保护区的经济利益得到满足,才能实现水源地保护制度的可持续发展。所以除了各种水源保护法律法规和管理制度,还需要使用经济手段来支持水源保护区的经济利益,才能保证水源地保护区的健康稳定发展[13],此外,与传统的管制手段比较,利用经济手段大大提高了环境管理的效率,因此在水源地保护的经济资金管理方面,包括水质交易、水环境税费及污水处理收费等也应制定详细的规定。

在水资源保护的过程中应逐步使污水处理产业化、市场化,积极促进公私合作,由私营部门和公共部门合作,实现公共服务的生产和交付。让私营企业和资本进入水资源保护的公用事业,可以解决一些如污染治理基础设施建设缺乏资金、经营管理成本过高、运行效率低下、人力和技术资源有限和行政管理体制的影响,从而加强和提高对环境污染的治理与保护的效率。

坚持大众创新,万众创业理念,实现众筹的发展理念,即谁投资谁受益原则,坚持经济效益原则与创新相结合,各级政府加大投资力度,解决投资不足问题。

4.2.4 移民及搬迁

沈河水库建设时间较长,自 1994 年 10 月开始就向渭南市提供饮用水,经历五年的实践过程之后,通过陕西省政府批准设立了沈河水库地表水饮用源保护区,范围包括黄土台塬地区和丘陵沟壑区,南北从水库大坝至沈河水源头,分为一级、二级和准保护区[14]。由于地域原因,保护沈河水库保护区内居民的生产、生活不可避免地给水源带来污染,特别是各类保护区距离渭南市城区比较近,游玩人群也给水源地带来污染。沈河水库水质量的好坏直接影响着渭南市人民的健康,为保障水源地的水资源不被污染,能向人们提供安全可靠的饮用水,计划将居住在保护区域内的居民进行搬迁。

根据国务院重要文件指示,在进行居民搬迁时,不能影响到生产建设,因此对沈河水库保护区内的居民迁移坚持"边生产,边搬迁"的原则,分批将保护区内及附近村庄的居民迁到新的居住地,并在新迁区为移迁居民划分耕地,使得移迁的居民迅速投入到生产中去,确保农业生产不受搬迁的影响。经过 3 年搬迁工作的开展,最终将沈河水库保护区内 8 个村庄的全部居民移迁出来,完成移民安迁工作。移民不仅有效地保障了保护区的水资源安全,也提高了土地

的利用率，提高当地人民的生活水平。

4.2.5 水质保护措施

(1)加强村民的保护意识，政府应加大宣传力度工作，让村民充分意识到周边环境的重要性，最终实现全民参与水源地保护工作，让附近居民对水源地的保护起到监督的作用。

(2)政府加强管理方面的工作，实施一定的政策，加强巡视人员，防止并严惩钓鱼者污染周边水资源现状。

(3)广告牌、环保牌等对环境保护的标语应该多设置在沈河水库岸边，随时给游客启示。

(4)禁止居民和商家提供烧烤类工具在周边烧烤，污染水体。

(5)加强基础设施设置，路边应每 20 米处就放一个垃圾箱，以免游客将垃圾随处乱扔。

(6)栅栏设置标准高度，以免游客翻越到河边游玩污染环境。

(7)在清水河流域周边植树造林、种草，做好绿化工作；在稠水河流域发展水土保护工作，制造防护林，充分体现生态建设的重要性；黄土台塬区方田建设绿化带，利用高新技术创建天然粮区和蔬菜区，突出无污染粮食区和蔬菜区，建设生态农业。

4.2.6 环境水质监测

按期对水源地的水质进行监测是保证水质安全的重要环节之一[15]。利用先进的科学技术将遥感技术和监测技术相结合，以检测水质状况，为了避免设备的损坏应将其设在水库大坝管理站的院内。监测的主要内容有水质量的优劣、空气中所含的离子成分、当地空气干燥情况、潮湿度情况、暴雨洪水的流量、自来水用水的净化度等。随着科技发展，检测过程中所使用的仪器应尽可能是高科技技术产品。检测的结果及时向社会各界发布水质监测结果，接受社会政府及有关部监督。

由于沈河水库的地位对渭南城区的重要程度，其沈河水库的水质优劣直接影响了渭南接近一半的人口用水安全，所以沈河水库的水质检测指标显得尤为重要。为了使水资源更加安全，监测结果可信度更高，有目的性的对水中的浮游类植物，藻类做针对性的监测，使得监测范围涉及多方面。

5 结 论

目前，沈河水库水源地环保提示牌过少，不能对游人起到警示的作用，加之垃圾箱设置数量非常少，导致水库周围垃圾随处可见，又无人对垃圾进行处理，随雨水流入到水库中，对水源造成一定的污染；河中虽设有滤网进行过滤，但是基础设施不够合理，水面悬浮物到处可见；水中种植芦苇，本应该对水库水资源具有净化作用，但是植被无人管理，导致芦苇杂乱无章，影响水库的水质；水库周围的围栏损坏后，不能及时处理，游人从损坏处进入到水库，随意在水里游泳嬉戏，周围建有部分农家乐，游客在水库周围烧烤现象随处可见。这些工作都未做到位。需要政府及有关部门人员加以重视，譬如加防护网，加强村民对沈河水库的保护意识，加大力度宣传保护水源的重要性，普及村民防范知识，使得我们的用水饮水资源得以保护。

参考文献

[1] 刘阳,殷国玺,谢崇宝,等.基于 Arc GIS 的村镇饮用水水源地污染因子识别研究[J].江苏农业科学,2014,42(3):312-315.

[2] 丁晓娜.饮用水源地保护研究:以盐都为例[D].扬州:扬州大学,2013.

[3] 吴昊.北海市县级以上集中式饮用水水源地环境现状调查及保护对策研究[J].安徽农业科学,2014(13):4010-4011.

[4] 钟秋娟.汤河水库水源保护对策探讨[J].科学与财富,2011(4):87-88.

[5] 李水娜.论沈河水库水源地保护[J].科技资讯,2012(15):55-55.

[6] 孙一博,刘朋飞,王文科,等.渭河流域地下水的水化学特征及形成机制[J].南水北调与水利科技,2016,14(4):152-158.

[7] 李昭淑,黄春长,李志峰,等.沈河水库产沙条件的研究[J].西北大学学报,1982(4):53-62.

[8] 杜勇.水环境安全与风险评估研究[J].安徽农业科学,2013(32):12703-12704.

[9] 马春梅.宁夏饮用水源地保护与管理[J].安徽农业科学,2013(35):13715-13716.

[10] 江勇.现代水资源管理新思想及和谐论理念[J].民营科技,2014(8):250-251.

[11] 邱姬垚.水土保持措施对水资源和水环境相关的影响分析[J].华东科技(学术版),2013(11):124-124.

[12] 赵光耀,王答相,等.陕西省丹江口水库水源区生态保护与重建存在的问题及对策[J].中国水土保持,2003(7):11-12.

[13] 李明华.大连市水源地保护与实践研究[D].大连:大连理工大学,2012.

[14] 王倩倩.黄土台塬区湿地公园水系规划策略研究[D].西安:西安建筑科技大学,2014.

[15] 龙文江.文山市暮底河水库汇水区植被现状与保护对策[J].文山学院学报,2013,26(6):71-76.

沈河流域下游地下水化学特征分析

王晓艳[1,2]
1.陕西省河流湿地生态与环境重点实验室　陕西 渭南　714099;
2.渭南师范学院　化学与环境学院　陕西 渭南　714099

摘　要:2016 年 4 月中旬在沈河流域下游,沿河周边的村落的 7 个地下水采样点采集的样品,对下游村落地下水主要的化学离子、pH 值、电导率 EC、总可溶性固体 TDS 进行了分析。结果表明,所有地下水成弱碱性,且为低矿化度水;通过作 Gibbs 图和 Piper 三角图可知沈河流域下游地下水中离子组成主要受岩石风化,且以碳酸盐岩和长石风化为主。其水化学类型为 $HCO_3^- - Na^+$、$SO_4^{2-} - Cl^- - Na^+$、$SO_4^{2-} - Ca^{2+} - Na^+$。

关键词:地下水;离子浓度;岩石风化;沈河流域

基金项目:渭南市科技创新团队建设项目(2015TCTD-2)和能力提升项目(2015TCNL-3);渭南师范学院重大项目(2015ZD001)。

水资源在自然资源中占据着非常重要的地位[1],人类在生产生活中对水的需求是必须的。对水的使用过程中,水质显得尤为重要,而目前我国大部分居民使用的是地下水。因此,近年来越来越多的学者投入到区域地下水的研究中[2-5]。地下水中的化学物质组成受该地区的岩石岩性、气候、土壤、水库的污染程度、降水的化学性质以及人类活动的影响。

沈河水库是渭南市工农业生产和城市生活的主要水源,也是其周边地区地下水的来源之一。水库周边的居民自己开挖水井作为其饮用水。本文就其沈河流域下游——地下水作为研究对象,对流域下游地下水化学特征进行系统地研究与分析,运用水化学统计的方法探讨该区域地下水的水化学特征,为区域水资源的利用提供依据,也为区域水化学、地球化学的研究积累研究资料和数据。

1　研究区概况

1.1　沈河水库地理位置及流域面积

沈河,位于陕西省渭南市,地理位置介于 108°50′～110°38′E 和 34°13′～35°52′N 之间。渭

作者简介:王晓艳,1984 年出生,女,汉族,山东省临沂市,渭南师范学院化学与环境学院,讲师,博士,研究方向为同位素水化学。

河属于黄河水系，发源于秦岭北麓，而沈河是渭河下游的一条支流。沈河有东西两个源头，东源为清水河(流经花园至史家村)，西源为稠水河(流经姜洞坡至史家村)，清、稠二水流至史家村合流成为沈河。在流域经流的蒋家村地带是沈河水库，其控制流域面积为224平方公里。灌溉面积为6.04万亩，有效灌溉面积为5.06万亩，旱涝保收面积为3.84万亩。沈河年平均径流量为3360万立方米[6,7]。水库进库站位于坝址上游3.5公里处，控制流域面积为179平方公里是渭河南山支流沈河上的一座中型水库(如图1)。

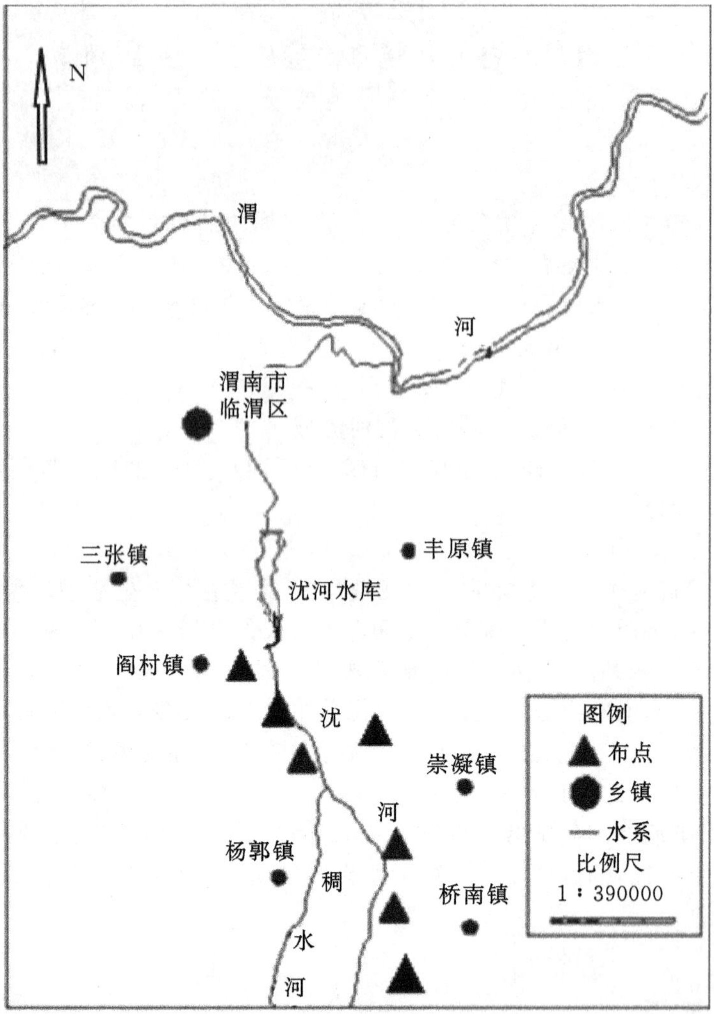

图1 沈河流域及采样点位置

1.2 地形地貌、土壤、降水和气候

该流域属于华北地台的陕甘宁盆缘区，南北隆起，中部属于地堑构造。中部低、南北高、东西开阔。南北为石质山地，主要的岩石类型是花岗岩、其次是变质岩，主要矿物是白云石($CaMg[CO_3]_2$)和方解石($CaCO_3$)，土壤基本为棕壤—褐土组成，加之有塿土，塿土是关中特有的农业土壤[8]。暖温带半湿润半干旱季风气候是该流域典型的气候类型，四季分明、光照充

足，年平均气温13.6℃；雨量适中，年降水量600 mm左右，春季气候多变，夏季炎热多雨，冬季干冷。

2 采样与分析

2016年4月上旬对渭南市沈河流域下游村落地下水的采集，地下水的采集点分别为水库石板下地下水、宋家村5组农户饮用水、宋家村地下水、花园地下水1、花园地下水2、大寺村地下水、史家村地下水。其经纬度、海拔分别为(34°26′27″N，109°30′52″E，450 m)、(34°25′54″N，109°31′17″E，450 m)、(34°25′55″N，109°30′52″E，400 m)、(34°40′43″N，109°33′18″E，570 m)、(34°20′43″N，109°33′18″E，570 m)、(34°21′44″N，109°32′33″E，670 m)、(34°21′43″N，109°33′25″E，620 m)。

所有样品均采于沈河流域下游地区的地下水。样品直接用蒸馏水清洗过的聚乙烯塑料样品瓶采集，密封保存在温度为5～9℃的冰箱之中。样品的分析工作在渭南师范学院化学与环境学院的分析化学实验室完成。pH值使用pHS-3C测量。EC(电导率)和TDS(总可溶性固体)值使用DDSJ-308A测量，为避免受到空气中CO_2和H^+的影响，样品从冰箱中取出后应立即进行测试。K^+、Na^+、Ca^{2+}和Mg^{2+}等阳离子浓度使用PE2380型原子吸收光谱仪测定，四种主要离子的测量精度在10 ng/g以内。Cl^-、NO_3^-和SO_4^{2-}三种阴离子浓度分别采用滴定法、氧化还原法和灼烧法测定。实验中未测HCO_3^-含量，利用离子平衡方法计算出HCO_3^-浓度[9,10]。

3 结果与讨论

3.1 地下水化学特征

地下水水文地球化学特征由地下水径流经历的岩性、径流速度、补给、排泄条件、地球化学反应特征、人类活动等因素所决定，通常，地下水离子类型从补给区到排泄区有如下的变化规律：HCO_3^-、SO_4^{2-}、Cl^-，TDS也随之增加[11]。由表1和表2所示，沈河流域下游地下水的pH值变化范围为6.90～7.96，平均值为7.47，呈弱碱性。在弱碱性的条件下，CO_3^{2-}含量较少，只占二者总量中小于5%，分析中可忽略不计。EC介于676～835 $\mu S \cdot cm^{-1}$之间，TDS介于338～418.5 $mg \cdot L^{-1}$之间。水库石板下地下水、宋家村5组农户饮用水、花园地下水1地下水和大寺村地下水中阳离子按浓度大小排序为：$Na^+ > Mg^{2+} > Ca^{2+} > K^+$，$Na^+$占阳离子总数的53.17%，阴离子排序为：$HCO_3^- > SO_4^{2-} > Cl^- > NO_3^-$，$HCO_3^-$占阴离子总数的60.76%；宋家村地下水中阳离子排序为：$Na^+ > Mg^{2+} > Ca^{2+} > K^+$，$Na^+$占阳离子总数的68.50%，阴离子排序为：$Cl^- > SO_4^{2-} > HCO_3^- > NO_3^-$，$Cl^-$占阴离子总数的34.06%，$SO_4^{2-}$占阴离子总数的32.53%；花园地下水2中阳离子排序为：$Na^+ > Ca^{2+} > Mg^{2+} > K^+$，$Na^+$占阳离子总数的38.96%，$Ca^{2+}$占阳离子总数的30.92%，阴离子排序为：$SO_4^{2-} > HCO_3^- > Cl^- > NO_3^-$，$SO_4^{2-}$占阴离子总数的35.08%；史家村地下水中阳离子排序为$Na^+ > Mg^{2+} > K^+ >$

Ca^{2+},Na^{+}占阳离子总数的 79.47%,阴离子排序为:$Cl^{-}>SO_4^{2-}>HCO_3^{-}>NO_3^{-}$。$Cl^{-}$占阴离子总数的 40.16%,$SO_4^{2-}$占阴离子总数的 34.26%。其分别按照前苏联学者舒卡列夫水化学类型划分方法[12],沈河流域下游地下水主要离子类型分别为 $HCO_3^{-}-Na^{+}$、$Cl^{-}-SO_4^{2-}-Na^{+}$、$SO_4^{2-}-Ca^{2+}-Na^{+}$、$SO_4^{2-}-Cl^{-}-Na^{+}$。

表 1 不同采样点的海拔电导率、pH 值及总可溶性固体

序号	采样点	海拔/m	EC/(μS·cm^{-1})	pH 值	TDS/(mg/L)
1	水库石板下	450	760	7.63	379
2	宋家村 5 组农户饮用水	450	753	7.69	377
3	宋家村	400	676	7.72	338
4	花园地下水 1	570	835	6.97	418.5
5	花园地下水 2	570	682	6.9	340.5
6	大寺村	670	775.5	7.42	387.5
7	史家村	623	688	7.96	343.5

表 2 沈河流域下游地下水常见离子浓度 单位:mg/L

序号	样点	Mg^{2+}	Na^{+}	K^{+}	Ca^{2+}	Cl^{-}	SO_4^{2-}	NO_3^{-}	HCO_3^{-}
1	水库石板下用水	9.8	23.6	0.58	0.75	14.2	28.87	4.264	100.13
2	宋家村 5 组农户饮用水	9.56	21.55	0.37	2.07	16.33	28.16	4.4705	92.99
3	宋家村	5.74	19.51	0.37	2.86	30.53	29.165	4.4705	25.48
4	花园地下水 1	7.17	9.27	0.79	5.75	26.27	28.685	4.057	30.66
5	花园地下水 2	6.21	8.24	0.16	6.54	22.01	28.655	4.884	26.14
6	大寺村	11.47	11.93	0.16	9.96	22.37	28.165	3.8505	100.86
7	史家村	2.87	19.51	1.42	0.75	32.63	27.835	1.164	19.62

3.2 水体主要离子来源及控制因素

陆地水体离子主要来源于大气输送、岩石和矿物风化及人类活动输入,通常使用 Gibbs 半对数坐标图解对其主要来源进行分析,是定性判断地下水化学组成来源的重要手段[13]。纵坐标以对数刻度表示 TDS,横坐标以算术值表示 $Na^{+}/(Na^{+}+Ca^{2+})$质量浓度比值(图 2)。

Gibbs 指出,TDS 含量很低且具有较高离子比值(接近于 1.0)的水体,主要受大气降水补给影响;TDS 含量稍高且离子比值小于 0.5 的水体,其离子主要来源于岩石的风化释放;落在图右上角 TDS 含量很高且离子比值亦高(接近于 1.0)的河流则分布在蒸发作用很强的区域[14]。如图 2 所示,沈河流域下游 7 个采样点地下水中主要离子浓度 $Na^{+}/(Na^{+}+Ca^{2+})$的比值均大于 0.5,且周边地区 4 个采样点(水库石板下地下水、花园地下水 1、大寺村地下水、史家村地下水)基本上都集中在接近于 1.0 的范围内,TDS 值位于岩石风化范围内,表明其地下

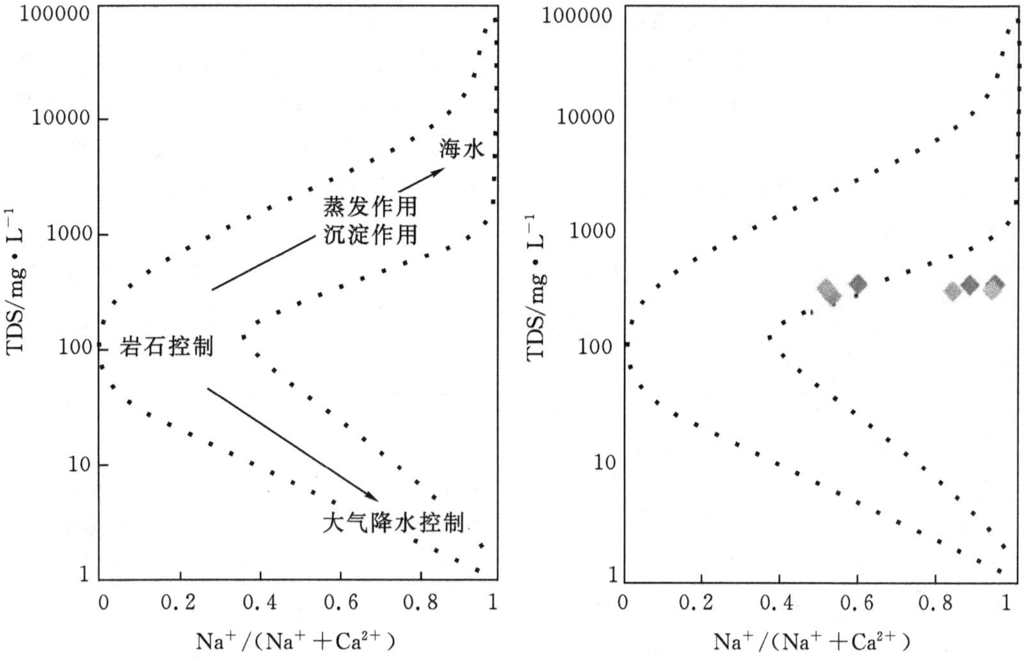

图 2 地下水化学的 Gibbs 分布模式

水中离子组成主要受岩石风化和大气降水补给的影响。而另外 3 个采样点(宋家村 5 组农户饮用水、宋家村地下水、花园地下水 2)的分布靠近岩石风化端元,表明其地下水离子组成受岩石风化作用控制。由于采样期降水极少,因此,这里忽略大气降水对离子的影响,仅分析岩石风化的影响。

为进一步分析岩石风化的影响,对沈河流域下游 7 个采样点地下水离子含量按质量浓度作 Piper 三角图(图 3)。

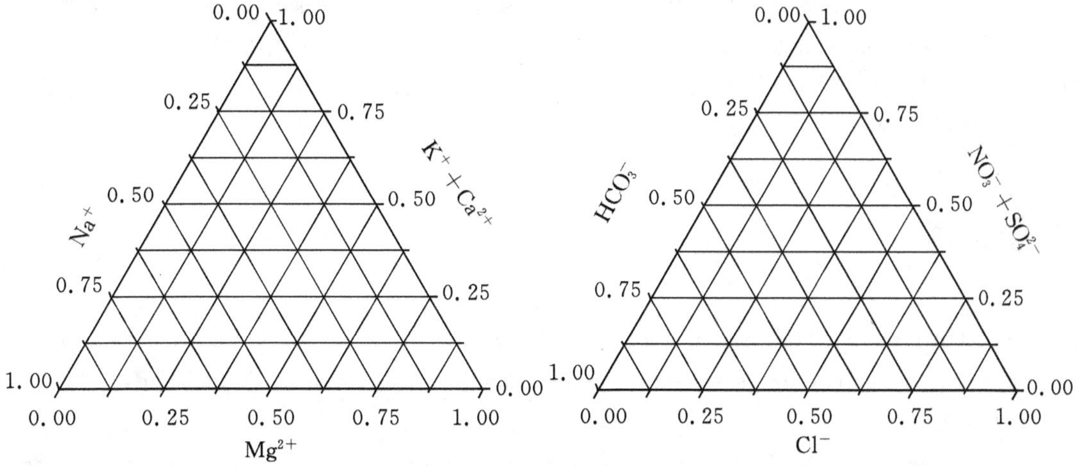

图 3 地下水中阴阳离子组成的 Piper 三角图

通常，水体中的Na^+主要来自于石盐溶解和硅酸盐矿物风化，Na^*（$Na^* = Na^+ - Cl^-$）代表来自于地表硅酸盐风化所供应的那部分Na^*，因此，通常用于指示地表硅酸盐岩风化对地下水中阳离子的贡献[15]。K^+和Na^+一般来自于钠长石、钾长石和云母等的风化，天然水中K^+常低于Na^+[16]。而另一部分Na^+可能与流域地区花岗岩更偏重钠长石有关。如果阴离子三角图显示大部分元素组分点靠近HCO_3^-端元，这说明流域地下水化学成分主要受碳酸盐岩风化的控制；如果组分点落在靠近Cl^-、SO_4^{2-}一端，说明源自蒸发岩风化溶解[17]。地下水中的NO_3^-主要源于农业活动使用的氮肥和农村所做的沼气池所产生的氮肥，而SO_4^{2-}浓度主要源于工业活动和大气沉降等，因此地下水中的NO_3^-和SO_4^{2-}浓度的变化主要反映了农业活动和工业活动的影响[18]。Cl^-一般来源于NaCl和$MgCl_2$等岩盐的溶解[19]。从阳离子Piper三角图中可以看出水库石板下地下水、大寺村地下水、宋家村5组农户饮用水以及史家村地下水中的Mg^{2+}、Na^+含量较多，说明这些地区的钠长石比较丰富；而花园地下水2地下水和大寺村地下水中$K^+ + Ca^{2+}$浓度比较高，这说明这两个地区受碳酸盐和钾长石风化的影响较严重。阴离子Piper三角图中可以得出水库石板下、宋家村5组农户饮用水、花园地下水1和大寺村靠近HCO_3^-端元，这说明这四处水体化学成分主要受碳酸盐岩风化的影响；宋家村地下水和史家村地下水中Cl^-含量比较高，主要来自于NaCl和$MgCl_2$等岩盐的风化；花园地下水SO_4^{2-}含量甚高。在沈河流水库周边未见有工业分布，所以排除SO_4^{2-}含量的多少受工业影响；分析结果表明SO_4^{2-}的含量受大气沉降的影响。沈河流域下游地下水水体中NO_3^-含量微忽其微，说明沈河流域下游地区农业活动使用的氮肥比较少。

4 结　论

（1）沈河流域下游地下水水体呈弱碱性；TDS含量378.25 $mg \cdot L^{-1}$，属于弱矿化度水。其水化学类型为$HCO_3^- - Na^+$、$SO_4^{2-} - Ca^{2+} - Na^+$、$SO_4^{2-} - Cl^- - Na^+$。

（2）Gibbs表明沈河流域下游地下水中离子组成主要受岩石风化影响较大。

（3）沈河流域下游地下水水体中NO_3^-的含量总体比较少，说明周边地区在农业上对氮肥的施用非常的少；水库石板下地下水、宋家村5组农户饮用水、花园地下水1和大寺村地下水这四处水体的阴离子主要受碳酸盐岩风化的影响，水体阳离子可能与沈河流域下游地区花岗岩更偏重钠长石有关。

参考文献

[1] Ling Hongbo, Xu Hailiang, Fu Jinyi, et al. Surface runoff processes and sustainable utilization of water resources in Manas River Basin[J]. Journal of Arid Land, 2012, 4(3): 271-280.

[2] Ma Lan, Wei Xiaomei, Bao Anming, et al. Simulation of groundwater table dynamics based on Feflow in the Minqin Basin[J]. Journal of Arid Land, 2012, 4(2): 123-131.

[3] 朱海勇，陈永金，刘加珍，等. 塔里木河中下游地下水化学及其演变特征分析[J]. 干旱区地

理,2013,36(1):8-18.

[4] 连英立,张光辉,聂振龙,等. 西北内陆张掖盆地地下水温度变化特征及主要影响因素识别[J]. 干旱区地理,2011,34(3):391-399.

[5] 郜银梁,陈军峰,张成才,等. 黑河中游灌区水化学空间变异特征[J]. 干旱区地理,2011,34(4):575-583.

[6] 孙一博,刘朋飞,王文科,等. 渭河流域地下水的水化学特征及形成机制[J]. 南水北调与水利科技,2016,14(2):152-158.

[7] 李昭淑,黄春长,李志峰,等. 沈河水库产沙条件的研究[J]. 西北大学学报,1982(4):53-62.

[8] 左建,等. 地质地貌[M]. 北京:中国水利水电出版社,2012:30-33.

[9] Mitamura O,Seike Y,kondo K,et al. First investigation of ultraoligotrophic alpine Lake Puma Yumco in the pre-Himalaya[J]. Limnology,2003,4:167-175.

[10] Murakami T,Terai H,Yoshiyama Y,et al. The second investigation of Lake Puma Yum Co located in the Southern Tibetan Plateau[J]. Limnology,2007,8:331-335.

[11] Hamilton P A,Helsel D R. Effects of agriculture on groundwater quality in five regions of the United States[J]. Groundwater,1995,33(2):217-226.

[12] 魏振枢. 环境水化学[M]. 北京:化学工业出版社,2001:82-84.

[13] Gibbs R J. Mechanisms controlling world water chemistry[J]. Science,1970:1088-1090.

[14] 冯芳,冯起,李忠勤,等. 天山乌鲁木齐河流山区水化学特征分析[J]. 自然资源学报,2014,32(3):148-155.

[15] Sarin M M,Krishnaswami S,Dilli K,et al. Major ion chemistry of the Ganga-Brahmaputra River system-weathering processes and fluxes to the bay of Bengal[J]. Geochimica E Cosmochimica Acta,1989,53(5):997-1009.

[16] Pu Tao,He Yuanqing,Zhu Guofeng,et al. Geochemistry of surface and ground water in the Lijiang Basin[J]. Environmental Science,2012,33(1):48-54.

[17] Chen J S,Wang F Y,Xia X H. Major element chemistry of the Changjiang (Yangtze River)[J]. Chemical Geology,2002(187):231-255.

[18] 沈照理,朱宛华,钟佐. 水文地球化学基础[M]. 北京:地质出版社,1993:1-100.

[19] 陈静生. 河流水质原理及中国河流水质[M]. 北京:科学出版社,2006:10-50.

渭河滩两种土地利用方式下土壤水分动态变化特征研究

刘楠楠[1,2]
1.陕西省河流湿地生态与环境重点实验室 陕西 渭南 714099;
2.渭南师范学院 化学与环境学院 陕西 渭南 714099

摘 要:本文通过对渭河渭南段周边农业用地以及未利用土地土壤的水分动态变化规律进行研究表明:荒地与耕地的表层土壤水分在2011年10月到次年4月间呈现总体下降趋势;而深层土壤,不同土地利用形式下土壤水分季节变化存在明显差异,渭河滩荒地水分逐渐增加,变化幅度小;而渭河滩耕地水分虽也在逐渐增加,但变化幅度较大。

关键词:渭河滩;不同土地利用;土壤水分;动态变化

基金项目:渭南市科技创新团队建设项目(2015TCTD-2)和能力提升项目(2015TCNL-3);渭南师范学院重大项目(2015ZD001)。

土壤水分是土壤的重要组成成分和肥力因素。它不仅是植物生活必需的生态因子,也是土壤生态系统中物质和能量的流动介质[1]。它既直接影响土壤的特性和植物的生长,而且间接影响植物分布和在一定程度上影响小气候的变化[2]。渭河滩土地资源利用方式呈现多种结构,充分认识各种土地利用条件下土壤的水分状况及其变化规律是有效利用土地资源的前提[3],土地利用方式不仅是影响土壤水分分布和利用的主要因素,也是影响土壤容重、饱和导水率等其他土壤物理性质的主要因素。合理的土地利用方式可以改善土壤对水分的有效利用;不合理的土地利用方式则会导致土壤质量下降,增加土壤侵蚀以及降低生物多样性等。土地利用方式虽然会改变地表植被和土壤结构,但在短期内土壤刨面物理特性的变异不大,可以看做是均质的。此时,土地利用方式只影响表层土壤水分含量;而在相对较长的时间尺度内,土地利用方式将影响深层土壤水分含量及剖面土壤水分分布。这主要是由于不同土地利用方式下土壤刨面水力特性(主要是导水率和水分特征曲线)以及影响水力特性的土壤物理特性之间存在差异[4]。本文以渭南河滩两种主要土地利用类型(耕地、荒地)为研究对象。

1 研究地区与研究方法

1.1 自然概况

研究区位于陕西省渭南市临渭区内,地理坐标约为34°13′～35°52′N和108°50′～110°38′E之

作者简介:刘楠楠,1986年,女,汉族,渭南,化学与环境学院、讲师,硕士,湿地研究。

间。地势以渭河为轴线，划分为南北两山、两塬和中部平川五大地貌类型。且地势呈现南北隆起，中部断陷的阶梯状地堑构造。南北高、中间低、东西开阔，呈仰瓦状，平均坡度 9.3°，是陕西省省辖市中坡度最小的市，平均海拔 675 m，是陕西省省辖市中海拔最低的市。该地属暖温带半湿润半干旱季风气候，冬季冷而干燥，夏季炎热多雨，四季分明，光照充足，雨量适宜。全年平均气温 11.3～13.6℃，无霜期 199～255 d，年降水量 529～638 mm[5]。

1.2　研究方法

快捷有效地测定土壤水分是研究土壤水分动态变化规律的基础。目前，已有多种土壤水分测量方法。从测定的空间尺度上，大致可以分为定点测定和大面积测定两种方式。定点测定的常规方法有烘干法、中子水分仪测定法、时域反射仪（TDR）测定法、伽马射线法、张力测定法、露点仪测定法和电阻法等，前四种方法测定土壤含水量，后三种方法测定土壤水势。大面积测定包括中等尺度范围的测定和大范围的遥感测定。本文采用定点测定烘干法进行测量。将采集样用铝盒带回实验室后，用烘箱在 105～108℃下烘干 6～8 小时，土样在干燥器干燥降到室温后称重。

1.3　土样采集及测定

用土钻法实行定位监测，在渭河渭南段周边布设两个采样点（耕地、荒地各一个），定位监测每月 1 次（2011 年 10 月～2012 年 4 月）总共取土五次，0～5 m 土层间隔 20 cm 取样一次，即每个点取土 25 次。把取的土样分别装在编有序号的铝盒内。采样结束后，回到实验室，先对采集的样品一一称重，记录在册；烘干完成后，再次对样品一一称重。然后计算土壤含水量，用重量百分比表示。其公式为：

$$W=(W_1-W_2)/W_2\times 100\%$$

式中：W——所测样品的含水量(g)；

W_1——烘干前样品重量(g)；

W_2——烘干后土壤样品重量(g)。

2　结果与分析

2.1　渭河滩 0～500 mm 剖面土壤田间持水率和萎焉湿度

田间持水率是重力水经 2～3 d 的下移水流完全停止后，剩余的水分被悬着于毛管空隙中，是表示土壤持水能力的重要参数[6]。而萎焉湿度则是区别土壤有效水分与无效水分的分界点[7]。通常田间持水率和萎焉湿度可由实验测定[8]。

2.2　不同土地利用方式下 0～500 mm 土壤湿度剖面特征

因为此次取土是在渭河滩地上，离渭河较近，地下水位比较浅，因而地下水补给比较充分；在土壤垂直剖面上，上层土壤受外界环境影响大，随着深度的增加土壤所受的环境影响减弱。所以深层土壤水分含量较表层土壤水分含量高。一般来讲，随着深度的增加，土层的平均含水量的变化幅度减小。

2.2.1 荒地土壤水分分析

图 1～图 5 是五次采样荒地土壤水分曲线图。

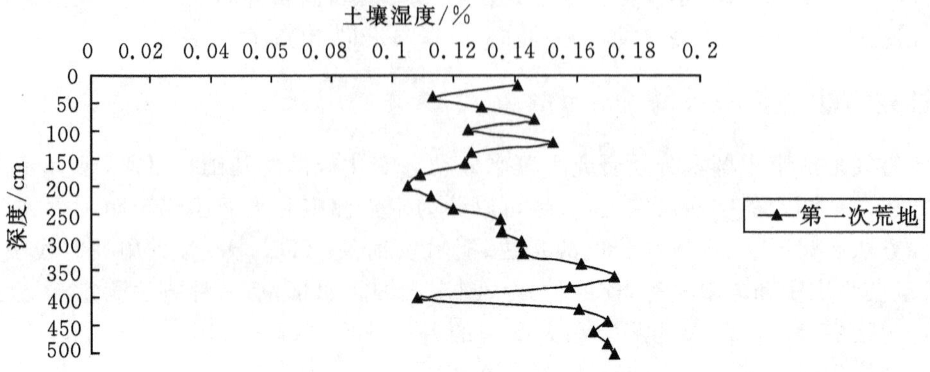

图 1　第一次采土荒地土壤湿度图

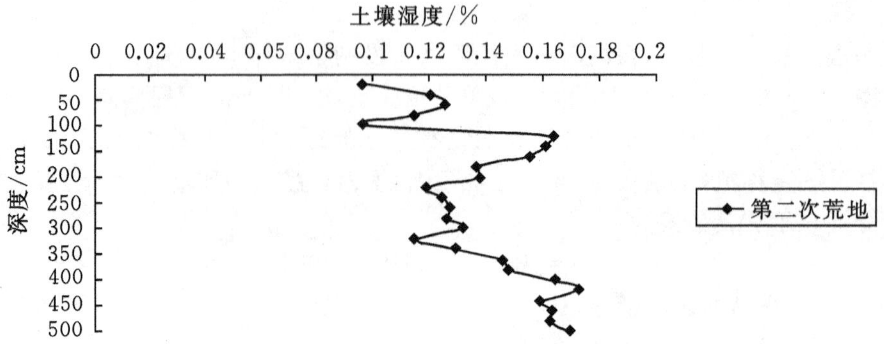

图 2　第二次采土荒地土壤湿度图

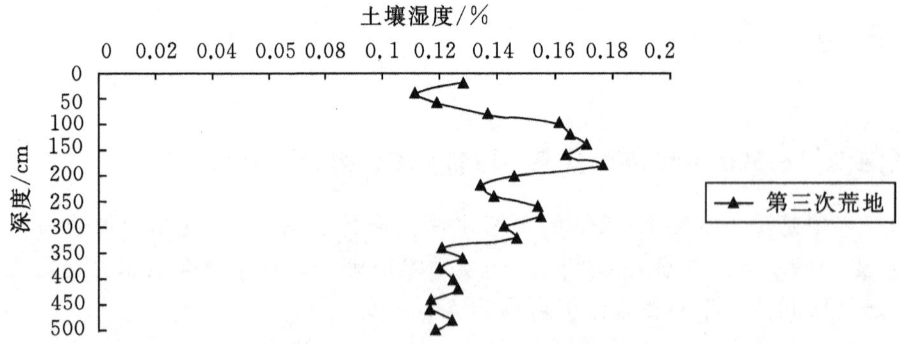

图 3　第三次采土荒地土壤湿度图

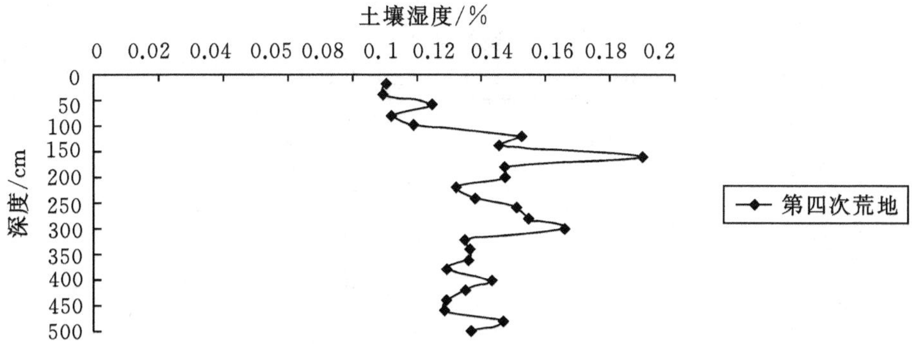

图 4　第四次采土荒地土壤湿度图

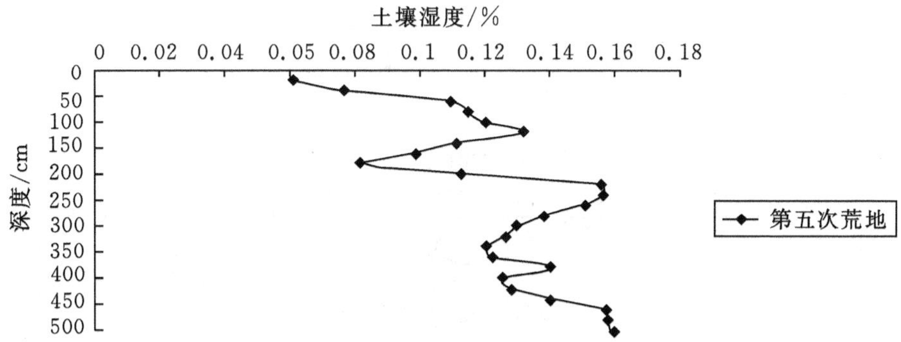

图 5　第五次采土荒地土壤湿度图

第一次采土取样正处于渭南内涝期间，地表比较湿润，所以表层 0～50 cm 土壤水分含量相对后四次比较大且 0～50 cm 土壤水分含量呈下降趋势。第二次取样内涝结束，所以与第一次相比表层土壤水分较低：水分下渗，所以 0～50 cm 土壤水分含量呈增加趋势。第三、四、五次采样均在第二年的春天，由于渭南春天降雨比较少，气温慢回升，蒸发加剧，且植物所需水分增多，所以表层 0～50 cm 土壤水分含量均低于第一次。

50～150 cm 因受植物根系吸收水分影响，变化比较复杂。土壤水分第一次采样呈现现增加后减小的趋势，而第二、三、四、五都呈现增加的趋势，因为随着深度的增加植物根系所吸收的水分越来越少。

150～500 cm，受植物根系影响减小而受地下水的影响增大。因为第一、二次采土处于渭南内涝期间，地下水位相对较高，地下水对土壤的补给比较充分，所以在 150～500 cm 土壤水分含量呈明显增加趋势。第三、四次取土在来年春天，降水少，地下水位相对较低对土壤的水分补充较少，所以，在 150～500 cm 土壤内，水分含量明显低于第一、二次。

2.2.1　耕地土壤水分分析

图 6～图 10 是五次采样耕地土壤水分曲线图。

与荒地一样，耕地第一次采样也处于渭南内涝期间，所以表层土壤 0～50 cm 土壤水分含量相对后四次比较大且 0～50 cm 土壤水分含量呈下降趋势。第二次取样内涝结束，土壤水分

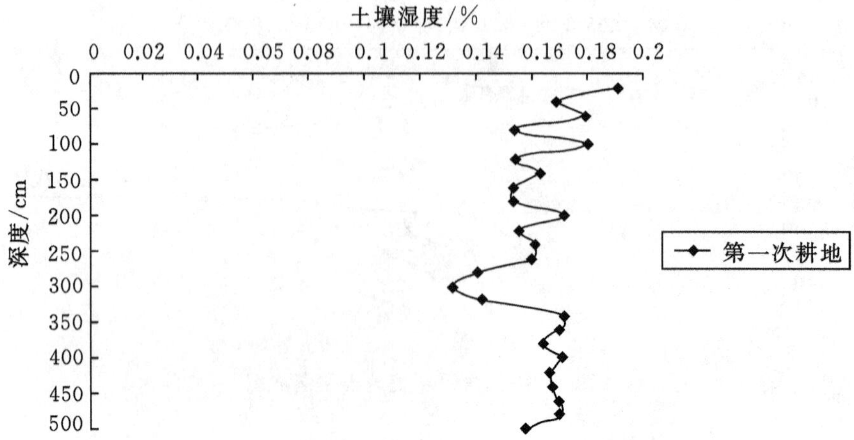

图 6　第一次采土耕地土壤湿度图

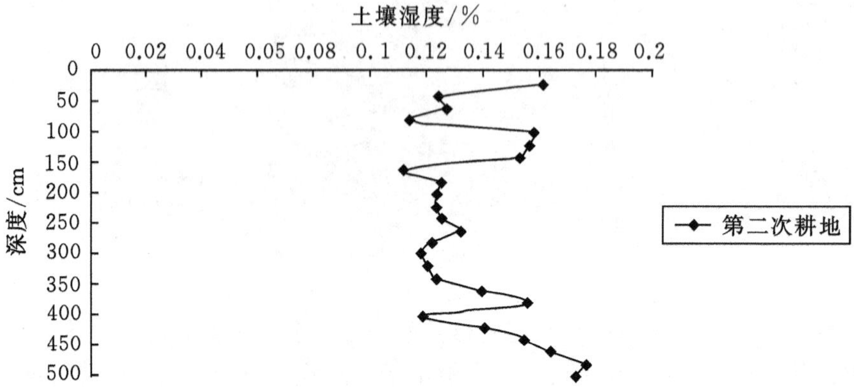

图 7　第二次采土耕地土壤湿度图

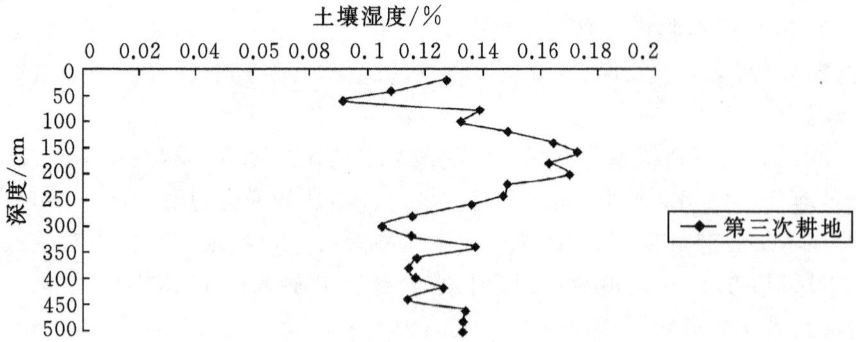

图 8　第三次采土耕地土壤湿度图

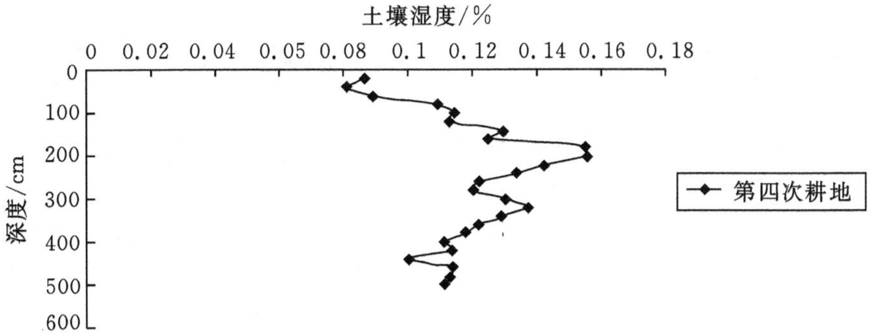

图 9　第四次采土耕地土壤湿度图

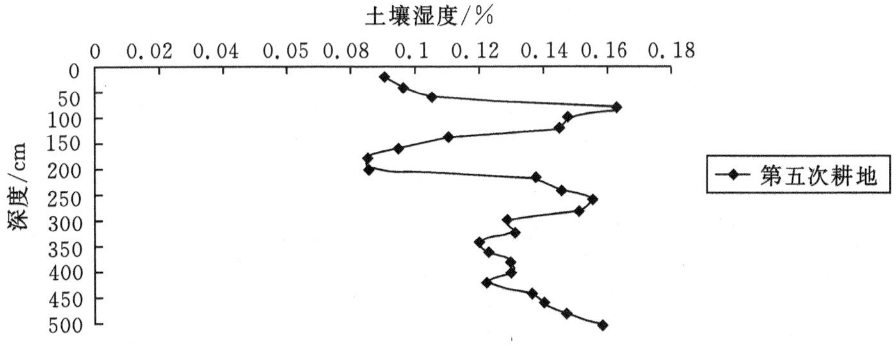

图 10　第五次采土耕地土壤湿度图

下沉，所以 50～70 cm 之间土壤水分含量上升。第三、四、五次取样也同样在来年的春天，渭南春天降雨比较少，气温慢慢回升，蒸发加剧，植物所需要的水分增多，所以表层 0～50 cm 土壤水分含量均低于第一和第二次。

第一次采样时，耕地未种植庄稼，所以 50～100 cm 土壤水分下降较快。第二、三、四、五次 50～100 cm 由于植物根系吸收水分的影响，较第一次相比土壤水分含量都比较低。

第一、二次采样正值渭南内涝，表层积水较多，所以 100～500 cm 内土壤含水量较表层含水量低。而第三、四、五次，在春田取土，气温回升、降雨较少、植物生长所需水分增多等对上层土壤含水量的影响，而深层土壤因有地下水补给，所以相比较上层土壤水分含量高。

2.2.3　荒地与耕地对比土壤水分分析

第一次采土：0～280 cm 土壤湿度渭河荒地小于渭河耕地。出现这种情况很可能是因为：第一次取样时，耕地还未种庄稼，没有植物消耗水分所以耕地土壤水分含量大于荒地；280～330 cm 土壤湿度渭河荒地大于渭河耕地；330～360 cm 土壤水分含量差不多；360～420 cm 土壤湿度渭河荒地小于渭河耕地；420～500 cm 荒地土壤湿度呈增加趋势而耕地呈下将趋势，说明地下水对荒地的补给大于耕地(如图 11)。

第二次采土：因为刚下过雨且耕地已种植庄稼，0～35 cm 土壤湿度渭河荒地小于渭河耕地，土壤含水量耕地呈下降趋势而荒地呈上升趋势。因为耕地刚种植庄稼，植物根系吸收水分较多；35～75 cm 土壤湿度渭河荒地和耕地基本相同；75～125 cm 土壤湿度渭河荒地小于于渭

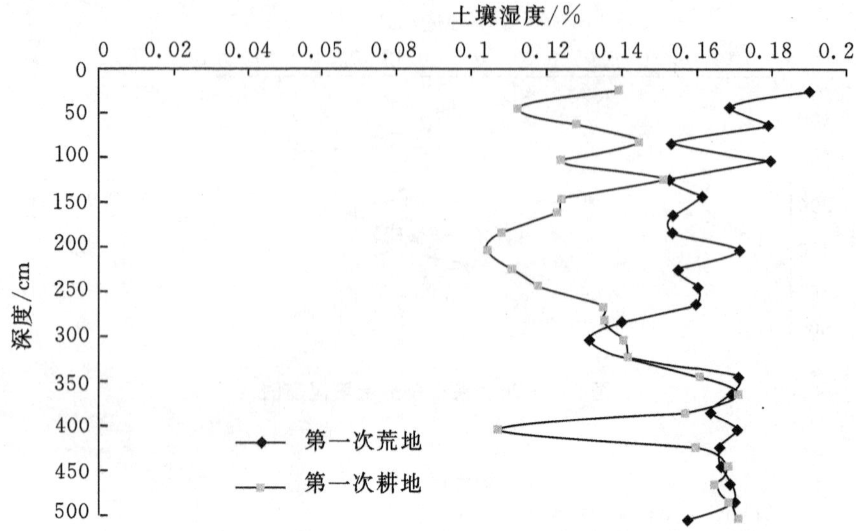

图 11 第一次采土土壤湿度图

河耕地；125～210 cm 土壤湿度渭河荒地大于滩地；210～360 cm 土壤湿度渭河荒地和耕地基本相；360～430 cm 土壤湿度荒地大于耕地；430～500 cm 土壤湿度耕地大于荒地，说明地下水补给耕地大于荒地(如图 12)。

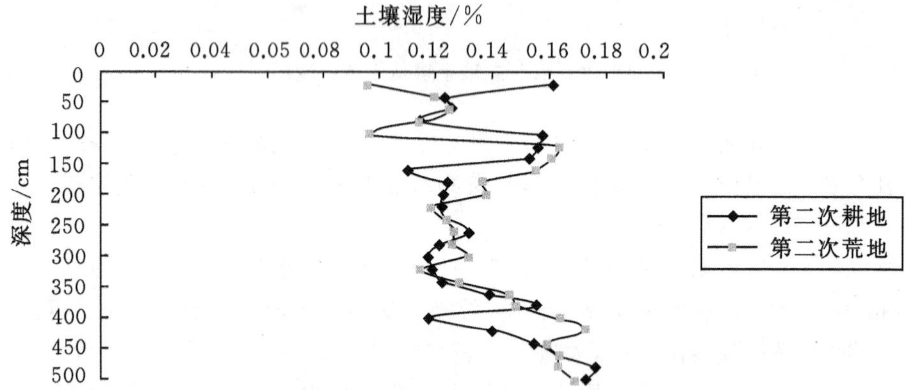

图 12 第二次采土土壤湿度图

第三次采土：为来年春天，气温回升蒸发比较强烈、植物生长所需水分增多。0～60 cm 土壤水分渭河荒地大于渭河耕地，且都呈下降趋势，因为庄稼生长所消耗的水分教多；60～100 cm 土壤湿度渭河荒地和耕地基本相同；100～180 cm 土壤水分荒地大于耕地；180～210 cm 土壤水分耕地大于荒地；210～320 cm 土壤水分荒地大于耕地；320～420 cm 土壤水分荒地与耕地基本相同；420～500 cm 土壤水分含量耕地大于荒地，说明地下水补给耕地大于荒地(如图 13)。

第四次采土：0～75 cm 土壤水分荒地大于耕地；75～100 cm 土壤水分渭河荒地小于渭河耕地；100～180 cm 土壤水分荒地大于耕地；180～230 cm 土壤水分荒地小于耕地；230～300 cm 土壤水分荒地大于耕地；300～380 cm 土壤水分荒地小于耕地；380～450 cm 土壤水分荒地与耕

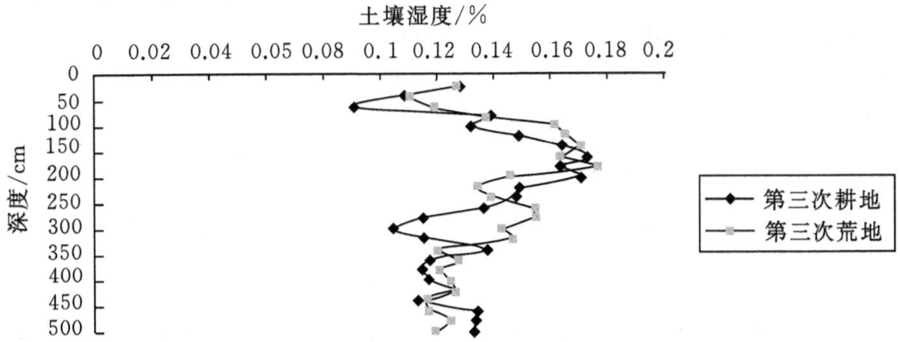

图 13 第三次采土土壤湿度图

地相差不大;450～500 cm 土壤水分荒地大于耕地切都呈下降趋势,说明地下水补给荒地大于耕地(如图 14)。

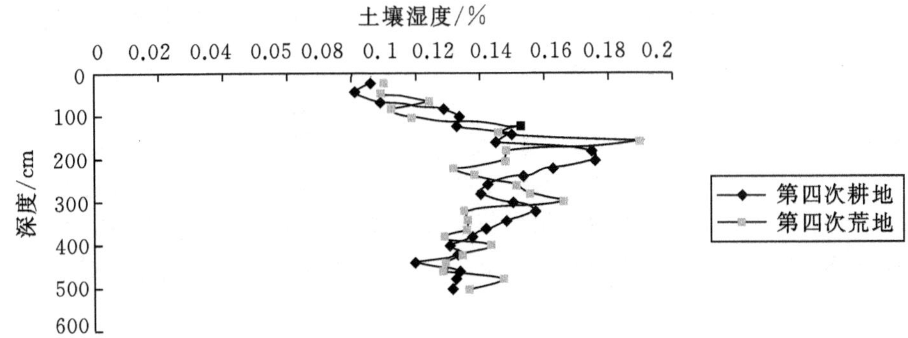

图 14 第四次采土土壤湿度图

第五次采土:0～110 cm 土壤水分渭河荒地小于渭河耕地且都呈上升趋势;110～210 cm 土壤水分荒地与耕地基本相同;210 ～240 cm 土壤水分渭河荒地大于渭河耕地;240～440 cm 土壤水分荒地与耕地相差不大;440～500 cm 土壤水分荒地大于耕地且都呈增加的趋势,说明地下水补给荒地大于耕地(如图 15)。

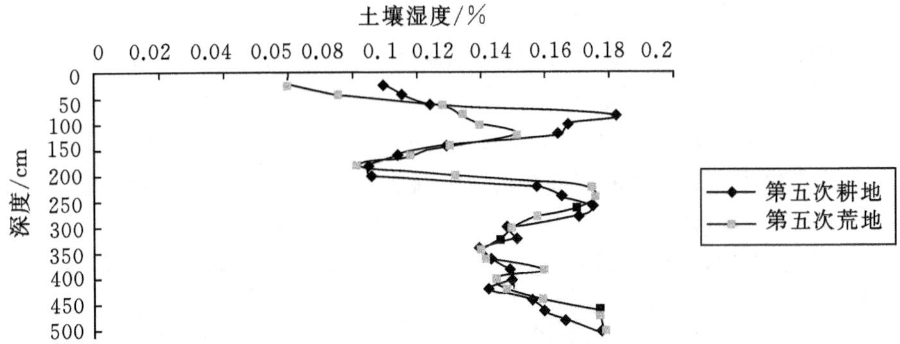

图 15 第五次采土土壤湿度图

综合比较五次采土土壤水分含量:表层土壤水分含量第二、三、四、五次均低于第一次,说明降雨对表层土壤的含水量影响大；表层以下，由于植物生长要消耗水分，所以植物根系吸收水分不同对土壤水分含量影响大；此次采土是在渭河滩地，所以地下水的补给对深层土壤的含水量影响比较大。

3 土壤水分动态变化规律

土壤水分动态变化受到许多环境因子的影响，呈现出非常复杂的动态变化。世界各地的研究表明，不同地区的研究结果有一致的，有不一致甚至相反的，同一地区年际间的变化情况也不尽相同。从总体上来看，某一地区的土壤水分动态的时空变化是有其内在规律的。

降水、气温、光照强度和蒸发量等气候因子的季节性变化，会引起土壤水分发生相应变化。植物的生长具有季节性，随着季节的变化植物对土壤水分利用和植被覆盖地表的情况随之变化，对土壤水分含量也有一定影响。据降水情况，可粗略地将一年分为雨季和旱季。雨季前土壤含水量较低，随着降雨增加进入雨季，土壤含水量逐步增加并在一段时期内相对稳定在一个较高的水平。接着降雨量减少而进入旱季，土壤水分也随之减少并在一段时期内相对稳定在一个较低的水平。

此次测量土壤，第一次处于渭南内涝期间，后四次取土都在 2011 年雨季结束之后与 2012 年雨季未来临之前取土。所以，降雨量对第一次结果影响较大而对后四次影响不大。

从 2011 年的 10 月与 11 月因雨季结束蒸发较强烈所以水分呈下降趋势。而 2012 年的三次取土均在开春，植物生长消耗水分较大且温度回升蒸发加剧，所以土壤水分含量也呈下降趋势。

总之，土壤水分季节性变化受该地区降雨的强烈影响，且与气温、光照、蒸发量有密切联系[9]。

4 结　论

在渭河滩地区土地利用方式与地下水是影响土壤水分动态变化的主要因子。

(1)不同土地利用方式下土壤剖面含水量从表层到深层表现为先增加后减小再增加的趋势，由于植被耗水量不同导致土壤含水量在 0～120 cm 土层差异比较明显，总体上表现为渭河耕地＞渭河荒地。土壤刨面含水量的垂直变化具有明显的层次，不同土地利用方式下变异系数均随土层深度的增加而减小。受植被根系利用土壤水分的影响，荒地的活跃层在 0～120 cm，耕地的活跃层在 0～100 cm。而他们的相对稳定层分别在 300～500 cm。

(2)由于自此取样的点靠近渭河，地下水位浅，地下水补给比较充分，所以深层土壤水分含量变化不大。

参考文献

[1] 伍光和，王乃昂，胡双熙，等. 自然地理学[M]. 北京：高等教育出版社，2008：320－322.
[2] 何其华，何永华，包维揩. 壤水分动态变化[J]. 山地学报，2003，21(2)：149－156.
[3] 李洪建，王孟本，陈良富，等. 不同土地利用方式下土壤水分循环规律的比较研究[J]. 水土保持通报，1996，16(2)：24－29.
[4] 李秀彬. 全球环境变化研究的核心领域：土地利用[J]. 地理学报，1996，51(6)：553－558.
[5] 赵济，陈传康. 中国地理[M]. 北京：高等教育出版社，2008：258－259.
[6] 刘恩斌，董水丽. 黄土高原主要土壤持水性能及抗旱性的评价[J]. 水土保持通报，1997，17(7)：20－26.
[7] 王孟本，柴宝峰，李洪建. 黄土区人工林的土壤持水力与有效水状况[J]. 林业科学，1999，35(2)：7－14.
[8] 陈传军. 土壤凋萎湿度试验测定的技术方法[J]. 四川气象，2006，(1)：30－31.
[9] 赵晓光，吴发启，刘秉正，等. 黄土高原坡地耕地土壤水分主要受控因子研究[J]. 水土保持通报，1999，19(1)：10－14.

渭南湿地降雨量与土壤水分变化研究

胡明[1,2],张彩帆[2]
1.陕西省河流湿地生态与环境重点实验室 陕西 渭南 714099;
2.渭南师范学院 化学与环境学院 陕西 渭南 714099

摘 要:通过对渭南渭河湿地沿岸耕地、林地和荒地的土壤水分进行对比,并结合渭南市不同季节降雨量进行分析,结果表明:三种土地的土壤含水量在 0～5 m 的土层上都呈现出先增加后减少再增加的趋势;不同的降雨量下 0～100 cm 土壤层储水量表现出渭河耕地较高,其次为渭河边荒地,渭河边林地含水较少;土壤活跃层的深度会随着降雨量的变化而变化,降雨量增加土壤活跃层的深度增加;降雨量减少,则土壤活跃层的深度就会减少。

关键词:降雨量;土壤水分;分布;差异性

基金项目:陕西省多河流湿地生态环境重点实验室开放基金项目;黄河湿地农业面源污染现状研究(SXSD1402);渭南师范学院大学生创新创业项目:沈河农业土壤养分现状研究(15YXK030);渭南市科技创新团队建设项目(2015TCTD-2)和能力提升项目(2015TCNL-3);渭南师范学院重大项目(2015ZD001)。

1 引 言

"水肥气热"是植物生长的重要影响因子,尤其是在水分方面影响最为明显,降水是影响土壤水分最重要的因素,降雨的多少直接影响到土壤水分含量的多少[1]。

渭南是重要的商品粮生产基地,土壤水分对渭南农业发展生产起着重要的作用。通过渭南不同月份降雨量对土壤水分产生的变化规律进行研究,从中揭示降雨量在对土壤水产生的差异性,为充分利用渭河平原有限的水土资源提供科学的理论依据。

2 样品采集与处理

2.1 研究区概况

研究区以渭南周边的渭河耕地、渭河边荒地、渭河边林地地区为主,年平均气温 12.5～

作者简介:胡明,1978 年生,男,汉族,河北沧州人,渭南师范学院化院与环境学院,副教授,硕士,研究方向:土壤学。

14.5℃,年降水量 580 mm,降水主要分布在夏季[2]。

2.2 样品的采集与测定

土壤样品分别采用来源于渭南的渭河耕地、渭河边荒地、渭河边林地地区。如表1所示,通过 GPS 定位后,用土钻进行取样,取样深度 0～5 m 的土壤,每 20 cm 取样一次,各点共 25 个样,装入铝盒带到实验室测量。取样时间为 2011 年 10、11 月,2012 年 2、3、4、5 月,共 6 次,采用烘干法进行测定。

2.3 降雨量的数据来源

在取样期内渭南的降雨量,参考了渭南 2012 出版的《陕西 2011 年统计年鉴》中 2011 年份渭南各月降雨量的统计和 2013 年出版的《陕西 2012 年统计年鉴》中 2012 年份渭南各月降雨量的统计。

表1 渭南取样期内各月份降雨量

时期	2011.10	2011.11	2012.02	2012.03	2012.04	2012.05
降雨量/mm	46.6	80.7	0.5	18.0	20.9	45.2

3 结果与分析

3.1 土壤含水量的垂直动态变化

土壤水分的主要来源是来自于大气降水,土壤的含水量是根据降雨的程度而改变,大气降雨的分配和有效性直接影响土壤水分的调节能力。根据土壤的含水量我们计算出每 100 g 的泥土中所含水的多少,各计算出 0～100 cm 的深度和 300～400 cm 的深度,共 1000 g 的泥土中所储水量,对比当月的降雨量,研究大气降水对 0～100 cm 土壤和 300～400 cm 土壤层是否都会产生影响。

由图1可见,0～100 cm 的土壤储水量会随着降雨量的多少而展现出规律性的波动,明显

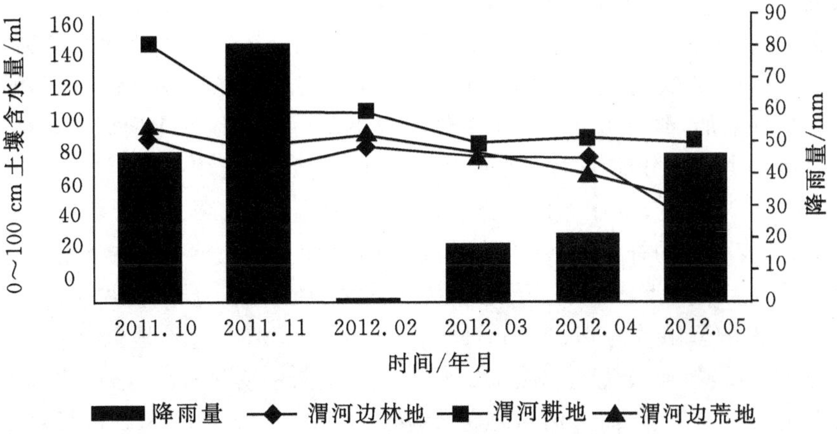

图1 0～100 cm 土壤储水量与降雨量对比

地看出降雨量对于土壤水分的影响。

2011 年 10 月份的降雨量为 46.6 mm，此时 0～100 cm 渭河边林地储水量为 90 mL，渭河耕地储水量为 143 mL，渭河边荒地的储水量为 89 mL。造成这一现象的原因可能是，九月份的的降雨量比较大，时间比较长，造成了渭南地区处于内涝时期，农田多设有防止水分外流的田埂，积水短时间无法排出，造成了大量的水分积聚在农田的 0～100 cm 土壤上，所以农田的储水量在此时变得相当高，而荒地因为土层结构比较简单，降低了土壤保持水的能力，表层土主要受到地表蒸发作用，水分极易流失。而渭河边林地是因为 0～100 cm 土壤有一层枯枝落叶层，落叶层形成了与 0～100 cm 土壤层不接触的覆盖层，储存水的能力增加，而且土壤层受到外界的干扰作用也比较小，层间储水量差异就小，所以 10 月份的土壤储水量相对于渭河耕地比较低，但是由于上月长时间的降雨影响，总的储水量对比其他五个月高。

2011 年 11 月份的降雨量为 80.7 mm，此时 0～100 cm 渭河边林地储水量为 71 mL，渭河耕地储水量为 104 mL，渭河边荒地的储水量为 85 mL。11 月份的降雨量相对比较高，但是可以看出 0～100 cm 土壤层储水量呈现出下降的趋势，这是由两种可能的原因共同造成的，一个是由于十月份植物生长迅速，需要大量的水分消耗，另一个是由于当地雨季已经过去，所以三者的土壤储水量都开始减少。

2012 年 2 月份的降雨量为 0.5 mm，此时 0～100 cm 渭河边林地储水量为 85 mL，渭河耕地储水量为 104 mL，渭河边荒地的储水量为 91 mL。可以看出，三者的土壤储水量开始趋于平稳。降雨量减少，天气寒冷，土壤霜冻，下渗效果不明显，土壤储水量处于一个平衡状态。但渭河边荒地的和渭河边林地有小幅度的增加，而农耕地有小幅低下降。造成这种现象可能是因为，对于渭河边林地而言，因为有枯枝落叶层的保护，对 0～100 cm 土壤进行及时的补水和防止水分散失，枯枝落叶层有具有减缓减少地表径流，增加土壤水分下渗，涵养水源的作用[3]。渭河边荒地的雨水的下渗能力强，下渗的水分大于蒸发的水分，储水量增加。

2012 年 3 月份的降雨量为 18 mm，此时 0～100 cm 渭河边林地储水量为 80 mL，渭河耕地储水量为 86 mL，渭河边荒地的储水量为 82 mL。发现三者的储水量都有下降，这是可能因为 3 月开始气温开始回暖，土壤结冻，植物开始生长，尤其是农作物生长更需要水分，所以 3 月份渭河耕地的土壤储水量有着明显的下降趋势。而对于渭河边林地而言，树木也开始生长，但是渭河边林地树木相对稀少，消耗水分没有渭河耕地地大，所以减少幅度比较小。而渭河边荒地地的植被覆盖率更少，消耗水分更少，相应的土壤储水量减少幅度更加少。

2012 年 4 月份的降雨量为 20.9 mm，此时 0～100 cm 渭河边林地储水量为 80 mL，渭河耕地储水量为 90 mL，渭河边荒地的储水量为 72 mL。农耕地的土壤储水量和渭河边林地的土壤储水量有少量增加，渭河边荒地的土壤储水量下降。农耕地的土壤储水量略有增加，可能因为田埂有效地防止了水分流失加上小麦根系生长，增大了土壤孔隙，增加了土壤含水的能力。而渭河边林地 0～100 cm 土壤的根系比较少，但覆盖度高，减少了土壤蒸腾和植物吸水蒸腾流失的水分，又有降雨的补给，所以储水量略微的增加。而渭河边荒地地表裸露，加之 4 月温度增加，水分不易保存，下渗的水分大于蒸发的水分，所以储水量就减少了。

2012 年 5 月份的降雨量为 45.2 mm，此时 0～100 cm 渭河边林地储水量为 43 mL，渭河耕地储水量为 88 mL，渭河边荒地的储水量 54 mL。从图中明显看出，渭河边林地和渭河边荒地的土壤储水量大幅度下降，而渭河耕地的土壤储水量处于平稳状态。这是可能由于进入 5 月份，气温开始爬升，温度变高。渭河边林地土壤储水量下降的最为明显，这是因为虽然降雨量比较高，但渭河边林地地表平坦，地表储存水的能力比较差，加之温度升高，土壤水分蒸发量大，树木生长也消耗了大量的水分，所以渭河边林地的土壤储水量下降明显。

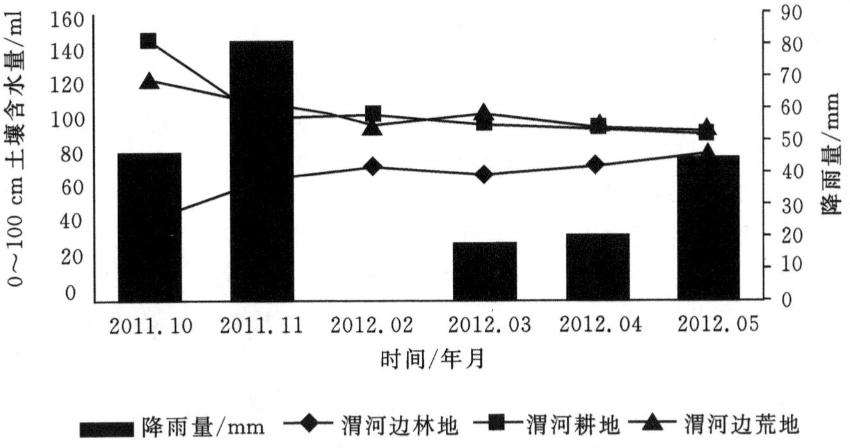

图 2 300～400 cm 土壤层储水量与降雨量对比

图 2 显示出了在 300～400 cm 的土层上，降雨量对土壤储水量的变化规律图，从图中可知，土壤水分始终处于一个长时间的稳定状态，并没有随着月降雨量的多少产生出规律性的波动，可以证明 300～400 cm 土壤层受到降水量的多少的影响比较小。所以储水量相对比较稳定。当由于渭河边荒地和渭河耕地都在沿岸地区，地下水位比较浅，所以在 300～400 cm 处的土壤由于受到地下水位的影响，所以土壤储水量比较高。10 月份受到长时间的降雨，渭河水位上升，此时地下水对土壤水分的影响尤为明显。而在 5 月份，温度升高，河流蒸发量大，地下水位下降，所以渭河耕地和荒地受到地下水的影响减弱，三者的土壤储水量趋于一致。

3.2 降雨量对土壤水分活跃层的影响

土壤剖面按储水量的变化幅度大小可以分为活跃层，次活跃层和相对稳定层，研究土壤含水的变化幅度有利于了解当地土壤储水量变化规律，掌握了土壤水分变化的规律才能适时耕作，适时灌溉，利于农产品的生长。

表 2 为各月份土壤水分变化率的规律图，可见 10 月份的降水量为 46.6 mm，从表中可以看出，渭河耕地在 0～100 cm 处于土壤活跃层，渭河耕地则在 0～120 cm 处于土壤活跃层，而

表 2 各月土壤水分活跃层和降雨量的关系

时间	降雨量/mm	林地活跃层	耕地活跃层	荒地活跃层	林地稳定层	耕地稳定层	荒地稳定层
2011 年 10 月	46.6	0～60 cm	0～100 cm	0～120 cm	320～500 cm	360～500 cm	200～500 cm
2011 年 11 月	80.7	0～100 cm	0～120 cm	0～120 cm	320～500 cm	360～500 cm	200～500 cm
2012 年 2 月	0.5	0～40 cm	0～80 cm	0～100	320～500 cm	360～500 cm	200～500 cm
2012 年 3 月	18.0	0～60 cm	0～100 cm	0～120 cm	320～500 cm	360～500 cm	200～500 cm
2012 年 4 月	20.9	0～60 cm	0～100 cm	0～120 cm	320～500 cm	360～500 cm	200～500 cm
2012 年 5 月	45.2	0～100 cm	0～120 cm	0～140 cm	320～500 cm	360～500 cm	200～500 cm

渭河边林地则在 0～60 cm 处于土壤活跃层。而相对稳定层，渭河耕地在 320～500 cm，渭河边荒地在 360～500 cm，渭河边林地在 200～500 cm。

4 结　论

(1)土壤含水量在 0～5 m 的土层上总体呈现先增加后减少再增加的趋势，表层以下的土壤含水量表现为渭河边荒地＞渭河耕地＞渭河边林地。

(2)总体而言，渭河边荒地和渭河耕地的土壤水分比渭河边林地的土壤水分变化率要大。取样的地点也会对土壤水分产生影响，靠近河岸的渭河耕地和渭河边荒地，由于地下水位浅，在 400～500 cm 的土壤层上水分增加明显，而在没有靠近河岸的渭河边林地，在 400～500 cm 的土壤水分则没有变化。

(3)在 0～100 cm 土壤层，土壤受到降雨量的作用明显，而在 300～400 cm 土壤层，土壤含水量受到降雨量的作用不明显，而受到地下水的作用比较明显。

(4)土壤活跃层的深度会随着降雨量的变化而变化，降雨量增加土壤活跃层的深度增加，降雨量减少，则土壤活跃层的深度就会减少。

参考文献

[1] 刘明辉，王飞. 土石山林区与黄土塬农区不同覆盖类型土壤水分差异性分析[J]. 水土保持研究，2011，18(3)：187－190.

[2] 徐学选，刘文兆. 黄土丘陵土壤水分空间分布差异性探讨[J]. 生态环境网，2003，12(1)：51－55.

[3] 王毅荣. 黄河上游牧草区水热变化及土壤水分响应[J]. 自然资源学报，2007，22(2)：260－267.

湿地沙质土土壤入渗研究

王雨点[1]，谢恒星[1,2]
1.滑南师范学院　化学与环境学院　陕西 渭南　714099；
2.陕西省河流湿地生态与环境重点实验室　陕西 渭南　714099

摘　要：土壤入渗对于农业、工业的可持续发展具有重要意义。该文总结了国内外对土壤入渗的研究现状，包括影响入渗的因素、治理措施以及土壤入渗研究在实际中的具体应用。

关键词：土壤入渗；沙质土；湿地

基金项目：渭南市科技创新团队建设项目(2015TCTD－2)和能力提升项目(2015TCNL－3)；渭南师范学院重大项目(2015ZD001)。

土壤入渗是指降水或灌溉水由地表进入土壤的过程，属土壤水运动的一部分，是“四水”转化的中心环节[1—2]，并与地表产流、降雨后土壤水分再分配、农田水分最优调控[3]、土壤侵蚀、养分随水分的迁移、农业面源污染等问题密切相关。提高表层土壤入渗量是植被涵养水源、调蓄径流，防止土壤侵蚀发生的关键。

1　不同植被条件下土壤下渗研究

入渗到土壤中的水分除少量在深层渗漏以外，其绝大部分都直接转化为土壤水储存在“土壤水库”中。赵世伟等人针对我国典型黄土高原土壤的入渗进行采样研究，发现黄土地区水土流失与干旱缺水并存，严重影响了黄土高原地区生态环境建设和农业可持续发展[4]。迅速施行植被恢复，利用植物与土壤的相互作用巩固黄土独有的“点棱接触支架式多孔结构”，充分发挥其疏松和通透性能，许多研究表明，施行的植被自然恢复措施能明显改善土壤结构状况，并随着植被自然恢复演替的进行，土壤孔隙度逐渐增大，土壤蓄水及持水能力逐步得到提高。石新生的研究表明：随着植被盖度的增加，不同时段的累积入渗量呈指数增加，不同的植被类型，以封育荒坡的土壤入渗率最大，乔木林次之，灌木林和农田较小。

作者简介：通讯谢恒星(1981—)，男，汉族，山东兖州人，渭南师范学院副教授，博士，研究方向为区域水土高效利用。

2 土壤质地差异的土壤下渗研究

土壤的质地、结构以及土壤的均质程度对入渗有较大的影响。不同结构的土壤的板结程度、密实度、孔隙度均存在差异。栗献峰[5]以及解文艳[6]和樊贵盛[7]的研究结果表明，土壤质地越重，土壤入渗能力越小，反之，土壤入渗能力越大，土壤质地与入渗能力呈对数关系。[8]李卓等模拟了积水入渗条件下不同土壤容重水平的砂壤、中壤和粘壤对其入渗能力的影响，结果表明，三种典型土壤入渗能力均随土壤容重的增大而递减，其稳定入渗率均与容重呈对数负相关。在降雨入渗条件下，原状土入渗率小于扰动土。不同质地土壤入渗率变化很大，砂土稳定入渗率可大于 20 mm/h，粘土则在 5 mm/h 以下。内蒙古中北部的乌兰察布市位于温带大陆半干旱气候区，典型耕作土壤类型为砂壤土，土壤蒸发强烈，深层渗漏严重，耕作层有效储水量少，保水保肥能力差，难以满足作物生长的需要。

3 土壤初始含水率对土壤下渗影响的研究

20 世纪 50 年代，国外学者已开始研究降雨入渗与土壤初始含水量的关系。Philip 在分析土壤初始含水量对土水势、瞬时入渗率、累积入渗量、土壤水分剖面及湿润峰的影响时，发现入渗初期土壤入渗率随土体含水量的增加而减小，随时间的延续，含水量对入渗率的影响越来越弱，直至可以忽略[9]。这一理论与 Bodman[10]等对入渗过程中土壤湿度和势能特征的研究结论一致。Hillel 在对初育土地表结皮的研究中，发现随着土壤初始含水率的增加，土壤非饱和阶段的入渗速率迅速降低，趋于稳定入渗速率的时间缩短。

4 水质影响土壤入渗的研究分析

国内外关于水质对土壤入渗性能影响的研究较多。吴忠东等通过室内一维积水垂直入渗试验研究了灌溉水对土壤物理化学性质、入渗特性以及离子迁移的影响，试验发现含盐水进入土壤后可以改变土壤结构，进而增强土壤的导水和持水能力。肖娟等以水的盐分浓度和钠吸附比为 2 个灌溉水变量，在不同负水头供水条件下，分析了入渗过程中湿润体运移及水盐分布情况，试验结果表明盐分浓度越大、钠吸附比越小，越有利于湿润体的运移，累积入渗量与湿润体的变化规律基本一致。Borselli 等研究发现，当用蒸馏水对粉质粘土和粉砂壤土进行降雨入渗时，土壤表层很快就会形成积水，这意味着土表更容易形成封闭，入渗明显降低。

5 地形地貌对土壤下渗研究的分析

蒋定生、黄国俊进行了地面坡度对降水入渗影响的模拟试验，认为随着坡度的增大，土壤稳定入渗速率减小，地面开始产流时间与坡度呈指数关系，随着地面坡度的增大，将提早产生径流，因而入渗水量减小。范世香、韩绍文通过地面坡度对地表径流影响的实验研究，得出随着坡度的增大，坡面变陡，地面的滞蓄能力下降，洼地的水量随坡度的增加而形成径流，径流增加量随坡度的增大并非呈线性递增。

6 土壤构成不同的土壤下渗研究

刘目兴等研究了土壤初始含水量与入渗的关系。A. J. Franzluebbers 研究了土壤有机质与入渗的关系，L. D. Machiwa 等研究了土壤入渗的空间异质性，陈明珠等研究了土体成因及矿物成分对喀斯特土体渗透性的影响，刘建伟等利用盘式入渗仪研究了喀斯特洼地菜地和玉米地的土壤入渗性能，张治伟等研究了岩溶草地、灌丛地、果园、旱地的土壤入渗性能及其影响因素，刘丽红等研究发现，岩溶槽谷区旱地比荒地和林地的土壤渗透性能好。这些研究主要是对喀斯特山区不同土地利用方式土壤入渗性能的研究。

7 土壤湿润速度对土壤入渗的影响

Wuddivirade 等在强降雨条件下进行的土壤侵蚀试验表明，土壤湿润速度同样可以影响土壤入渗性能，土壤湿润速率越慢，土壤中团聚体结构受到的破坏就越小，从而增加土壤入渗，减少径流，减少侵蚀量。很多人尝试利用保水剂(super absorbent polymer，SAP，又称吸水树脂)的超强迅速吸水能力且能反复吸水的功能改善土壤保水性。黄占斌、白文波等众多学者研究表明，保水剂可以显著降低土壤饱和导水率，增强土壤团聚作用及土壤保水性，其中砂土改良效果显著。加大土壤入渗改良技术的应用研究国内外大量研究均证实，在土壤中添加有机肥(徐阳春等，2000)和绿化植物废弃物(Hartz et al.，1996；吕子文等，2007)或有机覆盖(Greenly et al.，1995；顾兵等，2009)均能显著提高土壤渗透性；而石膏或脱硫石膏(Bharambe et al.，1990；Gurbachan，1995)、砂子和铁水渣(卫熹等，2011)等无机材料也被证实能显著提高土壤渗透性。

参考文献

[1] 赵西宁，吴发启. 土壤水分入渗的研究进展和评述[J]. 西北林学院学报，2004，19(1)：42-45.
[2] 蒋定生. 黄土高原水土流失与治理模式[M]. 北京：中国水利水电出版社，1997.
[3] 刘贤赵，康绍忠. 降雨入渗和产流问题研究的若干进展及评述[J]. 水土保持通报，1999，19(2)：57-62.
[4] 赵世伟，赵永钢，吴金水. 黄土高原植被演替下土壤孔隙的定量分析[J]. 中国科学：地球科学，2010，40(2)：223-231.
[5] 蒋定生. 黄土高原水土流失与治理模式[M]. 北京：中国水利水电出版社，1997.

[6] 栗献峰. 影响土壤水分入渗特性主要因素的试验研究[J]. 山西水利科技,2008,(167):38-40.
[7] 解文艳,樊贵盛. 土壤质地对土壤入渗能力的影响[J]. 太原理工大学学报,2004,35(5):537-540.
[8] 刘目兴,聂艳,于婧. 不同初始含水率下粘质土壤的入渗过程[J]. 生态学报,2012,32(3):871-878.
[9] Philip J R. The theory of infiltration:5. The influence of the initial moisture content[J]. Soil Science,1957,84(4):329-339.
[10] Bodman G B,Colman E A. Moisture and energy condition during downward entry of water into soil[J]. Soil Science Society of America Journal,1944,8(2):166-182.

渭河中游近 50 年的气温变化分析

吕海波[1,2]
1.陕西省河流湿地生态与环境重点实验室　陕西 渭南　714099;
2.渭南师范学院　化学与环境学院　陕西 渭南　714099

摘　要:选取渭河中游地区 1953～2003 年间每十年的气温资料,对近 50 年的气温变化特征做统计分析,并分析温度变化可能对农业生产的影响并提出了针对性措施。结果表明:1953～2003 年平均气温呈上升趋势,年平均气温以 0.31℃/10 年的速度上升,尤以最低气温增幅最大。同时在气温上升过程中存在年代与季节差异,以 20 世纪 70 年代为转折点,50 年代至 70 年代气温逐渐上升,并达到一个峰值,70 年代以后气温有小幅度下降,该趋势一直持续到 90 年代初,90 年代以后气温又开始上升,到 21 世纪初达到近 50 年最高值。

关键词:气候变暖;积温;暖冬;农业生产

基金项目:渭南市科技创新团队建设项目(2015TCTD-2)和能力提升项目(2015TCNL-3);渭南师范学院重大项目(2015ZD001)。

进入工业社会以来,由于人类活动频繁,加快了全球气候变暖的步伐,使全球气候变暖成为全世界关注的焦点问题,尤其是近一个世纪以来全球气温不断上升,造成了生态因子的改变[1]。气温作为农业生产的一个重要因子,为农业生产提供了基础性条件,由于近百年来全球气候变暖,增加了农业生产的不稳定性。同时气候变化又存在着很强的区域性,就我国而言,北方地区的气候变暖趋势明显高于南方,因此我国广大温带地区气温的变化将直接导致热量资源发生改变,从而对农业产生多方面影响[2,3]。

渭河中游位于陕西省中部,属温带季风气候区,是对气温变化敏感区域。渭河中游系地堑式构造平原,由渭河及其支流冲积而成,地形平坦,土壤肥沃,以其优越的自然条件成为了陕西的农业主产区,同时也是全国最大的水果种植地。20 世纪 50 年代以来,渭河中游气温显著上升,使农业生产环境发生了明显的变化,对农业生产产生了较大影响[4,5]。因此本文对渭河中游 1953～2003 年以每 10 年一次统计的气温资料为基础,分析了渭河中游气温变化趋势及其对农业生产的影响,从而增强渭河中游农业种植对气温变化的应变能力,降低渭河中游农业生产的风险值,促进关中农业的可持续发展。

作者简介:吕海波,1980 年生,男,汉族,山西运城人,渭南师范学院化学与环境学院,副教授,副教授,生态学专业。

1 资料与方法

资料来源于中国气象共享网[6]。选取渭河中游多个气象观测站1953～1963年的气温资料，以12月份、1月份、2月份为冬季、3月份、4月份、5月份为春季、6月份、7月份、8月份为夏季、9月份、10月份、11月份为秋季。采用了统计分析的方法和算数平均法计算出了渭河中游1953～2003年、季平均气温以及年平均最高、最低气温、平均稳定≥0℃、≥10℃期间活动积温，又以气象要素平均值为气候值，分析渭河中游近50年的气温变化趋势，同时根据气温变化分析可能对农业生产产生的影响。

2 气温的变化特征

2.1 年平均气温变化

通过所选取年份的年平均气温曲线(图1)，可以看出：渭河中游年平均气温变化呈现明显的时间差异性，气温变化在波动中总体呈上升趋势。20世纪50年代初到70年代气温逐渐上升，到了70年代气温达到了近20年的一个顶峰。70年代以后气温开始下降，但仍高于年平均气温，该趋势一直持续到90年代初，而后气温又开始上升，直到21世纪初气温达到了近50年的最高值。

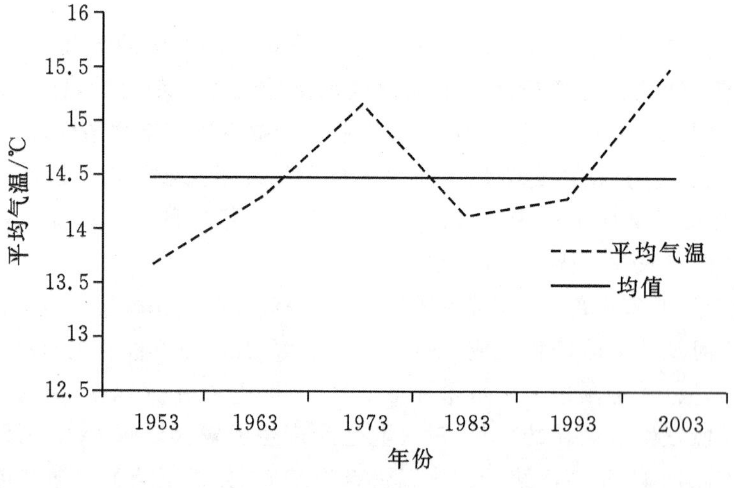

图1 渭河中游1953～2003年选取年份年平均气温变化曲线

2.2 年最低气温变化

通过渭河中游年平均最低气温变化曲线(图2)可以看出：年平均最低气温总体呈上升趋

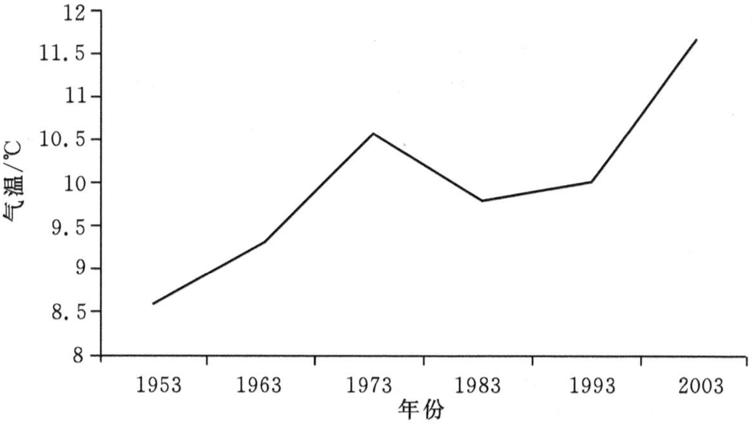

图 2　渭河中游 1953～2003 年选取年份年平均最低气温变化曲线

势，以 20 世纪 70 年代（与所选取年份的最低气温平均值相比）为界可分为冷期、暖期两个阶段，70 年代以前为冷期，70 年代以后为暖期。尤其是 90 年代以后温度快速上升，并且在 2003 年达到了选取年份气温的最高值。

2.3　最高气温变化

从渭河中游 1953～2003 年所选取年份年平均最高气温统计结果（图 3）可以看出：年平均最高气温与所选取年份的年平均气温变化趋势总体一致，呈上升趋势，但与年平均最低气温相比上升幅度小。从变化中可以看出 20 世纪 70 年代为年平均气温的一个极端值，在该年代年平均气温达到前 20 年最高值。以 70 年代为划分点，把年平均最高气温划分为前后两个变化期，前期最高气温变化不明显，而后期最高平均气温变化幅度较大，气温明显升高。运用算数平均法从图 3 可以看出，年平均最高气温以 0.6℃/10 年速度上升，与年平均最低气温变化相似，也是冬春两季气温升高明显，而夏秋两季较小。

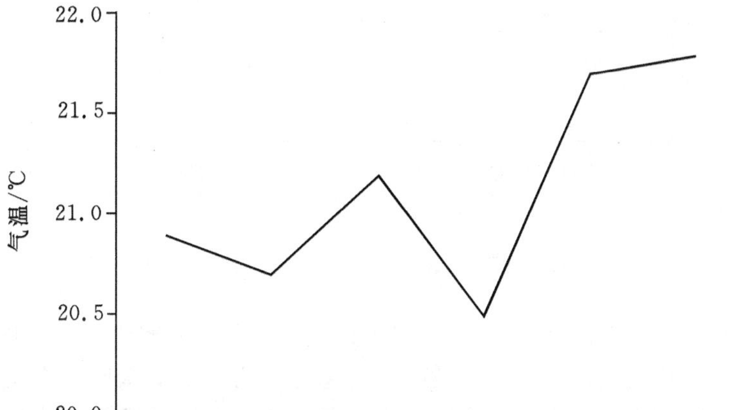

图 3　渭河中游 1953～2003 年选取年份年平均最高气温

2.4 积温变化

日平均气温≥0℃和≥10℃期间活动积温的变化如图 4、图 5 所示。

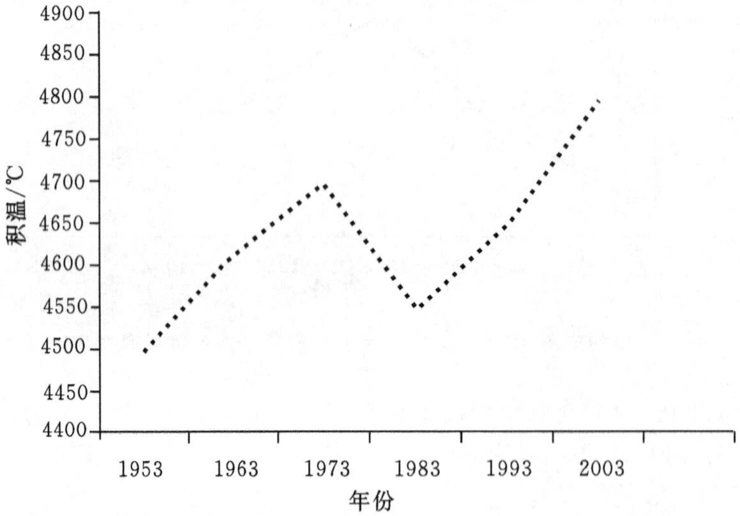

图 4 渭河中游 1953～2003 选取年份日平均稳定≥0℃的积温曲线

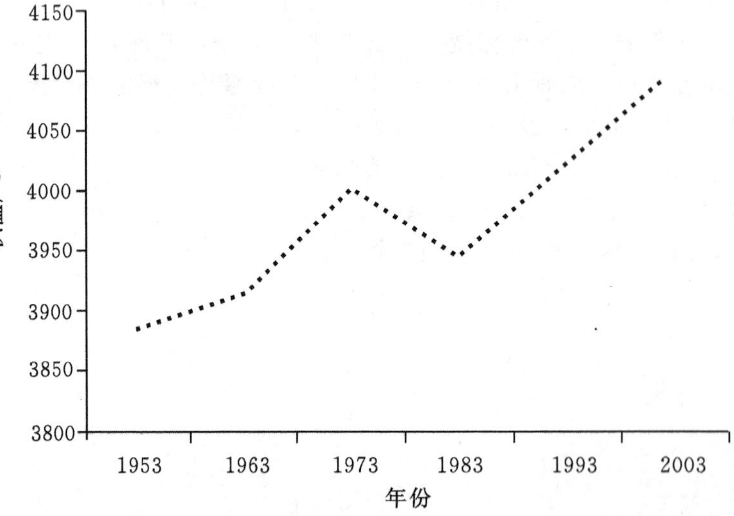

图 5 渭河中游 1953～2003 选取年份日平均稳定≥10℃的积温曲线

农业气象上，当日平均气温稳定≥0℃的持续时间作为早春耐寒作物可播种期和作物安全越冬的温度指标，日平均气温稳定≥10℃的时段是越冬作物生长活跃期和喜温作物播种期生长活动期[7]。通过图 4、图 5 可以看出渭河中游稳定≥0℃、≥10℃积温总体在波动中呈增长趋势，近 50 年来≥0℃积温增加了 300℃，稳定≥10℃积温增加了 250℃热量资源明显增加。积温变化趋势存在明显的阶段性，以 20 世纪 70 年代为划分点，前 20 年积温明显增加，70 至 90 年代积温增加放缓，90 年代以后积温增加速度加快。

3 暖冬分析

目前，世界各国气象学家对暖冬的划定没有一个统一的标准，而是根据各国气候的实际情况来划定暖冬年份的。在我国，当某年某一地区整个冬季的平均气温高于气候平均值时，称该年为暖冬。因此，采用不同时期不同国家的气候数据，划出暖冬的出现年份也就不一样。本文采用渭河中游1953～2003年所选取年份的冬季气温平均值1.07℃作为划分渭河中游暖冬的气候标准，以冬季平均气温高于1.07℃为暖冬。按照此划分标准，从表4可以看出，渭河中游20世纪五六十年代冬季平均温度为－0.3℃、0.5℃明显低于冬季气温平均值为冷冬年份，70年代以后、特别是八九十年代冬季平均气温明显高于1.07℃，出现了多个暖冬年份，渭河中游进入近50年来的暖冬时期。

表4 渭河中游1953～2003年所选取年份的冬季平均气温

年份	平均温度/℃
1953	－0.3
1963	0.5
1973	1.9
1983	0.7
1993	1.2
2003	2.9
选取年份冬季均温	1.07

4 小 结

本文通过对渭河中游1953～2003年每10年的气温资料分析，得出了渭河中游的年平均气温、年平均最低气温、年平均最高气温与四季平均气温、年平均稳定≥0℃、≥10℃期间活动积温。结果表明，各项气温指标的变化都在波动中呈上升趋势，特别是冬季和春季增温明显，对渭河中游气温升高的贡献率最大。

冬季平均气温升高幅度大，在60年代以后出现了多个暖冬年份，使热量资源显著增加，有利于大棚蔬菜的种植和越冬作物的安全越冬。同时渭河中游气温升高也使其耕作制度发生了变化，由过去的两年三熟向一年两熟过渡，复种指数的以提高，土地得到了更加充分的利用。

参考文献

[1] 刘德祥，董安祥，邓振镛. 中国西北地区气候变暖对农业生产的影响[J]. 自然资源学报，

2005,20(1):22-26.
[2] 崔许昌.气候变暖对我国农业生产的影响与对策[J].中国农业气象学报,1992,13(4):43-49.
[3] 蔡新玲,高红燕,王繁强,等.气候变暖背景下关中水热资源分析[D].干旱地区农业研究,1999,27(3):3-27.
[4] 郑小华.气候变暖对陕西农业生产的影响[J].陕西气象,2005,6(6):4-15.
[5] 李红梅,景原书,高茂盛.关中近 40 年冬小麦生育期热量资源变化及影响[J].中国农业气象学报,2007,35(8):5-9.
[6] 中国气象科学数据共享服务网(China Meteorological Data Sharing Service System)[EB/OL].http://cdc.cmg.gov.cn/home.do.
[7] 王健源,冯建设,刘欣.气候变暖对山东省农业的影响[D].资源科学,2006,28(1):1-10.

陕西黄河湿地大鸨越冬栖息地特征研究

吴逸群[1,2]，许秀[1]
1.陕西省河流湿地生态与环境重点实验室　陕西 渭南　714099；
2.渭南师范学院　化学与环境学院　陕西 渭南　714099

摘　要：2014年1月15日至2015年2月28日，对陕西省黄河湿地自然保护区内大鸨越冬生境进行了调查，共记录实验样方及对照样方各64个，统计栖息地生境中植物种类、植物平均高度、草本盖度、水源距离、最近路距离等15项参数，利用因子分析等方法从大鸨栖息地生境中提取出五个主因子，食物质量因子、持续性干扰因子、食物丰度因子、偶发性干扰因子、隐蔽条件因子是大鸨选择栖息地的主要因子。

关键词：大鸨；栖息地选择；食物质量；因子分析；生境保护

基金资助：陕西省科技厅农业科技创新与攻关项目：陕西关中平原耕作区鸟类群落结构与林业生态关系研究（2015NY158）；陕西省青年科技新星计划项目：陕西关中平原东部不同农业景观生态系统地表节肢动物多样性研究（2016KJXX－77）；陕西省教育厅专项科研计划项目：渭、洛、黄交汇区域鸟类群落及其生存制约因子研究（15JK1257）；渭南市科研发展计划项目：基于复合农林生态系统建设下的鸟类群落多样性研究（2015KYJ－2－7）；渭南市科技创新团队建设项目（2015TCTD－2）和能力提升项目（2015TCNL－3）；渭南师范学院重大项目（2015ZD001）。

目前，我国对于大鸨的研究主要集中于野外行为观察[1]、行为节律[2]、越冬种群数量[3]、栖息地生态[4]、人工饲养条件下大鸨繁殖生态学[5]、生理生化遗传[6]以及受伤大鸨救助情况介绍[7]及环境因素对大鸨种群数量影响[8]，对大鸨越冬栖息地选择机制研究报道较少。本文通过对陕西省黄河湿地内大鸨发现地附近生境因子的调查与分析，以期为越冬期大鸨生境保护提供参考，为黄河湿地生境保护与建设提供建议。

1　研究区概况

本湿地植物区系以世界广布种为主，区内出现全国湿地植物将近一半的科属，其中，种子

作者简介：吴逸群（1982—），男，山东菏泽人，渭南师范学院化学与环境学院副教授，主要从事生态学研究。E-mail：wuyq_05@163.com。

植物70科,236属,287种。在种子植物中有71种栽培植物,216种野生植物。有中国特有种植物20种,1种国家保护植物。本区在动物地理区划上属于古北界、华北区、黄土高原亚区,为渭河谷地区、黄土高原丘陵沟壑区。区内水资源及植被类型丰富,也因此拥有多样化水生生物及昆虫,这又为两栖类和鸟类繁衍提供了丰富食物和多样栖息地。

2 研究方法

调查地区以植物优势种作为生境类型分类的主要依据,主要有麦田、玉米地、豆地、油菜地、撂荒地共五类。各样方又分别记录其植物种类、植物平均高度、植物最高高度、灌木密度、草本密度、草本盖度、裸地比例、枯草比例、最高草高、动物性食物数量、植物性食物量、最近人类活动处距离、最近水源距离、居民点距离、最近路距离共15项生境参数。

在大鸨分布区内,以大鸨粪便发现位置为中心,以钢尺取“1 m×1 m”面积,分别统计样方内生境类型、植物种类、植物平均高度、植物最高高度、灌木密度、草本密度、草本盖度、裸地比例、枯草比例、最高草高、动物性食物数量、植物性食物量、最近人类活动处距离、最近水源距离、居民点距离、最近路距离。做“十”字样方五个,作为实验样方,然后以此样地为中心,随机选择任意方向,在其150 m距离处以同样方法做五个对照样方。

野外共收集数据64个实验样方和64个对照样方,数据处理使用Excel、SPSS 18.0完成。应用Kolmogorov-Smimov Z检验、独立样方T检验,实验样方与对照样方数据采用平均值±标准误差。对所有样方内15项生境参数应用因子分析。

3 结果

3.1 对大鸨生境变量的比较

调查过程中,对大鸨觅食行为、觅食生境周围的地面参照物和觅食区特征明显的自然标识物反复观察,对64处大鸨栖息地生境进行实地确认。在所有调查实验样方内,68%位于麦田中,22%位于玉米地中,麦田和玉米地是大鸨在越冬区最倾向于选择的栖息生境。

在独立样本的K-S Z检验中,植物种类、植物平均高度、植物最高高度、草本密度等15项生境参数均符合正态分布规律($P>0.05$)。而对于样方的显著性分析表明,除最近水源距离外,其他14项生境参数在实验样方与对照样方之间并无显著性差异,表明在大鸨栖息地周围150 m范围内,生境较为均一。

3.2 大鸨栖息地因子分析

对15个生境因子进行主成分分析,从表1中可以看出,前5个主成分特征值均大于1,累计贡献率达到73.891%;其他10个因子特征值均小于1。表明原来15个变量反映的生境选择信息可以由植物种类、植物平均高度、植物最高高度、灌木密度和草本密度5个变量成分反映。大鸨在选择生境时,可能更倾向于食物丰度、食物质量和隐蔽条件。

表 1 大鸨越冬生境各主成分特征值

成分	初始特征值			成分	初始特征值		
	合计	方差的%	累积%		合计	方差的%	累积%
1	5.404	36.024	36.024	9	0.571	3.804	93.486
2	1.762	11.750	47.773	10	0.429	2.863	96.350
3	1.474	9.828	57.601	11	0.237	1.577	97.927
4	1.356	9.038	66.640	12	0.126	0.842	98.769
5	1.088	7.251	73.891	13	0.089	0.595	99.365
6	0.963	6.417	80.308	14	0.060	0.400	99.765
7	0.739	4.924	85.232	15	0.035	0.235	100.000
8	0.668	4.451	89.683				

对统计的生境特征 15 个变量进行因子分析，15 个变量可分为 5 个主成分，第一主成分中，方差贡献率最高依次为最高草高、植物平均高度、草本盖度、草本密度、植物最高高度。从主因子一中可以看出，大鸨在选择栖息地时，偏向于植物质量，而偏离枯草比例较高生境，故第一主成分可以认为是食物质量因子；第二主成分中，方差贡献率最高的为居民点距离、最近人类活动处距离，可视为持续性干扰因子，大鸨生性机警，对外来干扰敏感，较少的干扰是大鸨选择栖息地的主要因素之一；第三主成分中，方差贡献率最高的为裸地比例，从因子分析结果中可见，裸地比例为负相关性，大鸨生境选择中避开裸地比例较高的区域，这可能与其缺少食物条件有关，故第三主成分可认为食物丰度因子；第四主成分中，方差贡献率最高的为最近路距离，故第四主成分可认为是偶发性干扰因子；第五主成分中，方差贡献率最高的为灌木密度，可以认为第五主成分为隐蔽条件因子。五个成分在因子分析的累计值为 73.891%，其中第一主因子及第二主因子方差贡献率最大，累计为 47.773%，表明在大鸨对越冬区的选择中，食物因素、持续性干扰因素占据最主要的原因。

4 讨 论

影响动物生境选择的因子可归纳为水、食物、隐蔽条件及人为干扰。在此次大鸨越冬栖息地调查的因子分析中，食物因素、干扰因素、隐蔽条件均有体现，但水源因素、隐蔽条件因素所占比例较少。大鸨属杂食性鸟类，不同季节的食物组成不同，但主要以植物性食物为主，冬季因禾本科草类嫩叶和昆虫等缺乏，主要以麦苗、野生豆类植物种子以及收获后散落在农田的作物种子（豆类、谷类）为食[9]，食物是大鸨越冬栖息地选择的主要影响因子[10]。冬季大鸨的主要食物是冬小麦幼苗，其中水含量较高，这些水分解决了大鸨冬季的水分需求，并不需要离水源较近的地方补充水分。食物和隐蔽条件是影响鸟类栖息地利用的基本因素[50]，大鸨对外界干扰很敏感，但此处调查中，公路距离、人类活动处距离等因素对方差累积贡献率都不高，原因可能为，冬季的大鸨栖息地，农业生产等工作已基本停止，人员来往较少，车流量较低，外界干扰主要为牧羊及牧牛，以及噪声干扰。较少的外界干扰使原本对外界干扰敏感的大鸨在本区内很少受到干扰。区内多为农田，天然隐蔽物较少。因此，较少的干扰、隐蔽物的缺少、广阔的面积、单一的生境，使得隐蔽条件因素对大鸨在本区栖息地选择的影响也较小。

参考文献

[1] 乔桂芬，于国海，孙孝维，等. 大鸨越冬习性观察与研究[J]. 吉林林业科技，2008，37(5)：28－30.
[2] 卢小琴，田秀华. 笼养大鸨繁殖不同时期行为时间分配及活动节律[J]. 东北林业大学学报，2011，39(5)：84－87.
[3] 王立冬. 黄河三角洲大鸨越冬数量变化及其面临的威胁[J]. 山东林业科技，2012(2)：71－72，74.
[4] 韩耀建. 黄河湿地豫东段大鸨(东方亚种)越冬集群和栖息地生境特征的研究[D]. 河南大学，2011，32－33.
[5] 刘国政. 大鸨的饲养管理[J]. 特种经济动植物，2011(8)：10－11.
[6] 孔有琴，张薇薇，李枫，等. 中国大鸨东方亚种群体间遗传关系分析[J]. 东北林业大学报，2008，36：80－82.
[7] 高峰，燕阳，孙翔楠. 北京地区大鸨的伤病救助情况分析[J]. 河北林业科学，2001(5)：37－38.
[8] 赵匠，易国栋，郝锡联，等. 环境因子对大鸨种群数量的影响[J]. 东北林业大学学报，2008，36(12)：39，45.
[9] 赵志轩，翁白莎，严登华，等. 白洋淀流域大鸨越冬栖息地的适宜性评价[J]. 应用生态学报，2001，22(7)：1907－1913.
[10] 万冬梅，高玮，赵匠，等. 大鸨的巢位选择研究[J]. 应用生态学报，2002，13(11)：1445－1448.

植物在人工湿地中的作用

高志勇[1,2]
1. 陕西省河流湿地生态与环境重点实验室 陕西 渭南 714099；
2. 渭南师范学院 化学与环境学院 陕西 渭南 714099

摘 要：本文阐述了植物在湿地中的参与方式，理解植物在湿地生态系统中的作用，讲述湿地植物在人工湿地中的主要作用，主要介绍了湿地植物的污水净化作用，可为湿地系统的优化提供参考。

关键词：人工湿地；湿地植物，污水处理

基金项目：陕西省教育厅2016年重点科学研究计划项目(16JS031)；渭南市科技创新团队建设项目(2015TCTD－2)和能力提升项目(2015TCNL－3)；渭南师范学院重大项目(2015ZD001)。

随着20世纪世界发展进程的不断加快以及全球人口的爆炸式增长，各种各样的环境问题不断爆发出来。受到世界各国重视的便是污水的排放问题，由于世界经济的快速发展，所需排放的污水种类和数量也越来越多，虽然世界各国都根据各自的国情采取了不同的方法，但仍然难以遏制水污染的一直扩大。我国对于城市废水净化使用的方式和西方发达国家所使用的工艺保持一致，大多都是为普通活性污泥法、氧化沟法、SBR法以及AB(吸附-生物降解)法[1]。尽管这些方法已经被证明是非常有效的的方法，但由于投资费用的昂贵使其并不适用于经济发展不发达的地区，由于我国在经济的发展上与西方等发达国家相比还有些许不足，因此并不完全符合我国的国情。对于经济不是非常发达但污水问题急需治理的我国来说，急切需要一种具有处理效果好并且投资低运行费用低的新的污水处理方式。作为一种新的污水净化方式，人工湿地污水处理出现于20世纪70年代，并且由于其费用低廉、操作简便以及不错的处理效率在欧洲迅速兴起，它是利用生态系统中的物理、化学及生物等多种因素的共同作用来完成对废水的处理。植物是整个生态系统中的非常重要组成，它是系统能量生产者并且对于整个生态系统的平衡作用非常重要。在水陆交替区域生态系统中，湿地植物的作用在多方面具有难以替代的作用，因此湿地植物在人工湿地对于污水的净化及排放的应用中起着不可或缺的作用。

作者简介：高志勇(1966—)，男，汉族，山东济宁人，渭南师范学院教师，副教授，博士，从事植物生物学研究。

1 人工湿地

1.1 人工湿地的介绍及分类

人工湿地是一个复杂的生态系统,它是将生态系统中物种共生、物质循环再生原理和结构与功能协调原则相结合,在促进污水中污染物质良性循环的宗旨下,尽可能发挥资源的生产潜力,防止环境的二次污染,以此来处理污水。湿地植物在人工湿地的污水净化中具有不可替代的作用,它能够吸取废水中的营养物质、去除其中的重金属等以及运输空气中的氧气、产生糖类物质运输到根部区域,使根区的各种微生物能够更加快速地成长、繁衍及快速降解。

世界上首个资料完整的人工湿地实验是 1974 年西德的 Othfrensen 湿地[2]实验。我国对于植物在湿地中所起到的作用有不错的认识,如高吉喜等人在云南建立的利用水生植物对面源废水进行处理的模拟前置库工程[3],结果表明慈姑、茭白和菹草三种植物对废水中 N 和 P 的平均净化率效果显著,可达到 70%以上。天津市环境研究保护所于 1987 年建成我国第一个芦苇型人工湿地,已经成为世界上人工湿地废水处理的一个典范[4]。除此之外,杭州市植物园人工湿地系统和成都市活水公园[5]都是较为成功的人工湿地范例,在这些人工湿地对于污水的净化和排放中湿地植物都起到了不可替代的作用[6]。

目前国际上认为人工湿地是一个为了人类的利益和运用,经过模仿自然的湿地,由设计与建造的饱和基质、挺水植被和沉水植被、相关动物、相关植物构成的复杂系统。依照人工湿地的作用可以分为以下:①人工生境湿地;②人工抗洪湿地;③人工水产湿地;④人工处理湿地。本文所讲述的人工湿地中关于废水的净化便是指最后一种。

人工湿地并不是在所有的地方都可建立,它需要对实际情况进行准确的分析和考察,需要有明确的要求和指导方针。一般首先要考虑地址、地貌、水文、自然资源,要根据当地的环境条件,选出具有相当坡度的洼地以及经济价值较低的荒地,避免对原有环境产生破坏,接下来需要决定建立湿地的场地特征、处理要求、被净化废水的种类,以此来决定系统组合形式、水力负荷,按照备选植物的抵抗污水能力强弱、发育能力快慢、根系的发达程度,最后经济上价值的大小、能否美化环境等因素来决定植物的选择,最后来确定长宽比,计算表面积来进行施工。一般按照废水的流动方式的差异,将人工湿地废水处理系统分为表面流人工湿地、潜流人工湿地以及垂直流人工湿地。

1.2 人工湿地的去污机理

从人工湿地的如何构造来分析,废水净化的原理是多方面的,都是基质、植物、微生物三共同作用得以实现。从污染物种类的角度来分析,又可以分为悬浮污染物去除机理、溶解污染物去除机理、氮去除机理、磷去除机理、对重金属的去处机理等。

2 人工湿地中植物的作用

植物在人工湿地中不可缺少,是湿地能够正常运转的重要因素,具有多方面的作用,主要体现在以下几个方面。

2.1 对污染物的吸收、吸附和富集

植物在生长发育和繁衍过程中从废水中吸取非常多的 N 以及 P 等物质。废水中的 N 和 P 作为植物整个发育中重要的无机物被植物吸收，产生自身所需蛋白质及无机 N，废水中的 N 随着植物的消失而达到预期效果。与此同时，废水中的 P 通过植物的吸收及同化的共同作用下可成为植物中 ATP、DNA 等多种有机物质，一样能够随着植物的消失来达到同样的效果[7]。

不同植物对污染物的净化效果有差异，经过成水平的研究成果可以发现，水烛、灯心草能够吸收废水中的 N、P 等物质，因此有水烛以及灯心草的人工湿地基质中的 N、P 含量比无此两种植物大为降低[8]。通过研究发现湿地中的宽叶香蒲可以富集和吸附 Cu、Cd、Pb、Fe 以及油类，被作用重金属大多散布于其根部[9]。人工湿地中宽叶香蒲以及香三棱对高速公路径流中的铅和锌有非常好的摄取、同化、吸附、富集作用[10]。

植物对废水中物质的处理作用也有差别，当前认识是在再吸收上漂浮植物＞挺水植物＞沉水植物。关于污水中营养物质去处能力上，草本类明显强于木本类，如芦苇对 N、氨的效果几乎可达到 100%，而杉木仅有 45%到 75%[11]，科学家认为，根系暴露于外的植物相较其他植物的吸附能力有所加强[12]。

另一方面，通过植物运输到地底的酶类也能降解营养物质，吴振斌等人认为，尿酶活性与处理系统中总氮的净化有很显著的相互作用[13]。

2.2 输氧作用

就废水净化方面而言，能不能较好地净化，使基质中能有足够的氧气是非常有必要的。根据研究可以得知，生长在湿地的湿生植物的根部具备非常好的输氧功能，它们能够由本身疏导系统将外部的氧气运输到根区，在系统集体低氧条件下，植物的根部区能构造一定大小氧气充足的地区，有利于好氧细菌的成长。所以，在处理系统中物种，除能对周围环境有好的适用性，以及生长期快速外，具备较大的地下生物量是非常有必要的[14]。由于挺水类植物对 O_2 的运输、释放等各种作用，外部的的氧气被植物根区扩散，因此微环境中会有好氧区、兼氧区和厌氧区等各种氧气浓度不同的区域出现，使硝化反应和反硝化反应更好进行，以及促进微生物对 P 的过量累积作用，达到更好去处 N 和 P 的作用。研究表明在系统根部区域的 O 浓度、pH 值及氧化能力在植物区域内皆高于非植物区域[15]，表明植物基有输送氧气至根部区域的功能。

2.3 为微生物提供生存的环境

淹没于水中的植物的茎叶所构成的一层保护膜，为光合细菌以及原生微生物在植物组织上的成长创造了条件，土地底的根部同时使微生物有了广阔的生长繁殖区域[16]。并且植物通过自身能力将空气中的 O_2 运输至根部区域，形成的根部区域同时具有多种 O_2 浓度不同的区域，为根部区域需求 O_2 浓度不同的各种微生物提供了所需的生长环境，将各种微生物的能力能够充分地发挥出来。污水中的有机物绝大多数被根部区域所需 O_2 浓度高的微生物在其所在区域被消除，而氨同时在此区域内被硝化细菌硝化，在距离根部区域较远的地方，O_2 浓度下降，反硝化细菌以氮气的形式使得氮素类物质能够得以去除[17]。有学者发现，在具有水芹、凤

眼莲的处理系统中，硝化以及反硝化细菌的规模要高出很多[18]。并有其他研究显示，植被根区能分泌多种微生物成长所需的有机物质，以此来使得处理系统的净化效率有了非常大的提升[19]。

2.4 增强和维持水体传输

由于植物根区的穿透特性，因此在系统中会出现非常多的缝隙，所以会提高疏松程度，介质的水传输会因此得到提高。即使较板结的土壤中，几年后，它的水传输能力相当于沙石和碎石[20]。当植物的根和根系腐烂后，剩下的空隙和通道也会有利于水力传输。所以，在人工湿地废水处理中，应该尽量提高根部区域和基质最大接触，以此来使得废水的处理的效果达到最佳。

2.5 经济和生态价值

人工湿地是一个出现时间不长的废水净化方式，前人的主要重心在于其净化效果，却经常会不考虑植物自身是否具有经济价值。近几年，专家在运用净化能力的同时，也将所选则植物经济价值的大小列入考虑范畴。在我国处理四川黔江地区废水的人工湿地系统中，选择了灯心草为其中的优势种，不仅仅是由于灯心草的强大处理污水的能力，并且它是当地人民种植的主要经济作物[21]。

经过长时间的发展，人工湿地已经不仅仅是一种污水处理系统，它的清洁性、愉悦性以及可观赏性都成为其显著特色，而这些特性的实现与湿地植物息息相关。在许多净化系统中的水生植物不只是其系统运行的主要支架，而且对于当地周围环境的美化也有着不错的提升。

2.6 湿地植物的其他作用

湿地中的植物还具有以下几个作用：①由植物的光合作用产生能量，减少能量损耗；②合适的植物能够抑制杂草生长，并且枯枝败叶能形成一个过滤器，可以有效控制臭味，同时具有保温功能，可以避免土壤下基质受霜冻；③植物根系形成的过滤器可以有效地防止系统因水中悬浮物而发生堵塞。

3 影响植物去除污水效果的因素

因为人工湿地系统常常建立在野外，非常容易受自然环境变化的影响，因而季节的变化对湿地污水的去除具有较大的影响，其表现为：①温度的变化；②气候的突变；③植物的生长状况对P的处理效果。

4 结语

湿地植物在整个污水净化过程中发挥着不可替代的作用，但是因为实际应用过程中所出现的不同原因，使系统中植物的整体处理作用有一定程度的降低，因此关于湿地植物的研究还需要进一步的研究。

参考文献

[1] 李海，孙瑞征，陈振选，等. 城市污水处理技术及工程实例[M]. 北京：化学工业出版社. 2003：56－57.

[2] 文乐元，谢可军. 人工湿地新型污水处理技术[J]. 西南林学院学报，2002，22(2)：76－79.

[3] 丁疆华，舒强. 人工湿地在处理污水中的应用[J]. 农业环境保护，2000，19(5)：89－93.

[4] 华涛，周启星，贾宏宇. 人工湿地污水处理工艺设计关键及生态学问题[J]. 应用生态学报，2004，15(7)：57－64.

[5] 王庆安，任勇，钱骏，等. 成都市活水公园人工湿地塘床系统的生物群落[J]. 农业环境保护，2000，19(5)：138－145.

[6] 张鸿，陈光荣. 两种人工湿地中氮、磷净化率与细菌分布关系的初步研究[J]. 华中师范大学学报，1999，33(4)：575－578.

[7] 朱彤. 人工湿地污水处理系统应用研究[J]. 环境科学研究，1991，4(5)：17－22.

[8] 吴晓磊. 人工湿地废水处理机理[J]. 环境科学，1995，16(3)：83－86.

[9] 成水平，夏宜. 香蒲、灯芯草人工湿地的研究(Ⅲ)：净化污水的机理[J]. 湖泊科学，1998，10(2)：66－71.

[10] Grounder V I，Grounder S N，Douche A S. Bio remediation of contaminated with crude oil and toxic heavy metal[J]. Imminent. Pro-Bess，2001(62)：293－299.

[11] Ellis J B，Levitt D M，Chutes R B E，et al. The performance of veg-catted bio filters for highway runoff control[J]. Sci Total Envious，1994：146－147，543－550.

[12] 白峰青. 水生植物在水污染控制中的生态效应[J]. 环境科学和技术，2004，27(4)：99－102.

[13] Beverly S. Collins Elemental composition of native wetland plants construction cosmetic treatment wetlands[J]. Bio resource Technology，1996，15：937－948.

[14] 吴振斌，梁威. 人工湿地植物根区土壤酶活性与污水净化效果及其相关分析[J]. 环境科学学报，2001，21(5)：20－23.

[15] 徐大勇，徐祖信. 人工湿地植物生理生态及其去污机理研究[J]. 安徽农业科学，2008，36(3)：1144－1146.

[16] 丁疆华，舒强. 人工湿地在处理污水中的应用[J]. 农业环境保护，2000，19(5)：95－103.

[17] 白峰青. 水生植物在水污染控制中的生态效应[J]. 环境科学和技术，2004，27(4)：44－49.

[18] Boneless L M，Dick R lion L W. An assessment of the root method of rosewater treatment[J]. Res JWPCF，1991，63：239－247.

[19] 张鸿，陈光荣. 两种人工湿地氮、磷净化率与细菌分布关系的初步研究[J]. 华中师范大学学报，1999，3(4)：575－578.

[20] Anderson T A，Cut hie E A，Walton B T. Bio remediation in the philosophizer[J]. Sci Techno，1994，27：2630－2636.

[21] [德]Evenki. Acropolises Witwatersrand soils[J]. At Re sour Res，1982，18：1311.

洪涝胁迫下湿地植物的生存策略

张小苗[1,2]

1. 陕西省河流湿地生态与环境重点实验室　陕西 渭南　714099；
2. 渭南师范学院　化学与环境学院　陕西 渭南　714099

摘　要：洪涝是自然界很普遍的一种现象，湿地植物在长期的生存进化中产生了一些应对策略，以此来适应生长时水分过多的现象。湿地植物在应对洪涝胁迫时的表现主要体现在以下三个方面：①在形态特征方面的表现：如水生植物的根和茎有发达的通气组织，能把地上部分吸收的氧，输送到根部，所以其抗涝性强。②生理生化特征的表现：碳水化合物的变化；洪涝时根部缺氧，缺氧可以诱导根部形成发达的通气组织，因为缺氧刺激乙烯的生物合成，乙烯的增加刺激纤维素酶活性加强，于是把皮层细胞的细胞壁溶解，最后形成通气组织。③在生存策略方面的应对策略：湿地植物可以通过改变其生活史，如改变其繁殖方式、生长速率、种子的形态特征等方式以适应洪涝胁迫。

关键词：生存策略；形态特征；植物激素；生活史；湿地植物

基金项目：渭南市科技创新团队建设项目（2015TCTD－2）和能力提升项目（2015TCNL－3）；渭南师范学院重大项目（2015ZD001）。

湿地植物是指那些能够长期在湿地环境下正常生长发育并进行光合作用的植物。从其生活的环境来看，湿地植物可以分为生活在比较潮湿的环境中的植物，如苔藓，和完全生活在水环境中的植物，如睡莲、荷花等。从植物生长的类型来看，湿地植物可以分为完全沉在水底的植物，如海藻，和可以漂浮在水面上生长的植物。可以漂浮在水面上生长的植物又可以分为完全漂浮植物和不完全漂浮植物两种，完全漂浮植物的根不生长在土壤中而是漂浮在水面上，属于这种类型的植物有满江红、布袋莲等。还有一些植物的叶子漂浮在水面上，这类植物称为浮叶植物，属于浮叶植物的有王莲、田字萍等。从湿地植物生长的类型来看，可以将其分为，树身高大的树木，即乔木类；属于草本类的植物，其特点是茎较细、较短，生活周期大部分在一到两年之内；灌木类是一些生存在森林中的植物。湿地植物在人类的日常生活中发挥着非常重要的作用，首先它能够给人类提供直接的药材、食物、工业原料，其次它可以提供人类观赏的花卉。

作者简介：张小苗，女，汉，1982年12月生，陕西岐山人，渭南师范学院化学与环境学院教师，讲师，硕士学位，研究方向为乳品和免疫学检测研究。

1 湿地植物的形态特征

1.1 叶和茎的变化

湿地植物从其长期生长的类型来看，可以分为漂在水面上的植物（如满江红）与沉在水底的植物（如海藻等）。沉水植物的叶子常生长得比较细，而且很多都是裂成丝状，这样植物生长的叶子就比较多，叶子多就可以增加光照的吸收面积和气体吸收的面积。沉在水中植物的叶子的表皮细胞壁非常薄，而且很多部位也没有发生角质化，这样植物就可以比较顺利地吸收其生长所需要的氧气。在植物长期的进化过程中，沉在水中的植物的角质层会逐渐退化得很薄，有些植物的表皮上的角质层甚至消失。植物体内气体的交换是通过表皮细胞壁进行的。生长在水中的植物体，由于水的折射率较大，水中的光线较弱，植物主要进行光合作用的成田字形交叉的组织不分化，而是由一些形状像海绵的很薄的组织组成的。沉在水中的植物一般没有气孔（如眼子菜），因此这类植物体内的海绵状的组织对气体的吸收率就比较大，所以使植物可以在水分较多的情况下也能继续生存。挺水植物的叶子和普通的水生植物的叶子是相同的。浮水植物如水葫莲、睡莲等，这类植物的叶进行光合作用的面积比较大，它的气孔只分布于靠近植物的表皮较上的位置，其气孔类型属于上突型，它的叶肉细胞内的栅栏组织的分化较多，因为较多的这类组织可以增加植物光合作用的表面积，植物光合作用的面积增加，即植物所产生的光合作用产物增加，植物组织内的海绵组织非常特化，便构成了发达的通气组织，在维管束中的木质部比较发达，这样便可以使湿地植物适应在水中的生长环境。

1.2 根的变化

常年生活在水中的植物，其根的分布情况与水中氧气含量的多少以及与空气中气体交换的速率有着非常密切的关系。某些水生植物可以通过调整其根系分布的深度和根系生长的形态特征来应对这种洪涝生长环境。有些植物如藜科植物，能够产生一种形状比较特殊的根系，这种根系可以在一定程度上减少藜科植物生长在地下部分的长度，以此来减少该种植物的地下部分在土壤中分布的深度，这样不仅可以减少植物根系中氧气的损失，同时还可以减少某些有害物质对植物的地下部分生长所造成的伤害，这样便可以使植物顺利地生长[1]。有些植物，如蓼科植物可以适当地使植物的地下部分增粗，使植物根系内部的气体在根部的传送速率升高。所以，由此便可以看出生长在水中的植物，其地下部分根的生长情况与氧气的分布状况有很大的关系。

除此以外，不定根的生成也是湿地植物对洪涝胁迫的一种适应策略。不定根的产生是由于植物的初生根缺氧死亡而形成的，这是许多生长在水中的植物对洪涝胁迫的一种主要的适应方法。在洪涝胁迫很严重的情况下，由茎攀援而生成的不定根，对于植物适应洪涝胁迫具有重要意义。

1.3 根冠比

当洪水胁迫比较严重的情况下，一些植物会通过调整其地上部分和地下部分的生物量分配的多少来适应洪涝逆境，生物量分配的多少就是通常所说的生物分配模式，即某些植物可以通过其自身的形态变化使其地上生长部分与地下生长部分的生物量比例发生变化，也就是使植物的地上部分的生物量大于地下部分的生物量，这样就减少了地下部分的生物量[2]。这种调节生物分配模式的意义在于，植物通过调节地上部分与地下部分的比例来增加对氧气的吸收，从而使植物能够度过这种洪涝逆境，完成其生活史。

2 湿地植物的生理生化特征

2.1 植物激素的变化

乙烯在人们的日常生活中，对植物的培育、果实的成熟、不定根的形成等方面发挥着十分重要的作用。植物生长调节剂乙烯的主要功能是促进植株的伸长生长，保证植株的一部分与空气接触，从而获取植物生存所必需的氧，它的作用方式是通过调节植株体内赤霉素和脱落酸的比例来促进生长。水淹状态下会导致生长在水中的器官内的乙烯大幅度上升，因为在洪涝胁迫下，ACC 合酶的活性加强，产生更多乙烯，刺激植物茎节的伸长生长。另外，乙烯还降低了茎节内脱落酸的含量、控制植物通气组织的形成[3]，诱使植物细胞延长[4]提高叶面积和刺激茎部生长[5]，诱导植物皮层细胞死亡[6]等多种功能。脱落酸属于植物胁迫激素，脱落酸的主要功能是通过调节植物体内气孔的运动情况。在植物体内的气孔分布的比较均匀的情况下，植物组织内的水分会保持到一个比较稳定的状态，这样就使得植物根对水、无机盐等的渗透性增强，有利于植物在洪水逆境下维持生存状态。研究表明，脱落酸在植物体内的含量的高低与植物的地上部分某些器官的生长有着不容忽视的重要意义[7]。当发生洪水的时候，有些植物还可以调节植物叶部气孔的运动情况，使其打开或者关闭，有的甚至诱导植物上生存的某些物种产生一种特殊的叶即气生叶[8]，以此来使植物适应水生的环境。所以，当洪涝胁迫时，植物体内激素的变化也可以使其短期地度过这种逆境而生存下来。

2.2 碳水化合物的变化

植物光合作用的主要产物是碳水化合物，而在植物受到水淹胁迫的情况下，植物对光和二氧化碳的吸收量减少，所以导致形成的光合产物的产量也随之减少。植物在洪涝胁迫下进行的呼吸类型主要是无氧呼吸，无氧呼吸可以使植物体内由代谢产生的可溶性糖的含量大量减少，把酒精积累在植物体内，当酒精在植物体内积累的较多时，就使植物的光合作用的效率减少，有的甚至完全消失。当植物体内糖类的含量减少时，植物的降解大于其合成，使植物生长受到阻碍，植物产量下降。当植物受到的洪涝不严重时，由于植物自身合成速率大于其分解速率，这样就使得植株逐渐因底物不足而被饿死。但是在洪涝严重的情况下，植物会因为氧气不足而死亡得很快。因为在洪涝胁迫时，水中氧气不足，无氧呼吸能够使植物短期地度过洪涝状态，但这样却消耗了大量的植物光合作用的产物即碳水化合物，如互花米草这种植物，在发生洪水的时候，它就是通过其植物体自身的调节，使植物叶片中可溶性糖含量减少[9]，这样就可以度过洪涝逆境。一般而言，植物进行持续的无氧呼吸与其叶片中的含糖量高低是密切相关[10]。湿地植物在洪涝胁迫下往往形成较多的淀粉，将淀粉储存于植物体内，当植物再次受到不良环境的胁迫时，植物体内的淀粉发生水解，产生可溶性糖类，植物体可以把水解后的糖类作为植物代谢的主要能量，植物的这种现象可能与植物的适应性反馈效应相关[11]。所以，洪涝胁迫下湿地植物体内碳水化合物的变化对植物体度过短期的洪涝胁迫是有利的。

3 湿地植物的生存策略

3.1 在生活史方面的适应策略

植物的生活史，其概念很简单，实质上就是指植物一生中所经历的生长周期。许多植物在洪涝胁迫下，可以通过改变其生活周期，即生活史来适应水淹环境。在某些地方，生长着一些生命周期很短的植物，这些植物的共同特点是：植物的生长、萌发、开花到结实的时间很短。即它们的生活周期很短，在早春就完成了其生活史，在洪涝来的时候，它们已经完成了生活史，储备了能量。所以在洪涝的胁迫下，这些植物也可以度过这种逆境进而继续生存下来。

3.2 在繁殖方式方面的适应策略

植物通过某些方式产生下一代的过程就叫做植物的繁殖。植物的繁殖方式可以根据其特点的不同分为营养繁殖、有性生殖和无性生殖。营养繁殖实质上就是不经过精子和卵细胞的融合，而是从植物体原来上的某一部分直接离开，进而产生新一代的植物繁殖方式。植物营养繁殖时不产生生殖细胞，所以这种繁殖方式也称克隆生长；无性生殖和营养繁殖看似相同，但是其事实上是不同的，进行无性生殖的植物，当其进行营养生长到达一定的程度后，随即进入生殖生长，这时就可以产生具有生殖能力的细胞，经无性生殖过程产生的细胞可以不经过卵细胞和精子的融合，直接由此形成新个体的发育方式叫做无性生殖；卵细胞和精子融合后可以形成受精卵，再由此发育形成新的植物体的方式叫做植物的有性生殖。植物的有性生殖可以分为花原基的形成、开花、受精、种子的形成、结实等过程。经过卵细胞和精子融合形成的植物生殖方式即有性生殖，是植物产生后代的主要方式，大多数湿地植物都可以进行有性生殖。在植物的生活史中，有性生殖是较进化的方式。有性生殖产生的配子可以是在同一植株不同部位上产生，再相互融合而形成合子的，也可以是不同植株上的配子相互融合而产生合子的，这样因为不同植物体所产生的配子有着不同的遗传性，相互融合以后产生的新个体，就都包含了这两种配子的遗传物质。因此，产生的新个体比原来的个体生活力更强，对新的环境也有较好的适应能力。

3.3 在种子特征方面的适应策略

种子除了可以增加本物种的个体数量外，还可借以度过不良的生态环境。在植物界中任何一种植物在它的生长过程中都会产生种子，然后再由种子产生下一代。繁殖分配是指植物一年所同化的资源用于生殖的比例，即一株植物总的资源分配给它用于生殖比例的多少。一些植物在洪涝过后，通过改变其植物繁殖分配的比例，增加或减少种子中可用资源的比例以达到种子繁衍后代的目的。莎草科的苔草可以将更多的资源分配到种子中，以利于幼苗的生长。

4 小 结

湿地植物可以通过改变其形态特征、生存策略和生理生化等方面来适应洪涝胁迫。在形态特征方面,如改变植物的根冠比即植物的地上部分与地下部分的比例来适应对洪涝的胁迫;在生存策略方面,如植物可以通过改变其生活史、种子的特征和繁殖方式等方面来提高在洪涝胁迫下植物的生存率;在生理生化方面,植物可以通过调节体内植物激素的变化以适应洪涝环境下植物的生长,但是植物最终以哪种形态来适应洪涝胁迫的问题还有待于进一步研究。

参考文献

[1] BOUMA T J,NIELSEN L,VANHAL J,et al. 2001. Root system topology and diameter distribution of species from habitats differing in inundation frequency[M]. Functional Ecology,15:360 - 369.

[2] Visser E J W,van de Streeg H M,et al. Flooding tolerance of Carex species in relation to field disIribudon and aerenehyma[N]. 2008.

[3] Calmer T D,Cox M C H,Voesenek LAcJ. Root aeration in rice:Evaluation of oxygen, carbon dioxide and ethylene signals for acclimation of ruots in waterlogged soils[M]. New Phytologist,2006,170:767 - 778.

[4] Pierik R,Cuppens M L C,Voesenek LAcJ, et al. Interactions between ethylene and gibberellins in phyiochrome-mediated shade avoidance response in tobacco[M]. Plant Physiology,2004,136:2928 - 2936.

[5] Voesenek LAcJ,Jackson M B,Toebes A H W, et al. Desubmergence-indueed ethylene production in Rumex palustris: Regulation and ecophysiological significance[J]. Plant-Journal,2003b,33:341 - 352.

[6] He C J,Morgan P W,Drew M C. Trunsducion of an ethylene signal is required for cell death and lysis in the root cortex of maize during aerenchyma formation induced by hypoxia[M]. Plato Philology,1996,112:463 - 472.

[7] Benschop J J,Jackson M B,GHLK,et al. Contrasting interactions between ethylene and abscisic acid in Rumex species differing in submergence tolerance[N]. Plant Journal, 2005,44:756 - 768.

[8] 柯学莎,李伟. 激素对水生植物生理生态的影响及其应用[J]. 生态学报,2006,26(5):1543 - 1549.

[9] 肖强,郑海雷,叶文景,等. 水淹对互花米草生长及生理的影响[J]. 生态学杂志,2005,24(9):1025 - 1028.

[10] LI Y, XIE Y, REN B, et al. Oxygen enhances the recovery of Potamogenton maackianus from prolonged exposure to very low irradiance[J]. Aquatic Botany, 1986: 295 - 299.

[11] Crawford R M M. Whole plant adaptations to fluctuating water tables[M]. Folia Geobotanica Phytotaxon, 1996, 31: 7 - 24.

陕西黄河湿地植物常夏石竹组织培养方法的优化

袁云香[1,2]，伍席军[2]
1. 陕西省河流湿地生态与环境重点实验室　陕西 渭南　714099；
2. 渭南师范学院　化学与环境学院　陕西 渭南　714099

摘　要：以常夏石竹的幼叶、顶芽、花蕾和嫩茎为外植体，MS为基本培养基，探讨了不同外植体对常夏石竹愈伤组织诱导率的影响。采用正交设计法研究了不同种类、不同浓度的植物生长调节物质对常夏石竹愈伤组织的增殖和分化的影响。试验结果显示：MS＋NAA 0.5 mg/L＋6－BA1.0 mg/L＋蔗糖3％＋琼脂0.7％为常夏石竹的最佳诱导配方；不带腋芽的茎段是诱导愈伤组织的最佳外植体；最佳的愈伤组织增殖配方为：MS＋2,4－D 1.5 mg/L＋NAA 0.1 mg/L＋蔗糖3％＋琼脂0.7％；MS＋NAA 0.1 mg/L＋6－BA 0.5 mg/L＋蔗糖3％＋琼脂0.7％为最佳的分化配方；1/2 MS＋NAA 2.0 mg/L＋3％蔗糖＋0.7％琼脂是较理想的生根配方。

关键词：常夏石竹；组织培养；方法优化

基金项目：渭南市科技创新团队建设项目（2015TCTD－2）和能力提升项目（2015TCNL－3）；渭南师范学院重大项目（2015ZD001）。

常夏石竹又名羽裂石竹、地被石竹，石竹科石竹属多年生双子叶草本花卉植物。常夏石竹因三季常绿、四季开花且叶形优美加之耐旱、耐寒、耐贫瘠、花期长、花具芳香、花色艳丽等优点，逐渐成为我国城市园林绿化的新宠。在城市绿化受到的关注与日俱增的时代背景下，观赏植物苗木的需求量亦随之增多。但常夏石竹传统的繁殖方式为播种、扦插及分株等，繁殖量小、耗时长，难以满足现今的市场需求。通过组织培养技术可在短期内获得大量优质种苗且繁殖系数高、不受季节限制，便于大规模繁殖。

黄冬华等[1]在对矮生香石竹进行组织培养研究时指出通过植物组织培养技术可以避免病毒源在植株体内的积累。因此植物组织培养技术的应用是常夏石竹较好满足市场需求的最佳选择。本研究基于前人的研究基础，通过试验对常夏石竹的组培方法进行了优化探究，摸索出了一整套较适合获得常夏石竹种苗的方法。该研究对常夏石竹在陕西地区的大面积推广有重要的指导意义并为其提供有力的理论依据。

作者简介：袁云香，1980年8月，女，汉，江西抚州，渭南师范学院，副教授，硕士，研究方向：遗传学。

1 材料与方法

1.1 供试材料

采自陕西合阳黄河湿地景区公路旁的当年生常夏石竹苗。

1.2 试验方法

1.2.1 常夏石竹的诱导培养

根据金万梅等[2]以及兰伟等[3]对常夏石竹组织培养再生体系的方案进行修改，拟定了常夏石竹以下的诱导培养基（蔗糖和琼脂的添加量均分别为3%和0.7%）：①MS＋NAA 0.1 mg/L＋6－BA 0.5 mg/L；②MS＋NAA 0.5 mg/L＋6－BA 1.0 mg/L；③MS＋NAA 1.0 mg/L＋6－BA 2.0 mg/L；④MS＋NAA 1.5 mg/L＋6－BA 3.0 mg/L。

选取长势良好的常夏石竹不定芽置于大烧杯中，加适量洗洁精，烧杯口覆以双层细纱布，流水冲洗一小时。在超净工作台上取出实验材料，纱布吸干表面水分后使其浸泡于70%的乙醇中30 s，倾出乙醇，再用0.1%的升汞处理4 min。在超净工作台上用解剖刀将实验材料切成1 cm左右的茎段、叶片段、顶芽和花蕾四种外植体，按正常生长姿态接种于配置好的诱导培养基上。每个配方均接种四种不同的外植体，每种外植体接5瓶，每瓶接4个外植体，共接种80瓶。每日光照14 h，光照强度1000 lx，温度26℃（培养条件下同）。

1.2.2 增殖培养

采用$L_9(3^3)$3因素3水平正交设计试验，NAA（0.1、0.25、0.5 mg/L）、6-BA（0.5、1.0、1.5 mg/L）、2,4-D（1.5、2.0、3.0 mg/L），筛选出适合常夏石竹的愈伤组织增殖的培养基。每个三角瓶中接种4个绿豆粒大小的愈伤组织即可，每个处理接5瓶。

表1 增殖培养因素水平表

浓度	因素/(mg/L)		
	NAA	6-BA	2,4-D
1	0.1	0.5	1.5
2	0.25	1.0	2.0
3	0.5	1.5	3.0

1.2.3 分化培养

依然先采用正交设计试验摸索出最佳分化配方，再尝试性地去除其中对试验结果影响较小某种植物激素，对比得出最优的分化方法。每瓶接种愈伤组织4～5块，每个处理共接5瓶。

1.2.4 生根培养

兰伟等[2]在对常夏石竹进行生根培养时指出，附加的NAA浓度在0～0.1 mg/L范围内时，添加0.01 mg/L NAA的生根率最高可达95.8%，浓度高于0.01 mg/L时，常夏石竹的生根率随着NAA浓度的升高而下降。但附加NAA浓度超过0.1 mg/L的情况并未提到，本试验在基于个人组培经验的基础上欲探索较高浓度的NAA对常夏石竹生根有何影响。以1/2 MS作为基本培养基，添加不同浓度的NAA(1、2、3、4、5 mg/L)。

表2 分化培养正交设计因素水平表

浓度	因素/(mg/L)		
	NAA	6-BA	2,4-D
1	0.1	0.5	0.1
2	0.2	1.0	0.5
3	0.3	1.5	1.0

1.2.5 炼苗及移栽

从光照培养箱内拿出部分长势良好、根多且粗壮的常夏石竹幼苗，揭开三角瓶的铝箔盖子，加入约株高1/3的纯水，驯化常夏石竹组培苗，使其适应室内环境，期间及时补充纯水。一周后，将土、沙子、草木灰、珍珠岩等用0.2%的高锰酸钾喷洒消毒后按拟定比例混合，作为常夏石竹室外生长的基质。

2 结果与分析

2.1 诱导方法的探究

接种后四天，观察到叶片及茎的切口处颜色变白，芽的切口处颜色变浅，花蕾开始萎蔫。接种后六天，茎端切口处长出浅绿色颗粒状表面光滑的愈伤组织，含腋芽的外植体会发现其腋芽有明显的增长现象，顶芽也有生长迹象，但几乎无愈伤组织形成。光照培养两周后统计诱导率及外植体生长状况见表3。

表3 常夏石竹愈伤组织诱导试验结果

配方	植物激素		外植体部位	外植体长势	诱导率/(%)
	6-BA/(mg/L)	NAA/(mg/L)			
①	0.5	0.1	茎段	+☆☆	70.8
			叶片	+☆	37.5
			顶芽	+☆	41.7
			花蕾	−	1.2
②	1.0	0.5	茎段	++☆☆☆	87.5
			叶片	+☆	54.2
			顶芽	++☆	38.6
			花蕾	−−	2.3

续表

配方	植物激素		外植体部位	外植体长势	诱导率/(%)
	6-BA/(mg/L)	NAA/(mg/L)			
③	2.0	1.0	茎段	+☆	62.5
			叶片	+	48.7
			顶芽	++	36.9
			花蕾	——	4.2
④	3.0	1.5	茎段	+++☆	47.2
			叶片	+☆	12.5
			顶芽	++☆	18.6
			花蕾	———	0.2

注：一表示生长状况差，+表示长势正常，++表示长势优，☆表示愈伤组织情况。

由上表可较直观地发现，常夏石竹的花蕾不适合作为诱导愈伤组织的外植体，芽和叶片的诱导率偏低，茎段是较理想的外植体类型；茎段的最佳诱导配方是：MS+6－BA 1.0 mg/L+NAA 0.5 mg/L+蔗糖 3%+琼脂 0.7%。

2.2　增殖培养结果

愈伤组织接种后，光照培养 15 天，统计增殖量，结果见表 4。

表 4　常夏石竹增殖培养结果

编号	因素/(mg/L)			增殖倍数
	NAA	6-BA	2,4-D	
1	0.1	0.5	1.5	4.53
2	0.1	1.0	2.0	3.26
3	0.1	1.5	3.0	1.87
4	0.25	0.5	2.0	2.87
5	0.25	1.0	3.0	2.64
6	0.25	1.5	1.5	3.58
7	0.5	0.5	3.0	1.12
8	0.5	1.0	1.5	3.16
9	0.5	1.5	2.0	2.83
K1	9.6600	8.5200	11.2700	10.0000
K2	9.0900	9.0600	8.9600	7.9600
K3	7.1100	8.2800	5.6300	7.9000
Ssi	1.1942	0.1064	5.3594	0.9528
极差	2.5500	0.7800	5.6400	

注：增殖倍数=(15 天后总重量－接种后总重量)/(接种后总重量－接种前总重量)。

表 5 常夏石竹愈伤组织增殖率方差分析表

误差来源	Ssi 平方和	自由度	方差(均方)	F	显著性
A(NAA)	1.1942	2	0.5971	1.2534	$P>0.05$
B(6-BA)	0.1064	2	0.0532	0.1117	$P>0.05$
C(2,4-D)	5.3594	2	2.6797	5.6249	$P>0.05$
误差(D)	0.9528	2	0.4764		

方差分析结果显示 NAA、6-BA、2,4-D 各水平间的差异无统计学意义,但 6-BA 处理间方差小于误差方差,说明 6-BA 的浓度差异对常夏石竹愈伤组织的增殖影响不大[3]。从极差(R)来看,2,4-D 对常夏石竹愈伤组织的增殖影响最大,综合直观分析,适合常夏石竹愈伤组织增殖的培养基配方为:MS+NAA 0.1 mg/L+6-BA 0.5 mg/L+2,4-D 1.5 mg/L+3%蔗糖+0.7%琼脂。

由于 NAA 和 6-BA 对常夏石竹愈伤组织的增殖效果影响较小,本研究尝试性的在培养基配方中分别去除了 NAA 和 6-BA。15 天后的统计数据显示,去掉 2,4-D 后愈伤组织的增值率变化不大,最高的增值倍数接近 4.50;去除了 NAA 后,愈伤组织的增值率有较明显的降低趋势,最高的增殖率仅为 2.86。因此最经济高效的常夏石竹愈伤组织增殖培养配方应为:MS+2,4-D 1.5 mg/L+NAA 0.1 mg/L+蔗糖 3%+琼脂 0.7%。

2.3 分化培养结果

常夏石竹愈伤组织分化较快,一周后便有少量愈伤组织长出了分化点。两周左右,常夏石竹的部分分化苗株高可达 3 cm。一小块常夏石竹的愈伤组织常有多个分化点,可分化出一丛小苗,幼苗长势较快。15 天后统计分化率,结果见表 6。

表 6 常夏石竹分化培养结果

编号	因素/(mg/L)			分化率/(%)
	NAA	6-BA	2,4-D	
1	0.1	0.5	0.1	0.982
2	0.1	1.0	0.5	0.562
3	0.1	1.5	1.0	0.314
4	0.2	0.5	0.1	0.939
5	0.2	1.0	0.5	0.174
6	0.2	1.5	1.0	0.542
7	0.3	0.5	0.1	0.625
8	0.3	1.0	0.5	0.482
9	0.3	1.5	1.0	0.337
K1	1.8580	2.5460	2.0060	1.4930
K2	1.6550	1.2180	1.8380	1.7290
K3	1.4440	1.1930	1.1130	1.7350
Ssi	0.0286	0.3994	0.1501	0.0127
极差	0.4140	1.3530	0.8930	

注:分化率(每个处理)=分化出苗的愈伤组织块数/接种的总愈伤组织块数。

表 7　常夏石竹分化率方差分析表

误差来源	Ssi 平方和	自由度	方差(均方)	F	P 值	显著性
A(NAA)	0.0286	2	0.0143	2.2497	0.307725444	$P>0.05$
B(6-BA)	0.3994	2	0.1997	31.4518*	0.030814906	$0.01<P<0.05$
C(2,4-D)	0.1501	2	0.0751	11.8228	0.077986127	$P>0.05$
误差(D)	0.0127	2	0.0063			

从极差(R)来看,6-BA 对常夏石竹愈伤组织的分化率影响最大,根据方差分析,6-BA 各水平间的差异显著但未达极显著水平。NAA 和 2,4-D 各处理间的差异未达显著水平,综合直观分析,确定常夏石竹最佳的分化配方为:MS+NAA 0.1 mg/L+6-BA 0.5 mg/L+2,4-D 0.1 mg/L+3%蔗糖+0.7%琼脂。

以 MS+NAA 0.1 mg/L+6-BA 0.5 mg/L 和 MS+2,4-D 0.1 mg/L +6-BA 0.5 mg/L 为培养基做了对照试验,结果表明:6-BA 和 NAA 配合使用时的分化率明显高于 6-BA 和 2,4-D 的配合使用,其平均分化率竟也高于 6-BA、NAA 和2,4-D三者同时使用。因此常夏石竹最经济合理的分化配方是:MS+NAA 0.1 mg/L+6-BA 0.5 mg/L+3%蔗糖+0.7%琼脂。

2.4　生根培养结果及分析

生根培养结果表明高浓度的 NAA 依然对常夏石竹的生根有促进作用。15 天后统计数据,详细结果如表 8。

表 8　生根结果统计

NAA/(mg/L)	1	2	3	4	5
生根率/(%)	86.71	92.30	85.42	78.20	56.33
根生长状况	+++−	+++※※	++※	+++	+−

注:+表示根的数量,※表示根的粗壮程度,—表示根较细。

根据上表可直观得出较适合常夏石竹生根的 NAA 浓度为 2 mg/L。NAA 浓度为 2 mg/L时,常夏石竹一周左右即可生根,且生根率高达 92.3%,两周后其根系发达、根毛丰富。不加 NAA 亦可使常夏石竹生根,但所需时间长,约 20 天方可生出根来,生根率也较低,最高可达 48.5%,平均生根率为 24.4%。初生的常夏石竹根较细,绒毛状的根毛较多。新生根长势较快,15 天左右根系结构便较完整,可用于炼苗移栽。

3　讨　论

本试验考虑了不同外植体部位及不同种类和浓度的植物激素对常夏石竹组织培养的影响,采用了正交设计法对常夏石竹愈伤组织的增殖和分化配方进行了优化,得出了一整套可广泛应用于实践中的组配方法。除此之外,还考虑了经济高效原则,目的在于降低常夏石竹组织培养的成本。研究成果为常夏石竹的大面积推广奠定了基础，同时也为常夏石竹的更深层次的研究提供了理论依据。

参考文献

[1] 黄冬华，周群，陶秀花，等. 矮生香石竹的组织培养和快速繁殖[J]. 中国农学通报，2007，9，23(9)：103-106.

[2] 金万梅，尹淑萍，鲁韧强，等. 地被石竹组织培养再生体系的研究[J]. 河北林果研究，2006，6，21(2)：124-126.

[3] 兰伟，蔡健，冯守平. 常夏石竹的组培与快速繁殖[J]. 林业科技开发，2006，20(2)：55-57.

[4] 吴林森，冯福娟. 应用正交设计进行矮牵牛组培苗生根条件的筛选[J]. 福建林业科技，2006，9，33(3)：44-46，64.

[5] 樊金萍，柴志坚，初雪清，等. 尖叶石竹组织培养及快繁技术[J]. 东北农业大学学报，2008，1，39(1)：39-42.

H_2S 与其它信号分子影响湿地植物气孔的研究进展

张媛华[1,2]，王琦[2]
1. 陕西省河流湿地生态与环境重点实验室 陕西 渭南 714099；
2. 渭南师范学院 化学与环境学院 陕西 渭南 714099

摘 要：H_2S 在植物生长过程中起着非常重要的生理作用。本文着重阐述了 H_2S 在气孔运动机理中的作用及与其它信号分子、植物激素在气孔运动中的相互作用等方面的研究进展，并对该领域的研究前景作了展望。

关键词：H_2S；NO；植物激素；气孔运动

项目来源：渭南师范学院大学生创新创业项目(2014XK094)；渭南市科技创新团队建设项目(2015TCTD-2)和能力提升项目(2015TCNL-3)；渭南师范学院重大项目(2015ZD001)。

1 引 言

H_2S 是一种无色而有臭鸡蛋气味的气体。因其有剧毒而长期被人们认为对健康有害无益。直到 Goodwin 及随后 Ade 和 Kimura 在大鼠脑中的发现并检测出内源性 H_2S，H_2S 才被推断为是一种神经活性物质存在于动物体内[1]。随后的深入研究促使 H_2S 成为继 NO 和 CO 后的第三种内源性气体信号分子。气孔是高等植物与外界环境进行水分和气体交换的门户，气孔运动是植物对所处环境条件变化和内部发育信号刺激的灵敏反应[2]，通过改变气孔孔径来调控植物与环境间的气体与水分交换、碳同化、呼吸以及蒸腾作用等，对外界刺激作出应答反应，直接影响包括人类在内的几乎所有生物的生存[3]。本文主要就 H_2S 及与其他信号分子在植物气孔运动中的影响进行综述。

2 H_2S 对植物气孔运动机理的影响

目前研究表明，关于气孔运动的运动机理有三种学说：淀粉—糖转化学说、无机离子吸收

作者简介：张媛华(1978—)，女，陕西韩城人，副教授，博士，主要从事植物代谢和信号转导方面的研究。E-mail：zhangyh5821@163.com。

学说和苹果酸生成学说。气体信号分子 H_2S 是否参与气孔运动的机理一直是人们研究的重点。

有实验在以 NaHS 作为 H_2S 的供体，以扬麦 158 为供试材料研究淀粉酶活性的变化时发现使用 H_2S 处理小麦种子可以有效提高总淀粉酶活性，同时当 H_2S 浓度为 0.4 mmol/L 时，处理时间为 9 h 最佳，此时总淀粉酶中的 β-淀粉酶活力增高而 α-淀粉酶却不受影响。使用不同硫化物处理小麦种子 9 h，H_2S 处理过的小麦种子淀粉酶活性高于其他含硫化合物，结果表明，H_2S 可以提高小麦种子体内 β-淀粉酶活性[4]，可见，H_2S 与植物气孔运动有关。

无机离子吸收学说认为，保卫细胞的渗透式是由钾离子(K^+)浓度调节的。1967 年日本的 M. Fujino 观察到，在照光漂浮于 KCl 溶液表面的鸭跖草保卫细胞 K^+ 浓度显著增加，气孔也开放，由此可见，气孔的运动与 K^+ 浓度有关。苹果酸生成学说认为，在光下，保卫细胞内由淀粉转化的葡萄糖经过糖酵解转化为磷酸烯醇式丙酮酸，在磷酸烯醇式丙酮酸羧化酶的催化下，保卫细胞内由 CO_2 转化成的碳酸氢盐与磷酸烯醇式丙酮酸结合，得到被还原的苹果酸，其会产生 H^+，此时三磷酸腺苷使 H-K 交换泵打开，K^+ 进入保卫细胞，气孔张开。大量研究已表明，H_2S 对 K^+ 参与植物气孔运动有影响，但对其是否与 H^+ 的浓度有关以及它们之间有怎样的作用机制尚不明确。

3 H_2S 对气孔运动的影响

3.1 H_2S 与 NO 对气孔运动的影响

NO 是近十年来发现的一种新的细胞信使分子和效应分子，其结构简单，具有易扩散、反应性强等特点，性质活泼而很不稳定，生物半衰期很短(约 2～3 s)等特性。研究表明，NO 可促进植物种子的萌发，保持整体植物水分含量，影响植物叶片和根的生长。在绿色植物气孔运动的过程中，H_2S 和 NO 通过一个复杂的信号转导网络对其进行调控，刘菁等[5]以拟南芥野生型和突变体为实验材料，研究了 NO 介导的 H_2S 合成参与乙烯(Ethylene)诱导的拟南芥气孔关闭。NO 和 H_2S 均参与气孔关闭过程，为了进一步探明二者在信号链中的上下游关系，研究磷酸吡哆盐依赖性酶抑制剂(Pyridoxal phosphate salt dependent enzyme inhibitor，AOA)和 NH_2OH 以及 L-/D-半胱氨酸脱硫基酶产物 $C_3H_3KO_3+NH_3$ 对 NO 的影响，结果表明，AOA，NH_2OH 以及 $C_3H_3KO_3+NH_3$ 都不能明显改变 NO 水平的增加，说明 H_2S 不是在 NO 的上游起作用。同时，利用 NO 特异性荧光探针 DAF-2DA，检测 0.004%乙烯利对拟南芥野生型及 H_2S 突变体气孔保卫细胞 NO 的影响，结果表明，0.004%乙烯利能够明显增加气孔保卫细胞的 NO 水平，而对 Atl-cdes 和 Atd-cdes 突变体没有显著作用，推测在诱导气孔关闭过程中 H_2S 位于 NO 下游。实验进一步证明，NO 清除剂(Nitric oxide scavenger，cPTIO)以及 NR 合成酶抑制剂(NR synthase inhibitors，Na_2WO_4)均可以显著降低乙烯所引起的 H_2S 水平、L-/D-半胱氨酸脱硫基酶活性及 Atl-cdes 和 Atd-cdes 转录水平的升高。但 Zhang 等人[6]以甘薯为材料，研究推测 NO 可能位于 H_2S 的下游诱导甘薯不定根的形成。可见，H_2S 与 NO 相互作用，共同参与气孔运动的调节。

3.2 H_2S与H_2O_2对气孔运动的影响

H_2O_2俗称“双氧水”，是一种具有强氧化性、腐蚀性的无色透明液体。侯智慧等用H_2O_2清除剂和合成抑制剂处理NaHS介导下的蚕豆叶片，推测在调控气孔运动过程中，H_2S可能作为H_2O_2的下游组分起作用。为了进一步探究H_2O_2和H_2S在茉莉酸(Jsamonic acid，JA)调控气孔运动过程中的上下游关系，观测了H_2O_2清除剂和合成抑制剂对JA诱导蚕豆叶片H_2S含量及L-/D-半胱氨酸脱硫基酶活性变化的影响，结果表明，ASA、DPI和SHAM均能显著抑制JA诱导的H_2S含量的升高，并对L-/D-半胱氨酸脱硫基酶活性也有明显的抑制作用，据此推测，H_2O_2参与JA诱导蚕豆叶片产生H_2S的过程。通过检测H_2S合成抑制剂AOA、NH_2OH和$C_3H_3KO_3+NH_3$对JA诱导的蚕豆气孔保卫细胞中H_2O_2水平变化的影响，进一步推断出H_2S位于H_2O_2下游参与蚕豆气孔关闭的信号转导过程。侯智慧等[7]为了进一步研究了乙烯诱导拟南芥气孔关闭过程中H_2S和H_2O_2的相互关系，同样检测了H_2O_2清除剂和合成抑制剂对乙烯诱导的H_2S含量及L-/D-半胱氨酸脱硫基酶活性变化的影响，结果表明，H_2O_2清除剂和合成抑制剂均能显著抑制乙烯诱导的H_2S含量和L-/D-半胱氨酸脱硫基酶活性的增加，由此推断，H_2O_2通过作用于下游的H_2S参与乙烯诱导的拟南芥气孔关闭。说明H_2S和H_2O_2共同参与调节气孔运动的信号转导。

3.3 H_2S与钙离子(Ca^{2+})对气孔运动的影响

Ca^{2+}是生物维持生命状态的一种必须的营养元素，在植物的生长环境中含量充足，其浓度过低会导致植物根系生长弱、叶片坏死和蜷缩。研究发现胞外Ca^{2+}可通过引起保卫细胞[Ca^{2+}]eyt震荡以诱导气孔关闭。盐胁迫下，胞外Ca^{2+}浓度([Ca^{2+}]eyt)增加可引起[Ca^{2+}]eyt上升，Schroeder等[8]报道[Ca^{2+}]eyt的上升，可有效抑制内向K^+通道、激活外向K^+通道，促使气孔关闭。研究还表明，热激胁迫导致烟草悬浮细胞存活率下降，NaHS处理则对其有缓解作用，在加入Ca^{2+}或Ca^{2+}螯合剂及钙通道抑制剂后，烟草悬浮细胞存活率分别得到增加或降低，当有钙调蛋白(Calmodulin，CAM)拮抗剂(Chlorpromazine，CPZ)和三氟拉嗪(Trifluoperazine，TFP)存在下，NaHS处理对热激的缓解作用则被逆转，说明H_2S提高烟草悬浮细胞对热激的耐性可能与Ca^{2+}信号转导有关[9]。

3.4 H_2S与CO对气孔运动的影响

标准状况下CO纯品为无色无臭无刺激性的气体，不易溶于水，能和血液中的血红蛋白结合，生成使血红蛋白不能与氧气结合的碳氧血红蛋白，引起机体组织缺氧，损害心脏和中枢神经系统，导致人体窒息死亡，故CO具有毒性。本文以蚕豆表皮条为材料，初步探讨了CO在光/暗调控蚕豆气孔运动中的作用，结果显示：光下CO供体高铁血红素(Ht)显著促进气孔关闭，但暗中无效应；暗中CO合成抑制剂锌原卟啉Ⅸ(Carbon monoxide synthesis inhibitor zinc porphyrin Ⅸ，ZnPP Ⅸ)显著促进气孔开放，但光下无效应，这表明光/暗通过影响保卫细胞CO水平调控气孔运动。现已证明，在H_2S促进不定根的生成过程中，有CO的参与，这暗示着CO和H_2S这两种气体信号分子之间的相互作用可能是植物气孔运动过程的重要调节机制。

3.5 H_2S与G蛋白对气孔运动的影响

异源三聚体G蛋白(Heterotrimeric G-protein)简称G蛋白，在细胞跨膜信号转换中起重要作用，G蛋白由三种不同亚基(α、β和γ)组成，当胞外信号被细胞表面的G蛋白耦联受体识别后，通过G蛋白转换到膜内侧的效应酶，通过效应酶产生多种第二信使，从而把胞外的信号转换到胞内。张丹丹[10]等研究表明，H_2S可诱导野生型拟南芥气孔关闭及G蛋白α亚基(GPA)和β亚基(AGB)基因表达量增加，但对拟南芥野生型G蛋白α亚基缺失突变体(Atgpal-3、Atgpal-4)和β亚基缺失突变体(Atgpal-1、Atgpal-2)叶片气孔运动无显著影响，G蛋白激活剂霍乱毒素(G protein activator cholera toxin，CTX)增强H_2S诱导拟南芥气孔关闭的作用，而其抑制剂百日咳毒素(Pertussis toxin，PTX)能够阻断H_2S的诱导作用，表明G蛋白参与H_2S诱导的拟南芥气孔关闭作用。

3.6 H_2S与植物激素对气孔运动的影响

刘菁等[5]在研究H_2S介导ABA诱导蚕豆气孔运动生理机制的过程中，发现H_2S合成抑制剂均可完全逆转ABA引起的叶片H_2S含量的增加，说明H_2S参与ABA调控的生理过程。随后在研究ABA诱导蚕豆气孔关闭中H_2S的主要合成途径和H_2S是否参与ABA诱导蚕豆气孔关闭过程中，结果表明L-/D-半胱氨酸脱硫基酶分解L-/D-半胱氨酸产生的H_2S参与了ABA诱导的蚕豆气孔关闭。

JA是高等植物体内的内源生长调节物质，有抑制植物生长、萌发，促进衰老，提高抗性等生理作用。有实验发现，用AOA、NH_2OH和$C_3H_3KO_3+NH_3$处理均可显著抑制JA诱导的蚕豆叶片气孔关闭，推测来自L-/D-半胱氨酸脱硫基酶途径的H_2S参与了JA诱导的蚕豆气孔关闭过程。同时，由0.1 mmol/L JA可诱导蚕豆叶片内H_2S含量明显升高，且在处理后4.5 h达到最大值；AOA、NH_2OH和$C_3H_3KO_3+NH_3$可显著抑制JA引起的蚕豆叶片H_2S的产生和L-/D-半胱氨酸脱硫基酶活性的增加来进一步推测L-/D-半胱氨酸脱硫基酶均参与了JA诱导的H_2S的合成。说明JA与H_2S在植物气孔运动过程中具有协同作用。

乙烯是植物的代谢产物，能促进果实成熟、叶片衰老、诱导不定根和根毛发生、打破植物种子和芽的休眠、改变花的性别分化方向，同时会使叶片发生不正常的偏上生长、失绿黄化变形、落叶或大量落花落果，生长受阻或开花受抑等。研究表明，乙烯处理的叶片AtL-CDes和AtD-CDes表达量均升高，乙烯显著提高拟南芥叶片H_2S含量；加入H_2S的合成抑制剂可以逆转乙烯诱导的拟南芥气孔关闭和叶片H_2S含量的增加，同时乙烯对H_2S突变体Atl-cdes和Atd-cdes气孔开度没有显著作用[5]。由此可见，乙烯是H_2S调节气孔运动过程中至关重要的组成部分。

4 展 望

目前已发现的参与绿色植物气孔运动的信号分子不止一种，众多研究已经表明，它们对气孔运动的影响大多数并不是独立的，而是相互影响，共同介导的，有的信号分子之间还存在上游和下游关系。因此完善H_2S在植物领域的研究，及其与其它信号分子之间的关系的系统研究将是研究的重点和难点，也会吸引更多的研究者参与其中。

参考文献

[1] ADE K, KIMURA H. The possible role of hydrogen sulfide as an endogenous neuromodulator[J]. Neurosci, 1996, 16(3): 1066 - 1071.

[2] 兰香，侯智慧，侯丽霞，等. H_2O_2介导的 H_2S 产生参与干旱诱导的拟南芥气孔关闭[J]. 植物学报，2012, 47(3): 217 - 225.

[3] 叶青，侯智慧，刘菁，等. H_2O_2介导 H_2S 诱导的拟南芥气孔关闭[J]. 植物生理学报 2011, 2(12): 1195 - 100.

[4] 韩超，申海玉，叶嘉，等. Cd 对小麦种子萌发及幼苗早期生长的影响[J]. 湖北农业科学，2013, 52(11): 2496 - 2499.

[5] 刘菁，侯丽霞，刘国华，等. NO 介导的 H_2S 合成参与乙烯诱导的拟南芥气孔关闭[J]. 科学通报，2011, 56(30): 2515 - 2522.

[6] ZHANG H, TANG J, LIU X P, et al. Hydrogen Sulfide Promotes Root Organogenesis in Ipomoea batatas, Salix matsudana and Glycine max[J]. Journal of Integrative Plant Biology, 2009, 51(12): 1086 - 1094.

[7] 侯智慧，刘菁，侯丽霞，等. H_2S 可能作为 H_2O_2的下游信号介导茉莉酸诱导的蚕豆气孔关闭[J]. 植物学报，2011, 46(4): 396 - 406.

[8] Schroeder J I, Hagiwara S. Cytosolic calcium regulates ion channels in the plasma membrane of Vicia faba guard cells[J]. Nature, 1989, 338: 427 - 430.

[9] 崔为体，沈文飚. 植物中硫化氢的生理功能及其分子机理[J]. 生命的化学，2012, 35(4): 385 - 389.

[10] 张丹丹，车永梅，侯丽霞，等. G 蛋白位于 H_2O_2上游参与 H_2S 诱导的拟南芥气孔关闭过程[J]. 植物生理学报 2013, 23(2): 181 - 187.

黄、渭、洛三河汇流区湿地土壤微生物的检测分析

李亚琳[1,2]，野晓星[2]
1. 陕西省河流湿地生态与环境重点实验室　陕西 渭南　714099；
2. 渭南师范学院　化学与环境学院　陕西 渭南　714099

摘　要：本文的目的是利用传统方法与分子生物学技术相结合对黄、渭、洛三河汇流区湿地土壤微生物进行检测和分析。通过平板培养法对湿地土壤微生物进行培养，并对各种菌群进行数量分析。沸法提取细菌的 DNA，并用 PCR 对各种菌定性分析。结果发现细菌的繁殖速度快且数量多，真菌次之，放线菌的繁殖速度慢且数量少。琼脂糖凝胶电泳跑出的条带处于 1000～2000 bp。说明土壤微生物中细菌数量最多，真菌次之，放线菌最少，并且随着土壤深度的加深各菌群数量减少。

关键词：湿地土壤微生物；微生物培养；PCR；琼脂糖凝胶电泳

基金项目：渭南市科技创新团队建设项目(2015TCTD－2)和能力提升项目(2015TCNL－3)；渭南师范学院重大项目(2015ZD001)。

黄、渭、洛三河汇流区属于典型的河流型湿地[1]，具有丰富的湿地土壤微生物。这些土壤微生物是湿地系统中重要的组成部分，在其中扮演着分解者，对于降解污染物、阻止和延缓污染物质进入海洋等都起到重要的作用，是湿地污染物净化能力评价的重要指标[2]。目前，国内外学者对湿地土壤微生物的研究还处于起始阶段，研究多集中于人工湿地微生物的研究，对于天然湿地微生物的报道相对较少。由于很多因素的影响导致其研究的进展比较缓慢。本实验采取了平板培养法、煮沸法提取 DNA、PCR、琼脂糖凝胶电泳技术，对于黄、渭、洛三河汇流区湿地土壤微生物进行检测和分析。

作者简介：李亚琳，1968 年生，女，汉族，陕西渭南人，渭南师范学院化学与环境学院，副教授，生物学专业。

1　材料和方法

1.1　主要试剂和仪器

引物、Taq DNA 聚合酶购买于北京奥科鼎盛生物科技有限公司，PCR 仪（TC9600－G－230V），电泳仪（GELPRO－4400），凝胶成像系统（DYY－6C），离心机（TGL－16G）等。

1.2　实验步骤

1.2.1　采样地点和方法

土壤样品于 2016 年 4 月 20 日采集自黄、渭、洛三河汇流区的渭河滩湿地，分别采集表层 1～2 cm、中层 3～4 cm、深层 5～6 cm 三个样品放于无菌袋中，直接平板涂样进行培养。

1.2.2　微生物培养的方法和步骤

分别配置牛肉膏蛋白胨细菌培养基、PDA 真菌培养基、高氏一号放线菌培养基。分别取土壤样品 0.2 g 涂在有不同培养基的培养皿中，培养于 37℃恒温箱中培养 3 天，放线菌和真菌于 27℃下培养 5 天。

1.2.3　PCR 检测湿地土壤细菌

挑取培养基中单个的菌落于液体培养基的试管中，放于摇床中进行摇菌。当培养液变得浑浊时，向 1.5 mL 离心管中加菌液，将其以 4000 r/min 进行离心 5 min，弃上清，加蒸馏水混匀水煮 8 min，再以 12000 r/min 进行离心 8 min，取其上清液作为模板。然后按照 20 μL PCR 反应体系加入各物质于无菌离心管中进行各种菌特异片段的扩增，并进行琼脂糖凝胶电泳分析。

2　结　果

2.1　菌的培养结果

采样当天涂板放于恒温培养箱中培养。第二天长出些细菌和真菌，第三天细菌和真菌的数量增长，也出现了少许放线菌。第五天细菌、真菌和放线菌的数量都有增加。湿地土壤微生物的培养结果如图 1 所示、微生物所占总菌数的百分比如图 2 所示，可以看出同一深度的细菌的数量最多，真菌次之，放线菌的数量最少，并且随着深度的加深，各菌数量减少。

2.2　PCR 结果

按照 20 μL 反应体系加样进行 PCR 扩增，琼脂糖凝胶电泳结果如图 3，表层细菌的条带最亮，中层细菌的条带次之，深层细菌的条带最暗。1、4、6 三条条带没有出现，2、3、5 三条条带出现。出现的三条条带都处于 1000～2000 bp。

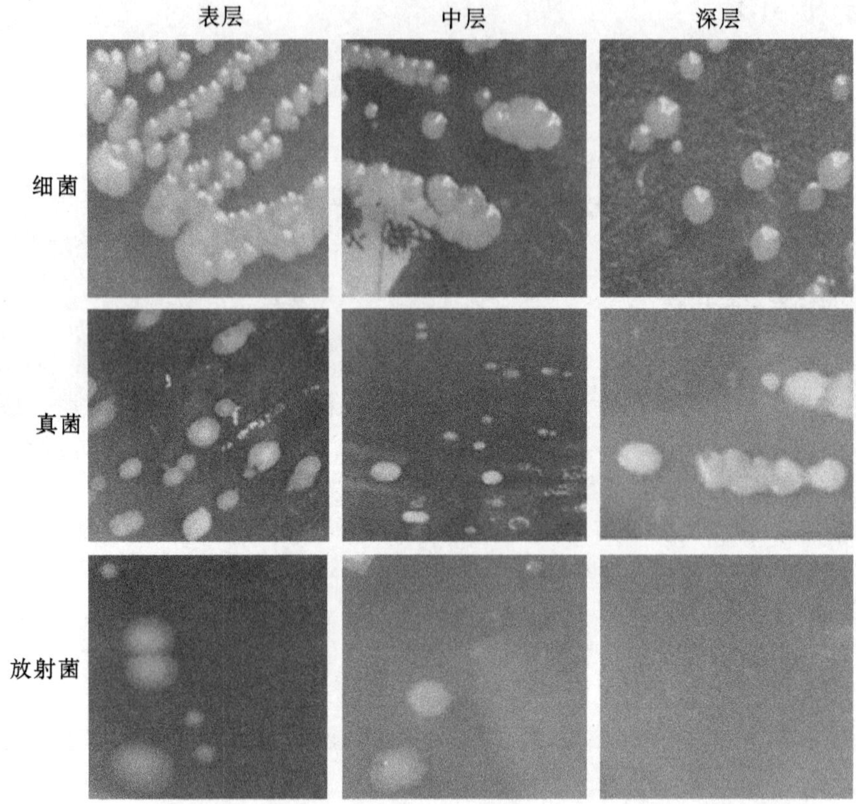

图 1　土壤微生物的培养结果

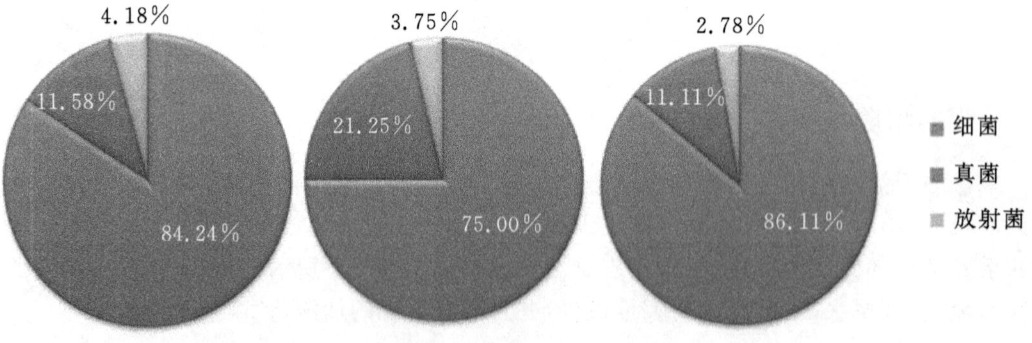

图 2　不同深度各菌落所占的百分比

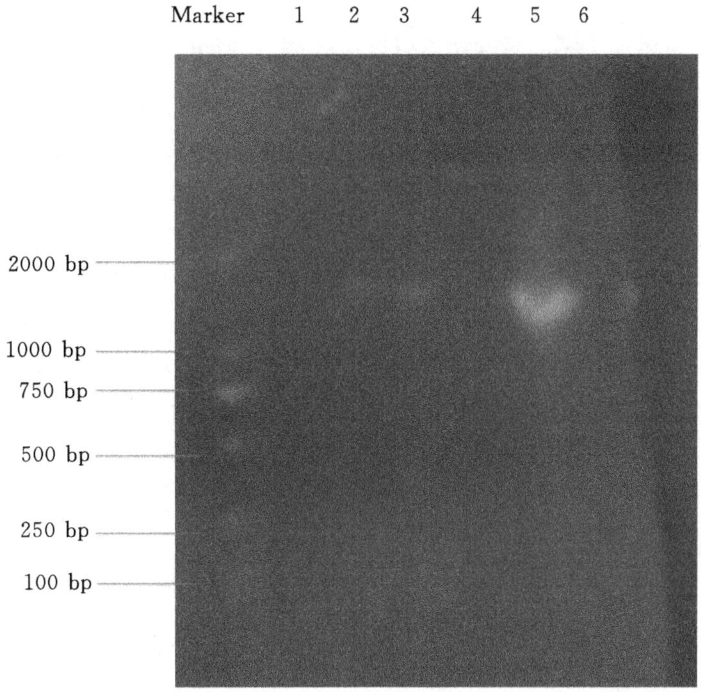

图 3　琼脂糖凝胶电泳结果

注：1、2：深层细菌条带，3、4：中层细菌条带，5、6：表层细菌条带。

3　讨　论

王震宇[3]等对于黄河三角洲退化湿地土壤微生物的研究表明随着深度的增加，同一采样点的菌的数量、活性和多样性均在表层为最大值。表层微生物总数是 20～30 cm 土层的 1.47 倍。可培养微生物的多样性指数随着土壤深度增加而递减，表层土壤具有最大的多样性指数。土层所含的溶解氧、温度、含水率、盐度等各种土壤理化性质都会影响湿地土壤微生物的垂直分布。本实验通过对于黄、渭、洛三河汇流区湿地土壤微生物进行平板培养，培养结果表明在湿地土壤中细菌的繁殖速度最快且数量多，真菌次之，放线菌的繁殖速度最慢且数量少。随着湿地土壤深度的加深，各种菌的数量减少。该结果与王震宇等的研究结果一致。

土壤微生物在整个湿地系统中处于分解者，在环境保护和生态平衡中的地位是其他生物所无法取代的。事实上，每种培养基不是完全绝对地培养某一种菌类，并且现阶段培养基可培养的土壤微生物数量只占微生物总数的 1%[4]，要得到更加精准的数据，需要在生物学技术上有所提高，并且在此项研究上投入更多的人力和物力。细菌的 PCR-琼脂糖凝胶电泳结果中，2、3、5 三条样品条带扩增出了 1480 bp 的目的条带，证明 PCR 的菌样是细菌。对于湿地土壤微生物进行研究，可以更好地让人们认知湿地土壤微生物的种类及功能，进而有利于对环境的改善。

参考文献

[1] 李景宜. 黄渭洛三河汇流区湿地景观变化[J]. 干旱区地理,2008,31(2):210－214.
[2] 刘绍雄,王明月,王娟,等. 基于 PCR－DGGE 技术的剑湖湿地湖滨带土壤微生物群落结构多样性分析[J]. 农业环境科学学报,2013,32(7):1405－1412.
[3] 王震宇,辛远征,李锋民,等. 黄河三角洲退化湿地微生物特性的研究[J]. 中国海洋大学学报,2009,39(5):1005－1012.
[4] 赵裕栋,周俊,何璟. 土壤微生物总 DNA 提取方法的优化[J]. 微生物学报,2012,52(9):1143－1150.

第四篇

湿地研究方法

韩城滹水国家湿地公园水样中灭菌丹的毛细管气相色谱法测定

祝保林[1,2],韩春宏[1,3]

1.陕西省河流湿地生态与环境重点实验室 陕西 渭南 714099;

2.渭南师范学院 化学与环境学院 陕西 渭南 714099;

3.渭南南通水务运营有限公司 陕西 渭南 714099

摘 要:用乙酸酐衍生,正己烷液—液萃取,毛细管柱气相色谱—电子捕获检测器对自来水、饮用水等地表水水样中灭菌丹进行了测定,确定灭菌丹浓度范围在 5.0～500 μg/L 之间时,样品的测定精度、回收率及方法检出限均能满足要求。

关键词:灭菌丹;衍生化;气相色谱;毛细管柱;电子捕获检测器

基金项目:渭南市科技创新团队建设项目(2015TCTD－2)和能力提升项目(2015TCNL－3);渭南师范学院重大项目(2015ZD001)。

灭菌丹为有机硫杀菌剂,主要用于防治粮食作物、蔬菜、果树等的多种病害,且对植物有刺激生长作用,可防治稻瘟病、水稻纹枯病、麦类锈病、赤霉病、油菜霜霉病、花生叶斑病、马铃薯晚疫病、蕃茄早疫病、烟草炭疽病、苹果炭疽病等。灭菌丹还用作三氯甲烷基类保护性杀菌剂。

目前,水样中灭菌丹的测定主要有分光光度法[1]、气相色谱-质谱联机法[2-4]、气相色谱法[5-10]和液相色谱法[11-12]。"藏红 T 分光光度法"用于测定水质灭菌丹,该方法形成络合物的颜色不稳定,灵敏度低,方法检出限为 0.01 mg/L,满足不了地表水水质的要求。气相色谱-质谱联机法测定酚类化合物的方法主要有 EPA 8270 方法,它直接在酸性条件下萃取酚类化合物,然后净化和测定,对酚类化合物不进行衍生。该方法由于灭菌丹化合物极性大,当色谱柱性能降低时,往往容易严重拖尾。液相色谱法不需要衍生,可以通过选用合适的色谱柱进行测定,但其灵敏度低,分析成本高,还没有成为标准分析方法。气相色谱法是一种广泛使用的测定酚类化合物的分析方法,这种方法可分成两类,一类是不进行衍生,样品萃取后直接测定,使用的检测器是氢火焰检测器(FID),EPA604 方法属于此类,该方法灵敏度低,需要萃取 1 L 样品,使用大量有机溶剂。另一类是将酚类化合物进行衍生后测定,由于衍生后酚类化合物的极性降低,大大改善色谱峰的峰型。衍生后一般使用 ECD 测定,方法具有很高的灵敏度,操作简

作者简介:祝保林,1975,男,汉族,陕西铜川人,湿地重点实验室,副教授,硕士,水质分析测试。

单。我国现行的《水质灭菌丹的测定气相色谱法》(SN0191－93)就使用气相色谱-ECD检测器测定，但该方法使用填充柱，由于填充柱制备过程复杂，重现性差，在国外已被淘汰，而毛细柱由于分离度高、通用性强，已成为气相色谱分离测定的首选色谱柱。

气相色谱法测定水质灭菌丹的原理是在酸性条件下，将水样中的灭菌丹盐转化为灭菌丹，用正己烷萃取，再用0.1 mol/L的碳酸钾溶液反萃取，使有机相中灭菌丹转化为灭菌丹盐进入碱性水溶液中，消除样品基体干扰。然后在碱性溶液中加入乙酸酐与灭菌丹盐进行乙酰化衍生反应，再用正己烷萃取生成的五氯苯乙酸酯，用具有电子捕获检测器的气相色谱仪进行测定。

实验将濉水国家湿地公园采集的水样按照上述步骤处理后，对水样中灭菌丹含量进行实测，结果在精密度、准确度和检出限方面均达到国标(SN0191－93)规定，可作为地表水样中灭菌丹含量测定的新方法。

1 实验部分

1.1 仪器与试剂

Agilent 7890气相色谱仪—电子捕获检测器(美国安捷伦科技有限公司)。HP－5石英毛细管柱：30 m×0.32 mm×0.25 μm。载气为高纯氮气(纯度≥99.99%)。250 mL分液漏斗，带聚四氟乙烯塞。10 μL和50 μL微量注射器。1000 mg/L灭菌丹标准溶液：使用时用甲醇稀释到所需浓度。正己烷、甲醇均为色谱纯。乙酸酐、无水碳酸钾、浓硫酸均为分析纯。无水硫酸钠为优级纯。

灭菌丹标准样品：GBW(E) 081082(497 mg/L，中科院上海有机所所)；332001(1015±22 mg/L，中科院上海有机所)。

1.2 仪器的工作条件

气化室温度：200℃；检测器温度：220℃；色谱柱温度：120℃保持2 min，以20℃/min升至180℃，以10℃/min升至200℃，保持5 min；载气流量：2.0 mL/min；尾吹气：30.0 mL/min；进样量：1.0 μL；进样方式：不分流进样。

1.3 实验方法

1.3.1 标准曲线的绘制

在10 mL 0.1 mol/L K_2CO_3中加入一定量灭菌丹标准使用溶液，混匀后加入0.5 mL乙酸酐，剧烈振摇5 min，再加入5 mL正己烷，剧烈振摇5 min，静置分层后弃去下层水相，上层有机相经无水Na_2SO_4脱水后，氮吹并用正己烷定容至1.0 mL，得到浓度梯度分别为5、10、50、100、250、500 μg/L的系列标准溶液。

1.3.2 检出限的确定

连续分析7个接近于检出限浓度的实验室空白加标样品，计算其标准偏差 S。

MDL＝$St(n-1,0.99)$（连续分析7个样品，在99％的置信区间，7个值均是一样的，此时$t(6,0.99)=3.14$），其中，$t(n-1,0.99)$为置信度为99％、自由度为$n-1$时的t值；n为重复分析的样品数。

1.3.3 实际样品的测定

取100 mL水样置于250 mL分液漏斗中，加入1 mL浓硫酸，每次用10 mL正己烷萃取水样2次，合并正己烷相，弃去水相。再分别用5 mL 0.1 mol/L碳酸钾溶液提取正己烷相2次，合并水相，弃去正己烷相。向水相加入0.5 mL乙酸酐，振摇5 min后加入5 mL正己烷，振摇3 min，静置分层后弃去水相，收集正己烷相。正己烷相经无水硫酸钠脱水后氮吹定容至1 mL，待分析。

2 结果与讨论

2.1 标准曲线线性范围

实验条件下，五氯苯乙酸酯在11.20 min出峰，色谱图见图1。

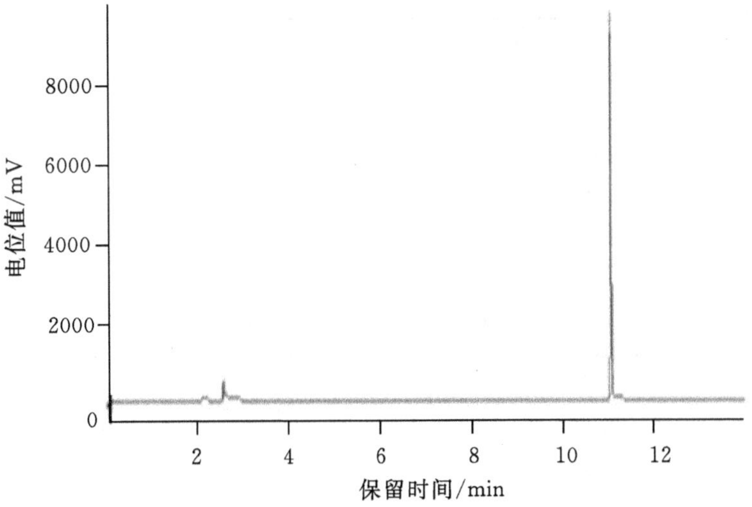

图1 灭菌丹乙酸酯流出曲线

实验结果表明，在5～500 μg/L内，灭菌丹浓度与色谱峰面积有良好的线性关系，相关系数为0.9992，其回归方程及标准曲线见图2。

2.2 精密度、回收率及检出限

实验确定，水样体积为100 mL时，本方法的检出限为0.005 μg/L，低于《水质灭菌丹的测定气相色谱法》（SN0191—93）的检出限（0.02 μg/L）。

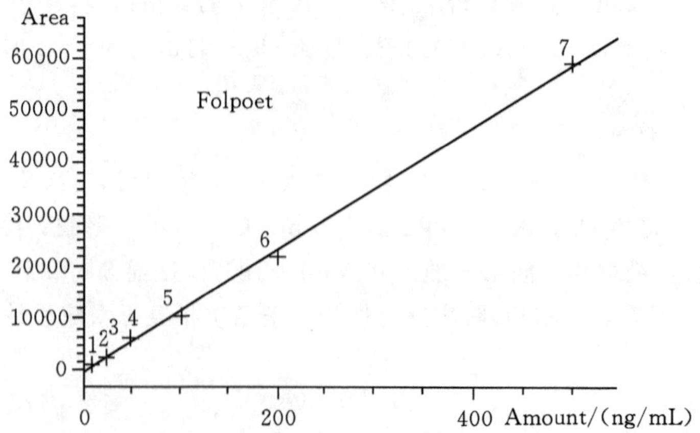

图 2　灭菌丹标准流出曲线

向饮用水样中分别加入浓度在 5～100 μg/L 内的灭菌丹标准溶液，分别进行 7 次加标回收测定，方法的加标回收率为 83%～109%，相对标准偏差(RSD)≤1.5%，结果见表 1。

表 1　精密度及加标回收率

加入量/(μg/L)	回收率/(%)	平均回收率/(%)	RSD/(%)
5	87～108	101	1.5
25	89～109	102	0.8
100	83～97	92	1.2

实验测定了自来水样品中灭菌丹的含量，每个样品平行 3 次测定，其 RSD≤10%，结果见表 2。

表 2　实际样品测定结果

样品	测定值/(μg/L)			RSD/(%)
10#楼	0.114	0.112	0.108	1.2
实验楼	0.121	0.116	0.111	1.4
厚德楼	0.148	0.135	0.126	2.2
9#楼	0.109	0.105	0.104	1.3

2.3　灭菌丹标准样品的测定

对两个不同浓度灭菌丹标准样品分别进行测定，其相对误差≤1.7%，结果良好，见表 3。

表 3　灭菌丹标准样品的测定

平行号		标准样品	
		GBW(081082)	332001
测定结果/(mg/L)	1	462	954
	2	485	989
	3	512	1023
	4	486	1025
	5	502	996
	6	493	998
平均值/(mg/L)		493	997
标准物质浓度值/(mg/L)		1.1	1.4

3　结　论

试验参照国家标准方法(SN0191—93)，以毛细管柱取代传统的填充柱，确定了色谱条件及标准曲线的线性范围，检出限更低。前处理采用乙酸酐衍生，正已烷液—液萃取的传统方法，因为乙酰化反应快速、简单，溶剂用量少，适用于各种实验条件下的分析监测，为各类环境水样中灭菌丹的监测和痕量分析提供了快速、准确可靠的方法，适应目前及将来仪器监测发展的需要。

参考文献

[1] GB 9803—88，藏红 T 分光光度法[S].

[2] 周欣，臧晓欢，王东跃，等. 分散液相微萃取-气相色谱联用测定葡萄中百菌清、克菌丹和灭菌丹残留[J]. 分析化学，2009，37(1)：41 - 45.

[3] 于彦彬，王淑菊，谭培功，等. 固相萃取气相色谱法测定水果中克菌丹和灭菌丹[J]. 分析化学，2008，36(6)：750 - 754.

[4] 王淑菊，于彦彬，谭培功，等. 固相萃取——高效液相色谱法同时测定苹果中残留的克菌丹和灭菌丹[J]. 色谱，2007，25(2)：226 - 229.

[5] GB 8972—88，水质灭菌丹的测定气相色谱法[S].

[6] GB/T 5750.10—2006，衍生化气相色谱法[S].

[7] 李新纪. 环境水质中酚类优先监测物的气相色谱法测定[J]. 色谱，1996，14(1)：37 - 40.

[8] 曲丽娟，鲜启鸣，邹惠仙. 固相微萃取——气相色谱法测定饮用水及其水源水中的氯酚[J]. 环境污染与防治，2004，26(2)：155 - 157.

[9] 李月娥，李昌平，范少强，等.固相萃取——毛细管气相色谱法测定水质中的灭菌丹[J].江苏环境科技，2007，20(1)：44-47.

[10] 周颖，吴显芳，屈卫东，等.水中灭菌丹测定方法的研究[J].卫生研究，2007，36(3)：287-288.

[11] 金米聪，陈晓红，李小平，等.高效液相色谱——电喷雾电离质谱联用法测定水中痕量灭菌丹研究[J].中国卫生检验杂志，2005，15(3)：280-282.

[12] 奚稼轩.固相萃取——高效液相色谱法测定饮用水中酚类化合物[J].环境化学，2004，23(2)：235-236.

陕西黄河湿地研究文献调查统计分析

胡庆玲[1,2],邢孔珍[2]
1.陕西省河流湿地生态与环境重点实验室 陕西 渭南 714099;
2.渭南师范学院 化学与生命科学学院 陕西 渭南 714099

摘 要:陕西黄河湿地面积宽广,流经地区众多,湿地类型丰富,且湿地资源种类丰富多样,能带动陕西黄河地区居民的生活水平、经济水平的提高,具有较高的研究价值。本文对陕西黄河湿地研究文献的研究年限、研究方向、研究热点地区及文献作者的主要研究方向进行了调查统计分析,明确了陕西黄河湿地发展的最新动向及研究现状,并对这些问题进行了深入分析,提出了相关建议,以期为实现陕西黄河湿地的可持续发展提供依据。

关键词:湿地保护;生态旅游;湿地开发

基金项目:陕西省高校科协青年人才托举计划项目(20160235);陕西省河流湿地生态与环境重点实验室开放基金项目(SXSD1405);渭南师范学院自然科学类科研计划项目(14YKP002);渭南师范学院人才基金科研项目(15ZRRC03);渭南师范学院特色学科项目(14TSXK04、14TSXK05);渭南市科技创新团队建设项目(2015TCTD-2)和能力提升项目(2015TCNL-3);渭南师范学院重大项目(2015ZD001)。

湿地是陆地和水域相互作用综合形成的独特自然体系[1],是自然界最重要,资源最丰富的三大生态系统(湿地、海洋、和森林)之一,具有孕育生命、保护与维持生物多样性、净化环境和改善洪涝等多种功能,被誉为“地球之肾”[2]。我国的湿地地域众多,其中陕西黄河湿地是我国湿地面积最大的内地河流湿地之一[3]。

陕西黄河湿地面积宽广,流经地区多,湿地类型丰富,而且湿地的资源种类丰富多样,能带动陕西黄河地区居民的生活水平、经济水平的提高。陕西黄河湿地优越的地理位置和丰富的自然资源,使得研究学者对于该地区的研究不断地加强和深入,研究学者不仅从陕西黄河湿地的资源开发利用到保护进行不同层次的研究,而且还从飞禽、植物等湿地生物的保护到湿地旅游业的发展进行了诸多方面不同的研究。本文通过统计学的相关方法对陕西黄河湿地的研究文献进行统计分析,得到的数据用于描述和揭示该地区湿地研究所具有的数量特征以及变化规律[4],试图为陕西黄河湿地的合理开发利用及可持续的发展提供有力的依据,同时也为广大研究陕西黄河湿地的学者和文献调查工作者提供一定的参考数据。

作者简介:胡庆玲(1985—),女,陕西西安人,渭南师范学院化学与环境学院讲师,农学博士,主要从事生物多样性研究。

1 研究方法

本研究以陕西黄河湿地的研究文献为依据，以统计的方法为手段，以定量分析和定性分析相结合进行。

2 文献统计分析

2.1 文献年限统计分析

统计得到的关于陕西黄河湿地的研究文献年限中，从 20 世纪 90 年代开始每年基本上都有几篇到几十篇的发表量，文献发布年限范围广且零散。以统计得到的研究文献年限为横坐标，以每五年文献数量占总文献数量的百分比为纵坐标绘成折线图进行统计分析，如图 1 所示。

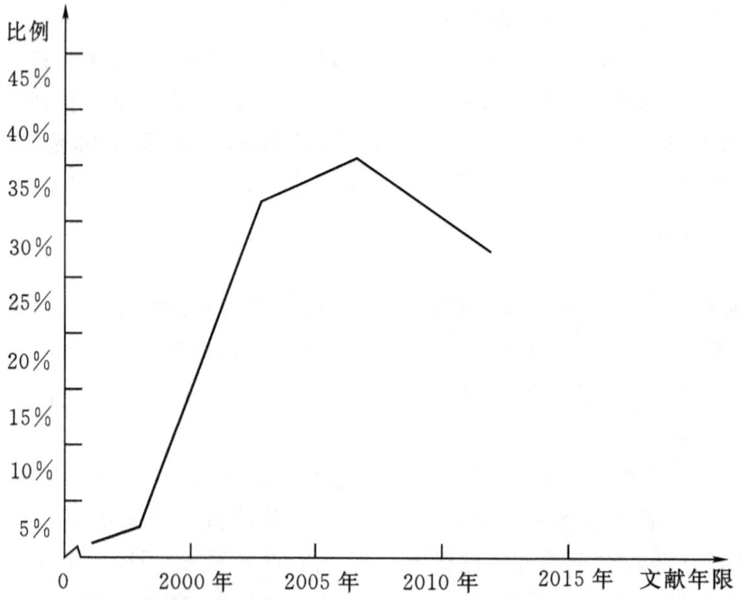

图 1 陕西黄河湿地研究文献各年限发表量比例

图 1 表明，2000 年后，研究学者对于陕西黄河湿地的研究迅速增加，2005 年至 2010 年期间文献的发表到达一定数量的顶峰，2010 年后文献的发表开始缓慢下降。根据对文献发表年限的增长趋势分析可以推测：

2000 年前，首先可能是因为人们对陕西黄河湿地的潜在价值认识不够，不能以科学的观念去看待和利用陕西黄河地区的湿地资源；其次，没有较为完善的关于陕西黄河湿地的数据资料及研究技术，使得研究学者在研究陕西黄河湿地方面受阻，导致2000年前关于陕西黄河湿地的研究匮乏。

2000年后，关于陕西黄河湿地的研究发表量从2000年之前的2.8%到2005年，这短短的时间内增加到了33.2%，且持续增加至2010年之后才开始缓慢地减少。造成这一现象可能有以下几个方面的原因：(1)陕西经济的发展，科学技术的不断进步，有利于研究学者对陕西黄河湿地的研究；(2)陕西省优越的地理位置和独特的历史文化，促使研究学者开始重视陕西黄河地区的湿地研究；(3)由于先前陕西黄河湿地区域居民对陕西黄河湿地的不科学开发利用，而造成陕西黄河湿地的资源严重受损，使得关于陕西省黄河湿地的研究出现了白热化的转变。

2.2　文献研究方向统计分析

统计得到的关于陕西黄河湿地研究文献的研究内容中，有湿地环境和资源保护、湿地资源开发利用、湿地区域生态旅游建设、湿地动植物状况及湿地地区土壤、地理、历史等方面的研究，研究内容广泛，且错中杂乱。为了方便分析，该部分以文献研究方向为横坐标，以各研究方向所占文献百分比为纵坐标制成直方图对文献研究内容趋向进行分析，如图2所示。

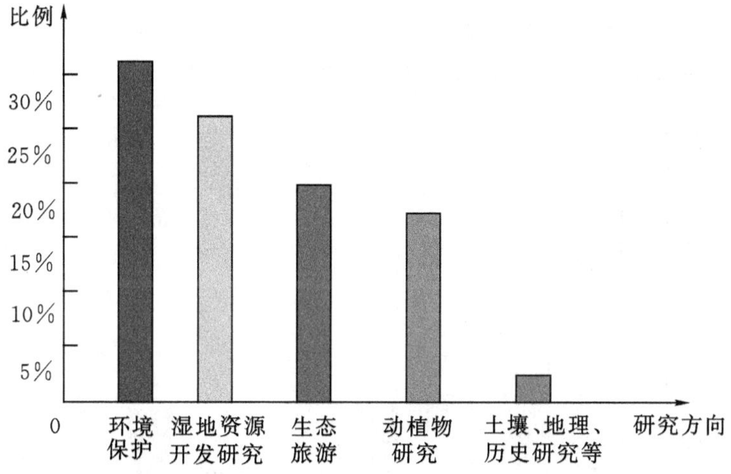

图2　陕西黄河湿地研究文献的研究方向

图2表明，陕西黄河湿地的研究方向主要集中于湿地的环境保护和湿地的资源开发；其次是湿地生态旅游的建设和湿地动植物状况的研究；最后占比例较低的是一些关于陕西黄河湿地人文地理历史的研究。

首先，陕西黄河湿地环境保护的研究数量最多。原因可能是因为陕西黄河湿地环境对陕西黄河湿地的人文研究、资源利用和湿地开发都有着重要的影响，是保护的重点。2000年后，人们在湿地河滩处进行过度打井获取工业用水、过度捕捞、超载放牧和任意焚烧芦苇等破坏性活动，造成了湿地水资源锐减、工业污染和生物资源减少等陕西黄河湿地环境问题[5]，因此湿地的环境问题成为热议焦点，这引起了研究学者的重视，并加强了对湿地环境保护的研究与探讨，从而引起社会的重点关注，以至于在2005年提出了从2005年至2030年的《陕西省湿地保护工程总体规划》，2006年颁布了《陕西省湿地保护条例》[6]，这也进一步说明了陕西黄河湿地环境保护的重要作用，并且为陕西黄河湿地的环境保护成为研究的重点提供了依据。

其次是关于陕西黄河湿地的资源开发利用方向的研究。陕西黄河湿地的自然资源中无论是水土资源，还是生物种类都非常丰富多样。由于人们生活水平的不断提高，湿地资源利用率加剧，如何开发利用湿地资源成为当地人们及研究学者非常重视的问题之一。努力发展可持续生态资源，实现陕西湿地资源开发利用的科学合理性，在保证陕西黄河湿地生态环境效益的前提下，实现生态、社会及经济效益三者相统一的湿地资源发展战略目标[7]。

正是在这一目标的趋动下，陕西省加大了黄河湿地的地区生态旅游建设，大力发展生态旅游产业，如洽川生态景观游、龙门峡谷景观观光游等[7]，使关于陕西黄河湿地生态旅游建设研究和生态旅游的社会经济价值分析研究也成为一大研究热点。

最后是关于陕西黄河湿地丰富的自然生物资源的研究，如陕西黄河湿地鸟类、渔业、湿地植被等湿地生物资源的研究。

2.3 文献研究的热点地区统计分析

陕西黄河湿地流经区域众多，在关于陕西黄河湿地的研究文献中，研究涉及的湿地地区也较为广泛，其中包括洽川、渭南、渭河、三河、卤阳河、秃尾河、西安等陕西地区的湿地研究。为了能直观地了解哪些区域是陕西黄河湿地研究的热点地区，该部分以文献研究的热点地区为横坐标，以各热点地区的研究所占百分比为纵坐标制成直方图进行分析，如图 3。

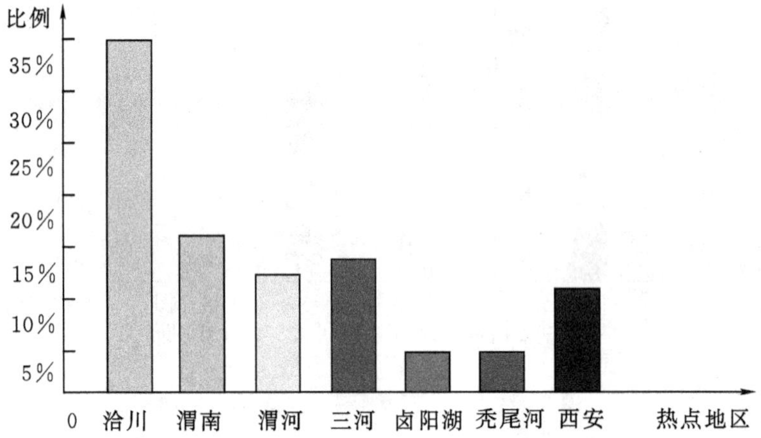

图 3 陕西黄河湿地研究的热点地区比例

由图 3 可知，陕西黄河湿地的主要热点研究地区是洽川，它位于我国陕西省渭南市的合阳县东部，是黄河之滨，距离合阳县城 23 公里左右[8]。洽川是陕西黄河湿地中土地较为肥沃，湿地资源极其丰富的地区之一，不但具有优美的自然景观，还具有处女泉、四圣母庙、韩信城等人文景观带动着洽川旅游业的迅速发展[8]。数百种鸟类和十多种鱼类都在此栖息，其中还有丹顶鹤、天鹅等十多种珍稀鸟类[9]。但洽川旅游业发展的同时，如何解决洽川的湿地资源开发和生态保护也成为首要任务。所以不管是洽川的生态旅游研究，还是洽川的湿地资源开发、湿地生态保护以及洽川鸟类等生物多样性的研究，都是研究学者研究的重点课题，因此洽川的湿地研究文献比例高达 35%。

渭南其它地区的湿地研究在陕西黄河湿地的研究文献中也占有一定数量的比重，其中有两个方面的原因：其一是洽川优越的地理环境和人文、自然景观的趋动下，对其他地区的湿地发展具有一定程度的带动作用，如渭河、韩城等地区的湿地研究；其二是渭南自身的地理优势的影响，渭南是我国西部地区和陕西省进入我国东中部的一个大门，境内有黄、洛、渭三河穿过[10]，湿地面积宽广，占全市总土地面积的6.2%，主要分布于合阳、潼关、韩城等十几个县级地区[10]，且湿地资源丰富，野生动植物种类众多，其中国家级的保护动植物在此栖息的数量也相对较多，所以渭南地区不管是在生态旅游、自然保护还是经济发展方面都有着重要作用。

最后是关于西安地区的研究。西安具有独特的历史文化背景，有“古都”之美誉，西安是陕西省经济及旅游业发展的主体，在全中国，甚至世界上都享有盛名，所以关于西安的研究主要是一些旅游环境保护及人文历史的研究。

2.4 文献作者的主要研究方向统计分析

通过对陕西黄河湿地研究文献的调查统计分析，发现这些研究文献的作者主要的研究方向和工作内容与陕西黄河湿地的研究内容之间不是没有相关性的，如表1所示。

表1 陕西黄河湿地研究文献相关作者的研究方向统计表

文献作者	主要研究方向	作者文献与主研方向相关性
曹黎明[1]	环境检测与保护	相关
王华青[2]	林业资源调查及保护方面研究	相关
路培[5]	园林植物与观光园艺	一定程度相关
张萍[6]	区域经济与三农问题研究	一定程度相关
毛平宇[7]	环境影响评价、生态保护研究	相关
权轻舟[8]	城市地理、区域分析	一定程度相关
王百旺[11]	林业保护及建设	相关
张社奇[12]	土壤生态学、环境生物物理	相关
谷洁[12]	农业废弃物生物腐解和腐解产物资源化利用研究	相关
刘云鹏[12]	土壤生态与环境生物物理研究	相关
邓小明[13]	生态环境及环境评价	相关
程铁锁[14]	湿地及野生动植物保护管理	相关
张建芳[15]	石油加工及化学反应工程	不相关
时良[16]	鸟类生态学	相关
雷军红[17]	环境保护工作	一定程度相关
杜忠潮[18]	区域资源环境和可持续发展研究	一定程度相关
蒋忙舟19]	铁路工程师	一定程度相关
李颖[20]	生态旅游	一定程度相关
严春艳[21]	自然及人文地理	不相关
李景宜[22]	区域环境变化及风险评估等	相关

续表

文献作者	主要研究方向	作者文献与主研方向相关性
问思恩[23]	渔业环境及水产品质量安全研究	相关
郝丽霞[24]	企业管理和三农问题研究	相关
侯淑敏[25]	渔业生态环境	相关
李静[26]	自然地理	一定程度相关
齐喜荣[27]	水产研究	相关
冯宁[28]	环境生态	一定程度相关
周灵国[28]	野生动植及生态保护研究	一定程度相关
何冰[29]	湿地及野生动物保护管理	相关
张耀武[30]	湿地保护、森林病虫害检疫工作	相关
肖剑声[31]	环境保护	相关
赵玲爱[32]	湿地自然保护	相关
关燕雯[33]	湿地及野生动植物保护	相关
王福田[34]	湿地生态	相关
吴逸群[35]	鸟类学,动物生态及生物多样性研究	相关
傅志军[36]	地理科学与环境工程	一定程度相关
陈成忠[37]	湿地生态资源	一定程度相关
刘华[38]	林业研究	一定程度相关

由表1可知,文献作者主要的研究方向是以他们常年研究的内容为主进行研究的。这些关于陕西黄河湿地研究的文献作者,他们主要研究的方向与陕西黄河湿地的研究二者相关的占61%,而二者具有一定程度相关的占34%,只有极少数是不相关的。主要原因可能是这些作者对于这一方面的研究已经积累了一定的知识经验并掌握了一定数量的陕西黄河湿地数据资料,所以在进行这一相关研究时就能得心应手,也就更趋向于相关方面的研究。这些作者中,有的作者是原来所修的专业就与此有一定的相关性,如生物科学、生态地理、旅游管理、农业科学等;还有的作者是常年从事这一方面工作的人员,如王百旺[11]、蒋忙舟[19]等。因此这些研究学者在进行这一方面研究时,在数据收集、分析及处理上都比其它专业的研究学者研究得更具体、全面。

3 结论与建议

3.1 结 论

通过对陕西黄河湿地研究文献的文献研究年限、文献研究方向、文献研究热点地区及文献研究作者的主要研究方向进行调查统计分析,可以得到以下几点结论:

(1)陕西省黄河湿地的研究高峰是从2000年之后开始的，直至今日。这一期间的研究数据突增，为研究学者及相关工作者对陕西黄河湿地的进一步研究提供了全面的数据需求。2000年之前，研究方向主要是一些人文地理研究，还有对湿地评估的研究。到2000年之后，研究内容更加广泛，如对湿地环境保护、湿地资源的开发利用、陕西黄河湿地的生态旅游建设和发展、湿地动植物生存问题等方面都有了不同程度的的研究，而且研究内容较多偏向于陕西黄河湿地的环境保护及开发利用和区域居民生活与环境的协调发展问题研究，还有湿地生态旅游建设的社会经济效益和湿地动植物生存保护问题的研究等。

(2)陕西黄河湿地文献研究的热点地区主要是在渭南地区。不仅对渭南地区的湿地状况进行总体研究，而且还对渭南部分地区，如洽川、渭河等地进行深入研究，其中最主要的是洽川地区的研究，不管是洽川的生态旅游发展，还是洽川的湿地环境保护和资源合理开发都占有主要地位。

(3)陕西黄河湿地研究文献的作者，他们的主要研究方向大多都是关于生态建设、湿地保护、湿地资源开发及湿地生物生存问题等方面。这与本次研究所收集到的关于陕西黄河湿地研究的文献主要研究方向大体相同，具有很大程度的相关性。

3.2　建　议

通过对陕西黄河湿地的研究文献进行调查统计分析，使我们更深入地认识了陕西黄河湿地的优越性和发展中存在的问题，并做出合理的湿地发展规划和实行有效的湿地保护措施，对此提出以下几点建议：

(1)政府应该加大力度对陕西黄河湿地进行保护法制宣传，不断完善保护法制体系[39]，增强陕西黄河湿地地区居民对湿地的保护意识。

(2)积极引导陕西黄河湿地周边居民主动参与湿地的管理，实现湿地保护和湿地周边居民的生活协调发展[30]。

(3)对陕西黄河湿地地区实施多种经济经营方式经营，加大资金扶持发展，推动区域居民生活水平及生活观念的提升[2]。

(4)加强对陕西黄河湿地周边地区的生态旅游建设，实行湿地生态保护和经济发展相协调[8]，达到湿地开发的可持续发展。

参考文献

[1] 曹黎明，张镭，朱冉，等. 陕西黄河湿地生态问题及保护初探[J]. 价值工程，2011，10(26)：180-181.

[2] 王华青，张宣平，余建平. 陕西黄河湿地保护与管理[J]. 陕西林业科技，2007，(4)：128-132.

[3] 郝丽霞，陈书强. 陕西黄河湿地生态保护路径研究：兼论国外湿地保护的借鉴[J]. 山东农业科学，2013，45(4)：153-156.

[4] 宋巧枝，方曙. 基于文献统计分析法的专利计量分析研究[J]. 现代情报，2008，(2)：125-129.

[5] 路培. 湿地园林岸边环境的生态计划探讨以西安市为例[D]. 杨凌：西北农业科技大学，2007.

[6] 张萍. 关于洽川旅游业发展的思考[J]. 渭南师范学院学报，2015，30(22)：87－90.
[7] 毛平宇，田海潮. 陕西黄河湿地的保护开发与利用[J]. 农业环境与发展，2002(5)：16－18.
[8] 权轻舟. 洽川湿地生态保护与地方旅游业发展探析[J]. 渭南师范学院学报，2014，29(23)：41－44.
[9] 阿敏，王军. 洽川湿地：飞禽的天堂[J]. 新西部，2006(1)：20－21.
[10] 郭俊刚，程铁锁，杏辉，等. 浅析渭南湿地保护存在的问题及对策[J]. 山东林业科技，2013(3)：116－118.
[11] 王百旺. 保护"西安之胃"[J]. 陕西林业，2001，(6)：36－37.
[12] 刘云鹏，张社奇，谷洁，等. 不同土地利用方式对陕西黄河湿地土壤水分物理性质的影响[J]. 农业科学与技术，2010(9)：148－152.
[13] 邓小明，张新兵. 陕西秃尾河湿地生态现状调查与影响评价[J]. 湿地科学与管理，2015(3)：24－27.
[14] 程铁锁，何冰，郭俊刚，等. 试议渭南市湿地资源保护与恢复[J]. 防护林科技，2013(3)：38－40.
[15] 张建芳，程铁锁. 加强湿地保护推进湿地资源的可持续利用——陕西三河湿地自然保护区调查[J]. 陕西农林，2004(5)：20－22.
[16] 时良，董荣，于晓平. 陕西省黄河湿地冬季鸟类群落初步研究[J]. 动物学杂志，2009，44(3)：83－93.
[17] 雷世学，雷军红. 合阳县黄河湿地[J]. 陕西林业，2002，9(6)：48－48.
[18] 杜忠潮，邢江，金萍，等. 基于层次分析法的洽川湿地生态旅游质量评价研究[J]. 湿地科学与管理，2008，4(4)：32－35.
[19] 蒋忙舟. 铁路穿越陕西洽川风景名胜区环境影响分析[J]. 科技交流，2010(4)：123－130.
[20] 李颖. 陕西洽川风景区的管理运营及其对地方旅游业的影响[D]. 西安：长安大学，2007.
[21] 严春艳. 湿地生态旅游开发与环境保护以洽川湿地为例[J]. 陕西农业科学，2015，61(2)：64－66.
[22] 李景宜. 陕西渭河流域主要环境问题及其治理[J]. 干旱区研究，2011(6)：967－973.
[23] 问思恩，候淑敏，高志，等. 陕西洽川湿地水质模糊综合评价[J]. 渭南师范学院学报，2013，28(9)：57－61.
[24] 郝丽霞. 陕西黄河湿地发展生态旅游的 SWOT 分析与战略研究[J]. 山东农林科学，2013，45(6)：153～156.
[25] 候淑敏，向太吉，问思恩，等. 陕西黄河湿地渔业水域环境分析及保护措施[J]. 西北大学学报，2012，42(2)：16－18.
[26] 李静. 陕西三河湿地生态评价与保护研究[D]. 西安：陕西师范大学，2004.
[27] 齐喜荣. 陕西黄河湿地渔业资源可持续发展探讨[J]. 河北渔业，2009(9)：51－52.
[28] 冯宁，孙承骞，周灵国，等. 陕西省湿地与水鸟调查及保护对策[J]. 湿地科学与管理，2008，4(3)：40－42.
[29] 何冰，王保星，关燕雯，等. 陕西黄河湿地鸟类资源调查分析与研究[J]. 防护林科技，2013(10)：38－42.
[30] 张耀武，范世强，韩一文，等. 陕西韩城市湿地生物资源现状及保护对策[J]. 陕西林业科

技,2011(3):71-73.

[31] 肖剑声,黄建军,秦宏.黄河中游一奇葩——陕西合阳黄河湿地自然保护区[J].陕西环境,1997,4(1):43-45.

[32] 赵玲爱,李亚红.陕西黄河湿地保护与湿地生态效益补偿浅析[J].陕西林业科技,2010(3):57-60.

[33] 关燕雯,王保星.陕西黄河湿地植被资源现状及保护对策[J].防护林科技,2013(6):89-90.

[34] 王福田.湿地保护与恢复工程评估研究[D].北京:中国林业科学研究院,2012.

[35] 吴逸群.陕西黄河湿地夏季鸟类群落结构与多样性分析[J].贵州农业科学,2011,39(11):34-36.

[36] 傅志军,张萍,高淑贞.陕西省湿地生物的多样性及其保护[J].烟台师范学院学报,2000(4):289-292.

[37] 陈成忠,林振山.从国内学术论文看1992年以来长江中下游河湖湿地研究进展[J].湿地科学,2010,8(2):193-203.

[38] 刘华.陕西省湿地现状及保护利用研究[D].杨凌:西北农林科技大学,2008.

[39] 李剑峰,邵国军.论湿地保护与当地生产的和谐发展:以陕西洽川湿地为例[J].生态建设,2008,3(2):62-63.